Johann-Jost Achenbach

NUMERIK

Implementierung von
Zylinderfunktionen

**Aus dem Programm
Elektrotechnik**

Elemente der angewandten Elektronik, von E. Böhmer

Elektronik (2 Bände), von B. Morgenstern

Laplace-Transformation, von W. Ameling

Laplace-Transformation, von J. G. Holbrook

Analyse elektrischer und elektronischer Netzwerke mit
BASIC-Programmen, von D. Lange

Methoden der Signal- und Systemanalyse, von D. Lange

Einfache Ausgleichsvorgänge der Elektrotechnik,
von K. Hoyer und G. Schnell

Numerik: Implementierung von Zylinderfunktionen,
von J.-J. Achenbach

Aufgabensammlungen:

Rechenübungen zur angewandten Elektronik, von E. Böhmer

Elektroaufgaben, von H. Lindner und E. Balcke
Band III: Leitungen, Vierpole, Fourier-Analyse,
           Laplace-Transformation

Elektronikaufgaben, von H. Brauer und C. Lehmann

 **Vieweg**

Johann-Jost Achenbach

NUMERIK

Implementierung von Zylinderfunktionen

Herausgegeben von Hansrobert Kohler

Friedr. Vieweg & Sohn   Braunschweig/Wiesbaden

Das in diesem Buch enthaltene Programm-Material ist mit keiner Verpflichtung oder Garantie irgendeiner Art verbunden. Der Autor übernimmt infolgedessen keine Verantwortung und wird keine daraus folgende oder sonstige Haftung übernehmen, die auf irgendeine Art aus der Benutzung dieses Programm-Materials oder Teilen davon entsteht.

1986

ISBN-13: 978-3-528-04462-6   e-ISBN-13: 978-3-322-84024-0
DOI: 10.1007/978-3-322-84024-0

Vorwort des Herausgebers

Wer sich mit Problemen der mathematischen Naturwissenschaft zu beschäftigen hat, wird unweigerlich auch auf die Bessel- und die mit ihnen verwandten Funktionen stoßen. Während man früher ihre numerische Funktionsdarstellung großen Tabellenwerken entnehmen oder etwa durch Rekursionen aufwendig selbst ermitteln mußte, erlaubt es heute die elektronische Datenverarbeitung, mit wenigen Eingaben gezielt aktuell notwendige Einzelwerte oder Tabellen für die gewünschten Funktionen sehr genau mit vielen signifikanten Stellen zu berechnen und direkt im Zusammenhang weiter auszuwerten.
Hierzu sind jedoch geeignete Algorithmen notwendig, die das vorliegende Buch zur Verfügung stellt und anhand etlicher Programmierbeispiele in unterschiedlichen Programmiersprachen realisiert. Es wurde auch Wert darauf gelegt, gleichzeitig eine Sammlung des Formel-Umfeldes einzubringen, damit mühsames Suchen in anderen Büchern möglichst unterbleiben kann.
Der Autor ist in der Entwicklungsabteilung Software der Fa. Nord-Micro Elektronik Feinmechanik AG / Frankfurt beschäftigt. Zur Erstellung der Programme wurden im wesentlichen ein PC Triumph-Adler P2L sowie die DV-Anlage DEC VAX-11/780 der Fa. Nord-Micro AG benutzt; der DEC-Rechner ermöglichte die Verwendung der Boston-Systems-Office-(BSO-)Software-Tools auf die Simulation des Assembler-Z-8002-Beispiels.

Friedberg/Hs., im Dezember 1985   *Hansrobert Kohler*

Vorwort des Autors

Zylinderfunktionen sind in einer ganzen Reihe von mathematisch-naturwissenschaftlichen Problemstellungen „zu Hause".
Die Darstellung und Implementierung solcher Funktionen können bei praktischen Berechnungen bezüglich einer vorgegebenen Genauigkeit Probleme aufwerfen.
Dieses Buch beschreibt sowohl mathematische Eigenschaften von verschiedenen Zylinderfunktionen als auch verschiedene spezielle Methoden der numerischen Darstellung, die es erlauben, Zylinderfunktionen verschiedener Art und Ordnung mit relativ geringem Aufwand und hoher Genauigkeit auf programmierbaren digitalen Systemen darzustellen.
Hierbei wurde der Versuch unternommen, den Inhalt des Buches in einer allgemeinverständlichen und anwendungsorientierten Form (Formelsammlung) zu präsentieren.
Die Idee für dieses Buch entstand während der Anfertigung meiner Diplomarbeit am Lehrstuhl der Theoretischen Elektrotechnik im Rahmen meines Studiums der Elektrotechnik an der Universität Kaiserslautern.
Für die Mitwirkung am Zustandekommen dieser Niederschrift möchte ich mich bei Herrn Dipl.-Phys. H. Etzkorn und Herrn Prof. Dr.-Ing. W. Heinlein, Lehrstuhl für Theoretische Elektrotechnik, Universität Kaiserslautern, sowie bei Herrn Prof. Dr.-Ing. Dr. H. Kohler, FH Gießen-Friedberg und Universität Hannover, herzlich bedanken.
Weiterhin gilt mein Dank insbesondere Frau Dipl.-Ing. S. Edinger, Universität Kaiserslautern, für ihre Hilfsbereitschaft bei der Durchsicht und Korrektur der Druckvorlage und nicht zuletzt meinen Eltern, welche mir meine Ausbildung ermöglichten.

Oberursel/Taunus, im November 1985   *J.-J. Achenbach*

Inhaltsverzeichnis

1 Einleitung

Eine Klasse der hypergeometrischen Funktionen bilden die Zylinderfunktionen, die durch eine nach F. W. Bessel (1784 - 1846) benannte Differentialgleichung 2. Ordnung

$$z^2 \cdot \frac{d^2 W}{dz^2} + z \cdot \frac{dW}{dz} \pm (z^2 \mp \nu^2) \cdot W = 0$$

definiert und daher auch als Besselfunktionen bezeichnet werden.

Die hypergeometrische Funktion ist durch die unendliche Potenzreihe

$$F(\alpha,\beta,\gamma;x) = 1 + \frac{\alpha \cdot \beta}{1 \cdot \gamma} \cdot x + \frac{\alpha \cdot (\alpha+1) \cdot \beta \cdot (\beta+1)}{1 \cdot 2 \cdot \gamma \cdot (\gamma+1)} \cdot x^2 + \ldots$$

definiert, aus der sich viele spezielle Funktionen ableiten lassen,
u.a. auch die Lösung der o.g. Differentialgleichung.

Zylinderfunktionen sind in der allgemeinen Physik häufig gebrauchte Funktionen, die sich analytisch durch Integralausdrücke darstellen lassen und
die Eigenschaft haben, daß sich relativ allgemein vorgebbare Funktionen in
eine nach ihnen fortschreitende Reihe entwickeln lassen.

Nachfolgend seien einige wichtige Gebiete genannt, in denen Zylinderfunktionen auftreten:

- Wellenausbreitung in Mechanik, Elektrodynamik, Optik und Wellen-
  mechanik (Quantentheorie);

- Potentialtheorie;

- Theorie schwingender Membranen und elastischer Körper;
  interferometrische Auswertung;

- Astronomie;

- Randwertaufgaben der Akustik und der Wärmeleitung;

- Hertzscher Dipol; Antennenprobleme;

- Lichtleitung in Lichtwellenleitern;

- Beugungsphänomene an Zylindern und Öffnungen;

- Behandlung der radialen Eigenfunktion wellenmechanischer
  Lösungen;

- Entwicklungen nach Besselfunktionen (z.B. zur Darstellung
  des Amplitudenspektrums frequenzmodulierter Schwingungen);

- Verbesserung des Übertragungsverhaltens digitaler Filter.

Grundsätzlich können Zylinderfunktionen nach Art und Ordnung unterschieden werden. Somit wird beispielsweise die Zylinderfunktion 1. Art und ν-
ter Ordnung als "einfache Besselfunktion ν-ter Ordnung" benannt und mit
$J_\nu(z)$ bezeichnet.

Die Veränderlichen ν und z sind Elemente aus der Menge der komplexen
Zahlen und können wie folgt dargestellt werden:

$$\nu = \sigma + j \cdot \omega$$

$$z = x + j \cdot y \ ,$$

wobei σ, ω, x und y reelle Größen sind.

(Einzelheiten über den Umgang mit komplexen Zahlen entnehme man dem
 Anhang und den im Literaturverzeichnis angegebenen Werken.)

Im folgenden werden grundsätzlich die Indizes "n" für Zylinderfunktionen
ganzzahliger Ordnung und "ν" für Zylinderfunktionen nicht-ganzzahliger
bzw. komplexer Ordnung kennzeichnend sein.

Die nachfolgende Tabelle gibt eine Übersicht über die Bezeichnungen der
verschiedenen Zylinderfunktionen und deren Mnemonik.

F U N K T I O N	B E N E N N U N G	M N E M O N I K
Zylinderfunktion 1. Art und ν-ter Ordnung	Einfache Besselfunktion ν-ter Ordnung	$J_\nu(z)$
Zylinderfunktion 2. Art und ν-ter Ordnung	Neumannfunktion ν-ter Ordnung	$Y_\nu(z)$
Zylinderfunktion 3. Art und ν-ter Ordnung	Hankelfunktionen ν-ter Ordnung	$H_\nu^{[1]}(z)$ $H_\nu^{[2]}(z)$
Modifizierte Zylinderfunktion 1. Art und ν-ter Ordnung	Modifizierte Besselfunktion ν-ter Ordnung	$I_\nu(z)$
Modifizierte Zylinderfunktion 3. Art und ν-ter Ordnung	Modifizierte Hankelfunktion ν-ter Ordnung	$K_\nu(z)$

<u>Tabelle 1.1</u>   Benennung und Mnemonik verschiedener Zylinderfunktionen

Die sphärischen Zylinderfunktionen werden durch <u>kleine Buchstaben</u> ge-
kennzeichnet. So wird z.B. die modifizierte sphärische Besselfunktion
ν-ter Ordnung durch $i_\nu(z)$ dargestellt. (Die imaginäre Einheit $\sqrt{-1}$
wird in der Regel durch den Buchstaben "i" oder "j" dargestellt. Man
verwechsele diese daher nicht mit der einfachen bzw. modifizierten
sphärischen Besselfunktion !)

2 Darstellung von Zylinderfunktionen

Das nachfolgende Kapitel beschäftigt sich mit der detaillierten Darstellung und Beschreibung der einzelnen Zylinderfunktionen.

Hierbei werden die Funktionen ganzzahliger und nicht-ganzzahliger Ordnung sowie die sphärischen Zylinderfunktionen behandelt.

Ein Großteil von Formeln und Zusammenhängen wurde hierbei aus Gründen der Übersicht in den Anhang verlegt.

Um dem Leser eine gute Orientierung zu ermöglichen, wurde für die Form der Beschreibung der einzelnen Funktionen bewußt ein festes Schema gewählt.

Da es im Rahmen dieser Niederschrift nicht möglich war, alle Zylinderfunktionen betreffenden Zusammenhänge aufzuführen, sei der interessierte Leser schon an dieser Stelle auf [1] aufmerksam gemacht, dem auch ein wesentlicher Teil der nachfolgenden Informationen entnommen wurde.

Es sei darauf hingewiesen, daß die komplexe Veränderliche ν, welche die Ordnung der entsprechenden Funktion angibt, grundsätzlich einer natürlichen Zahl "n" oder "0" gleichgesetzt werden darf, soweit dies nicht ausdrücklich ausgeschlossen wird.

Entsprechendes gilt für das komplexe Argument $z = x + j\cdot y$, welches für den Fall $y = \text{Im}\{z\} = 0$ eine reelle Größe darstellt.

Größen, die nicht explizit im Text erläutert werden, können im Anhang nachgeschlagen werden. Dies betrifft in erster Linie Konstanten und spezielle Funktionen wie die Gammafunktion etc.

2.1   Reihen- und Integraldarstellung

2.1.1 Einfache Besselfunktion ν-ter Ordnung

Für beliebige Ordnung ν ist die einfache Besselfunktion wie folgt definiert:

$$J_\nu(z) = (z/2)^\nu \cdot \sum_{k=0}^{\infty} \frac{(-z^2/4)^k}{k! \cdot \Gamma(\nu+k+1)} \qquad (2.1.1.1)$$

Γ stellt hierbei die Gammafunktion dar.

Nachfolgende Abbildung zeigt die einfache Besselfunktion ganzzahliger Ordnung für verschiedene "n".

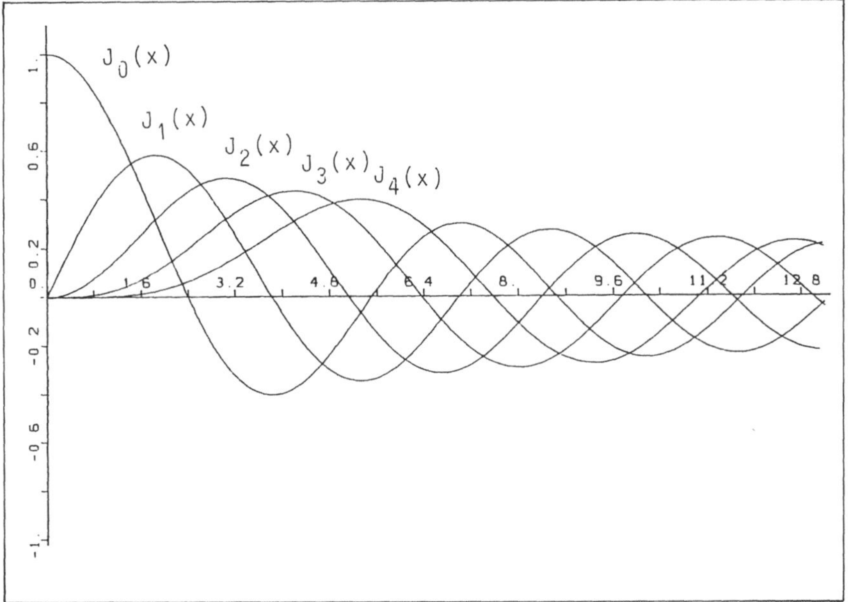

Fig. 2.1.1.1   Einfache Besselfunktion $J_n(x)$ für n = 0,1,2,3,4

Die einfache Besselfunktion 0. Ordnung ergibt sich aus (2.1.1.1) zu

$$J_0(z) = 1 - \frac{z^2/4}{(1!)^2} + \frac{(z^2/4)^2}{(2!)^2} - \frac{(z^2/4)^3}{(3!)^2} + \ldots \ldots \; . \qquad (2.1.1.2)$$

Mit Hilfe der Beziehung

$$C_{\nu-1}(z) + C_{\nu+1}(z) = \frac{2 \cdot \nu}{z} \cdot C_\nu(z) \; , \qquad (2.1.1.3)$$

in der "C" für $J_\nu(z)$, $Y_\nu(z)$, $H_\nu^{[1]}(z)$, $H_\nu^{[2]}(z)$ oder eine beliebige
Linearkombination dieser Funktionen mit von ν und z unabhängigen Koef-
fizienten steht, kann jeweils auf einfache Weise die entsprechende
Zylinderfunktion $(\nu+1)$-ter Ordnung aus denen der ν-ten und $(\nu-1)$-ten
Ordnung errechnet werden. Dies gilt bei entsprechender Umformung glei-
chermaßen für die Funktionen der $(\nu-1)$-ten bzw. $(\nu+1)$-ten Ordnung.

Für den Fall der einfachen Besselfunktion ganzzahliger Ordnung ergibt
sich daher

$$J_{n+1}(z) = \frac{2 \cdot n}{z} \cdot J_n(z) - J_{n-1}(z) \; . \qquad (2.1.1.4)$$

Zwischen Besselfunktionen positiver und negativer ganzzahliger Ordnung
besteht der Zusammenhang

$$J_{-n}(z) = (-1)^n \cdot J_n(z) \quad . \qquad (2.1.1.5)$$

In Anlehnung an die Beziehung (2.1.1.3) seien an dieser Stelle drei
weitere wichtige Beziehungen angegeben:

$$C_{\nu-1}(z) - C_{\nu+1}(z) = 2 \cdot \partial C_\nu(z)/\partial z \; , \qquad (2.1.1.6)$$

$$C_{\nu-1}(z) - \frac{\nu}{z} \cdot C_\nu(z) = \partial C_\nu(z)/\partial z \; , \qquad (2.1.1.7)$$

$$-C_{\nu+1}(z) + \frac{\nu}{z} \cdot C_\nu(z) = \partial C_\nu(z)/\partial z \; . \qquad (2.1.1.8)$$

Die Gleichungen (2.1.1.6 - 8) lassen sich für verschiedene $\nu = n$ wie folgt anschreiben:

__n=0__

$$J_{-1}(z) - J_1(z) = 2 \cdot \partial J_0(z)/\partial z \qquad\qquad (2.1.1.9)$$

$$J_{-1}(z) = \partial J_0(z)/\partial z \qquad\qquad (2.1.1.10)$$

$$-J_1(z) = \partial J_0(z)/\partial z \qquad\qquad (2.1.1.11)$$

__n=1__

$$J_0(z) - J_2(z) = 2 \cdot \partial J_1(z)/\partial z \qquad\qquad (2.1.1.12)$$

$$J_0(z) - \frac{1}{z} \cdot J_1(z) = \partial J_1(z)/\partial z \qquad\qquad (2.1.1.13)$$

$$-J_2(z) + \frac{1}{z} \cdot J_1(z) = \partial J_1(z)/\partial z\,. \qquad\qquad (2.1.1.14)$$

Setzt man $f_\nu(z) = z^p \cdot C_\nu(\lambda \cdot z^q)$, wobei "C" der o.g. Definition entspricht und p, q und λ von ν unabhängige Größen sind, so gelten weiterhin

$$f_{\nu-1}(z) + f_{\nu+1}(z) = (2\cdot\nu/\lambda) \cdot z^{-q} \cdot f_\nu(z) \qquad\qquad (2.1.1.15)$$

$$(p+\nu\cdot q) \cdot f_{\nu-1}(z) + (p-\nu\cdot q) \cdot f_{\nu+1}(z) =$$
$$= (2\cdot\nu/\lambda) \cdot z^{1-q} \cdot \partial f_\nu(z)/\partial z \qquad\qquad (2.1.1.16)$$

$$z \cdot \partial f_\nu(z)/\partial z = \lambda\cdot q\cdot z^q \cdot f_{\nu-1}(z) + (p-\nu\cdot q) \cdot f_\nu(z) \qquad (2.1.1.17)$$

$$z \cdot \partial f_\nu(z)/\partial z = -\lambda\cdot q\cdot z^q \cdot f_{\nu+1}(z) + (p+\nu\cdot q) \cdot f_\nu(z)\,. \qquad (2.1.1.18)$$

Diese Gleichungen liefern mit einigen Umformungen für den allgemeinen Fall der einfachen Besselfunktionen

$$J_{\nu-1}(\lambda \cdot z^q) + J_{\nu+1}(\lambda \cdot z^q) = (2 \cdot \nu/\lambda) \cdot z^{-q} \cdot J_\nu(\lambda \cdot z^q) \; , \qquad (2.1.1.19)$$

$$(p + \nu \cdot q) \cdot J_{\nu-1}(\lambda \cdot z^q) + (p - \nu \cdot q) \cdot J_{\nu+1}(\lambda \cdot z^q) +$$
$$- (2 \cdot \nu/\lambda) \cdot p \cdot z^{-q} \cdot J_\nu(\lambda \cdot z^q) = (2 \cdot \nu/\lambda) \cdot z^{1-q} \cdot \partial J_\nu(\lambda \cdot z^q)/\partial z \; , \quad (2.1.1.20)$$

$$\lambda \cdot q \cdot z^q \cdot J_{\nu-1}(\lambda \cdot z^q) - \nu \cdot q \cdot J_\nu(\lambda \cdot z^q) = z \cdot \partial J_\nu(\lambda \cdot z^q)/\partial z \; , \qquad (2.1.1.21)$$

$$-\lambda \cdot q \cdot z^q \cdot J_{\nu+1}(\lambda \cdot z^q) + \nu \cdot q \cdot J_\nu(\lambda \cdot z^q) = z \cdot \partial J_\nu(\lambda \cdot z^q)/\partial z \; . \qquad (2.1.1.22)$$

Die nachfolgenden Integralformen sind insbesondere für analytische Berechnungen interessant, in denen solche Terme zwecks numerischer Berechnung durch die Reihendarstellung oder eine der in den Abschnitten 2.2 und 2.3 beschriebenen Darstellungsformen ersetzt werden sollen:

$$J_\nu(z) = \frac{(z/2)^\nu}{\sqrt{\pi} \cdot \Gamma(\nu+0.5)} \cdot \int_0^\pi \cos\{ z \cdot \cos\{\Theta\} \} \cdot \sin\{\Theta\}^{2 \cdot \nu} \cdot d\Theta =$$

$$= \frac{2 \cdot (z/2)^\nu}{\sqrt{\pi} \cdot \Gamma(\nu+0.5)} \cdot \int_0^1 (1 - t^2)^{\nu-0.5} \cdot \cos\{ z \cdot t \} \cdot dt \; ,$$

$$\text{falls} \quad Re\{\nu\} > -0.5; \qquad (2.1.1.23)$$

$$J_\nu(z) = \frac{1}{\pi} \cdot \int_0^\pi \cos\{ z \cdot \sin\{\Theta\} - \nu \cdot \Theta \} \cdot d\Theta +$$

$$- \frac{\sin\{\nu \cdot \pi\}}{\pi} \cdot \int_0^\infty \exp\{ -z \cdot \sinh\{t - \nu \cdot t\} \} \cdot dt \; ,$$

$$\text{falls} \quad |arg\{z\}| < \pi/2; \qquad (2.1.1.24)$$

$$J_\nu(x) = \frac{2 \cdot (x/2)^{-\nu}}{\sqrt{\pi} \cdot \Gamma(0.5-\nu)} \cdot \int_1^\infty \sin\{ x \cdot t \} / [(t^2-1)^{\nu+0.5}] \cdot dt \; ,$$

$$\text{falls} \quad |Re\{\nu\}| < 0.5 \quad \text{und} \quad x > 0; \qquad (2.1.1.25)$$

$$J_\nu(x) = \frac{1}{2 \cdot \pi \cdot j} \cdot \int_{-j \cdot \infty}^{+j \cdot \infty} \Gamma(-t) \cdot (x/2)^{\nu+2 \cdot t} / [\Gamma(\nu+t+1)] \cdot dt \; ,$$

falls $\text{Re}\{\nu\} > 0$, $x > 0$, und der Integrationsweg linkerhand
der Punkte $t = 0, 1, 2, \ldots$ verläuft.   (2.1.1.26)

Die einfache Besselfunktion ganzzahliger Ordnung "n" ergibt sich aus
(2.1.1.24) zu

$$J_n(z) = \frac{1}{\pi} \cdot \int_0^{\pi} \cos\{\, z\cdot\sin\{\Theta\}-n\cdot\Theta \,\} \cdot d\Theta =$$

$$= \frac{j^{-n}}{\pi} \cdot \int_0^{\pi} \exp[\, j\cdot z\cdot\cos\{\Theta\} \,] \cdot \cos\{\, n\cdot\Theta \,\} \cdot d\Theta \; . \quad (2.1.1.27)$$

Insbesondere für den Fall $n = 0$ gelten

$$J_0(z) = \frac{1}{\pi} \cdot \int_0^{\pi} \cos\{\, z\cdot\sin\{\Theta\} \,\} \cdot d\Theta \; , \quad\quad\quad (2.1.1.28)$$

$$J_0(z) = \frac{1}{\pi} \cdot \int_0^{\pi} \cos\{\, z\cdot\cos\{\Theta\} \,\} \cdot d\Theta \; , \; \text{falls} \;\; |\arg\{z\}| < \pi/2$$

$$(2.1.1.29)$$

und

$$J_0(x) = \frac{2}{\pi} \cdot \int_0^{\infty} \sin\{\, x\cdot\cosh\{t\} \,\} \cdot dt \; ,$$

falls $x > 0$.   (2.1.1.30)

2.1.2 Neumannfunktion ν-ter Ordnung

Für beliebige Ordnung ν ist die Neumannfunktion wie folgt definiert:

$$Y_\nu(z) = [\ J_\nu(z)\cdot\cos\{\ \nu\cdot\pi\ \} - J_{-\nu}(z)\ ]\ /\ \sin\{\ \nu\cdot\pi\ \}\ . \qquad (2.1.2.1)$$

Die Neumannfunktion ganzzahliger Ordnung "n" läßt sich aus (2.1.2.1) durch Grenzübergang bestimmen zu

$$Y_n(z) = \lim_{\nu\to n}\ [\{J_\nu(z)\cdot\cos\{\ \nu\cdot\pi\ \} - J_{-\nu}(z)\}\ /\ \sin\{\ \nu\cdot\pi\ \}]. \qquad (2.1.2.2)$$

Die Reihendarstellung der Neumannfunktion ganzzahliger Ordnung ergibt sich damit zu

$$Y_n(z) = -\ \frac{(z/2)^{-n}}{\pi}\ \cdot\ \sum_{k=0}^{n-1}\ \frac{(n-k-1)!}{k!}\ \cdot\ (z^2/4)^k\ +$$

$$+\ \frac{2}{\pi}\ \cdot\ \ln\{z/2\}\ \cdot\ J_n(z)\ + \qquad (2.1.2.3)$$

$$-\ \frac{(z/2)^n}{\pi}\ \cdot\ \sum_{k=0}^{\infty}\ \{\Psi(k+1)+\Psi(n+k+1)\}\ \cdot\ \frac{(-z^2/4)^k}{k!\cdot(n+k)!}\ .$$

Die Psi-Funktion $\Psi(n)$ wird auch als Digammafunktion bezeichnet und setzt sich aus einer Summe und einer Konstanten zusammen:

$$\Psi(n) = -\gamma + \sum_{k=1}^{n-1} 1/k \qquad , n \geq 2\ . \qquad (2.1.2.4)$$

Die Konstante γ kann dem Anhang entnommen werden.

Die Neumannfunktion 0. Ordnung ergibt sich aus (2.1.2.3) zu

$$Y_0(z) = \frac{2}{\pi} \cdot \{\ln\{z/2\}+\gamma\} \cdot J_0(z) +$$

$$+ \frac{2}{\pi} \cdot \left[\frac{z^2/4}{(1!)^2} - (1+1/2) \cdot \frac{(z^2/4)^2}{(2!)^2} + (1+1/2+1/3) \cdot \frac{(z^2/4)^3}{(3!)^2} - \dots \right] \cdot$$

$$(2.1.2.5)$$

Mit Hilfe der Beziehung (2.1.1.3)

$$C_{\nu-1}(z) + C_{\nu+1}(z) = \frac{2 \cdot \nu}{z} \cdot C_\nu(z) \; ,$$

welche gleichermaßen für die Neumannfunktion gültig ist, kann jeweils
auf einfache Weise die entsprechende Zylinderfunktion $(\nu+1)$-ter Ordnung
aus den Funktionen der ν-ten und $(\nu-1)$-ten Ordnung errechnet werden.

Für den Fall der Neumannfunktion ganzzahliger Ordnung ergibt sich daher

$$Y_{n+1}(z) = \frac{2 \cdot n}{z} \cdot Y_n(z) - Y_{n-1}(z) \; . \qquad\qquad (2.1.2.6)$$

Zwischen Neumannfunktionen positiver und negativer ganzzahliger Ordnung
besteht der Zusammenhang

$$Y_{-n}(z) = (-1)^n \cdot Y_n(z) \quad . \qquad\qquad (2.1.2.7)$$

Anwendung der Gleichungen (2.1.1.6-8) auf die Neumannfunktion der
allgemeinen Ordnung ν liefert

$$Y_{\nu-1}(z) - Y_{\nu+1}(z) = 2 \cdot \partial Y_\nu(z)/\partial z \; , \qquad\qquad (2.1.2.8)$$

$$Y_{\nu-1}(z) - \frac{\nu}{z} \cdot Y_\nu(z) = \partial Y_\nu(z)/\partial z \; , \qquad\qquad (2.1.2.9)$$

$$-Y_{\nu+1}(z) + \frac{\nu}{z} \cdot Y_\nu(z) = \partial Y_\nu(z)/\partial z \; . \qquad\qquad (2.1.2.10)$$

Die Gleichungen (2.1.2.8- 10) lassen sich für die Fälle n = 0 und
n = 1 wie folgt darstellen:

<u>n=0</u>

$$Y_{-1}(z) - Y_1(z) = 2 \cdot \partial Y_0(z)/\partial z \qquad (2.1.2.11)$$

$$Y_{-1}(z) = \partial Y_0(z)/\partial z \qquad (2.1.2.12)$$

$$-Y_1(z) = \partial Y_0(z)/\partial z \qquad (2.1.2.13)$$

<u>n=1</u>

$$Y_0(z) - Y_2(z) = 2 \cdot \partial Y_1(z)/\partial z \qquad (2.1.2.14)$$

$$Y_0(z) - \frac{1}{z} \cdot Y_1(z) = \partial Y_1(z)/\partial z \qquad (2.1.2.15)$$

$$-Y_2(z) + \frac{1}{z} \cdot Y_1(z) = \partial Y_1(z)/\partial z . \qquad (2.1.2.16)$$

Anwendung der Gleichungen (2.1.1.15 – 18) auf die Neumannfunktion
ν-ter Ordnung liefert

$$Y_{\nu-1}(\lambda \cdot z^q) + Y_{\nu+1}(\lambda \cdot z^q) = (2 \cdot \nu/\lambda) \cdot z^{-q} \cdot Y_\nu(\lambda \cdot z^q) , \qquad (2.1.2.17)$$

$$(p+\nu \cdot q) \cdot Y_{\nu-1}(\lambda \cdot z^q) + (p-\nu \cdot q) \cdot Y_{\nu+1}(\lambda \cdot z^q) +$$
$$- (2 \cdot \nu/\lambda) \cdot p \cdot z^{-q} \cdot Y_\nu(\lambda \cdot z^q) = (2 \cdot \nu/\lambda) \cdot z^{1-q} \cdot \partial Y_\nu(\lambda \cdot z^q)/\partial z , \qquad (2.1.2.18)$$

$$\lambda \cdot q \cdot z^q \cdot Y_{\nu-1}(\lambda \cdot z^q) - \nu \cdot q \cdot Y_\nu(\lambda \cdot z^q) = z \cdot \partial Y_\nu(\lambda \cdot z^q)/\partial z , \qquad (2.1.2.19)$$

$$-\lambda \cdot q \cdot z^q \cdot Y_{\nu+1}(\lambda \cdot z^q) + \nu \cdot q \cdot Y_\nu(\lambda \cdot z^q) = z \cdot \partial Y_\nu(\lambda \cdot z^q)/\partial z . \qquad (2.1.2.20)$$

Die Integralformen der Neumannfunktion lauten

$$Y_\nu(z) = \frac{1}{\pi} \cdot \int_0^\pi \sin\{ z \cdot \sin\{\theta\} - \nu \cdot \theta \} \cdot d\theta -$$

$$- \frac{1}{\pi} \cdot \int_{0}^{\infty} [\exp\{\nu \cdot t\} + \exp\{-\nu \cdot t\} \cdot \cos\{\nu \cdot \pi\}] \cdot \exp\{-z \cdot \sinh\{t\}\} \cdot dt ,$$

$$\text{falls} \quad |\arg\{z\}| < \pi/2 \qquad\qquad\qquad (2.1.2.21)$$

und

$$Y_{\nu}(x) = \frac{-2 \cdot (x/2)^{-\nu}}{\sqrt{\pi} \cdot \Gamma(0.5-\nu)} \cdot \int_{1}^{\infty} \cos\{ x \cdot t \} / [(t^2-1)^{\nu+0.5}] \cdot dt ,$$

$$\text{falls} \quad |\mathrm{Re}\{\nu\}| < 0.5 \quad \text{und} \quad x > 0 . \qquad (2.1.2.22)$$

Speziell für n = 0 gilt

$$Y_0(x) = \frac{4}{\pi^2} \cdot \int_{0}^{\pi/2} \cos\{ z \cdot \cos\{\Theta\} \} \cdot [\gamma + \ln\{2 \cdot z \cdot \sin\{\Theta\}^2\}] \cdot d\Theta .$$

$$(2.1.2.23)$$

Figur 2.1.2.1 zeigt die Neumannfunktion $Y_n(x)$ für verschiedene Ordnungen.

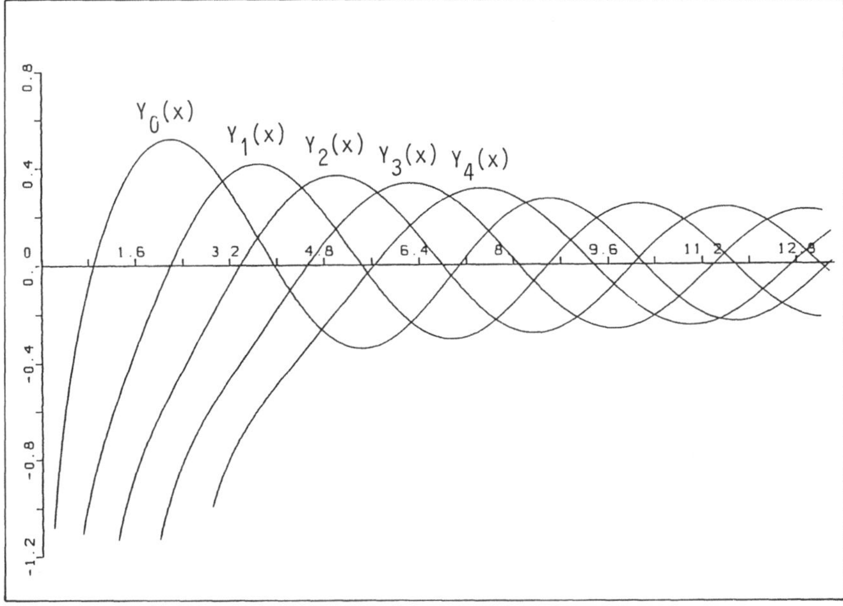

Fig. 2.1.2.1   Neumannfunktion $Y_n(x)$ für n = 0, 1, 2, 3, 4

2.1.3 Einfache Hankelfunktionen ν-ter Ordnung

Die einfachen Hankelfunktionen setzen sich unabhängig vom Argument "z"
grundsätzlich aus einem Real- und einem Imaginärteil zusammen.
Man unterscheidet für den allgemeinen Fall der ν-ten Ordnung die folgenden Formen:

$$H_\nu^{[1]}(z) = J_\nu(z) + j \cdot Y_\nu(z) \tag{2.1.3.1}$$

$$H_\nu^{[2]}(z) = J_\nu(z) - j \cdot Y_\nu(z). \tag{2.1.3.2}$$

Diese Funktionen lassen sich auch zu

$$H_\nu^{[1]}(z) = j \cdot \csc\{\nu \cdot \pi\} \cdot [\ \exp\{-j \cdot \nu \cdot \pi\} \cdot J_\nu(z) - J_{-\nu}(z)\ ] \tag{2.1.3.3}$$

und

$$H_\nu^{[2]}(z) = j \cdot \csc\{\nu \cdot \pi\} \cdot [\ J_{-\nu}(z) - \exp\{+j \cdot \nu \cdot \pi\} \cdot J_\nu(z)\ ] \tag{2.1.3.4}$$

darstellen.

Für den Fall der ganzzahligen Ordnung "n" gelten die in den beiden vorhergehenden Abschnitten getroffenen Vereinbarungen und Definitionen entsprechend.

Zwischen positiver und negativer Ordnung "ν" bestehen die Zusammenhänge

$$H_{-\nu}^{[1]}(z) = \exp\{\ j \cdot \nu \cdot \pi\ \} \cdot H_\nu^{[1]}(z) \tag{2.1.3.5}$$

und

$$H_{-\nu}^{[2]}(z) = \exp\{-j \cdot \nu \cdot \pi\ \} \cdot H_\nu^{[2]}(z)\ . \tag{2.1.3.6}$$

Anwendung der Beziehung (2.1.1.3) liefert für beide Funktionen

$$H_{\nu-1}^{*}(z) + H_{\nu+1}^{*}(z) = \frac{2 \cdot \nu}{z} \cdot H_\nu^{*}(z)\ , \tag{2.1.3.7}$$

wobei H_ν^{*} gleichermaßen für $H_\nu^{[1]}(z)$ oder $H_\nu^{[2]}(z)$ steht.
Entsprechendes gilt für die Beziehungen (2.1.1.6- 8).

Desgleichen können für die allgemeinen Beziehungen (2.1.1.15 - 18)

$$H^*_{\nu-1}(\lambda \cdot z^q) + H^*_{\nu+1}(\lambda \cdot z^q) = (2 \cdot \nu/\lambda) \cdot z^{-q} \cdot H^*_\nu(\lambda \cdot z^q) \; , \qquad (2.1.3.8)$$

$$(p+\nu \cdot q) \cdot H^*_{\nu-1}(\lambda \cdot z^q) + (p-\nu \cdot q) \cdot H^*_{\nu+1}(\lambda \cdot z^q) +$$
$$- (2 \cdot \nu/\lambda) \cdot p \cdot z^{-q} \cdot H^*_\nu(\lambda \cdot z^q) = (2 \cdot \nu/\lambda) \cdot z^{1-q} \cdot \partial H^*_\nu(\lambda \cdot z^q)/\partial z \; , \quad (2.1.3.9)$$

$$\lambda \cdot q \cdot z^q \cdot H^*_{\nu-1}(\lambda \cdot z^q) - \nu \cdot q \cdot H^*_\nu(\lambda \cdot z^q) = z \cdot \partial H^*_\nu(\lambda \cdot z^q)/\partial z \qquad (2.1.3.10)$$

und

$$-\lambda \cdot q \cdot z^q \cdot H^*_{\nu+1}(\lambda \cdot z^q) + \nu \cdot q \cdot H^*_\nu(\lambda \cdot z^q) = z \cdot \partial H^*_\nu(\lambda \cdot z^q)/\partial z \qquad (2.1.3.11)$$

geschrieben werden.

Die Integraldarstellungen der beiden Funktionen besitzen die folgende
Form:

$$H_\nu^{[1]}(z) = \frac{1}{j \cdot \pi} \cdot \int_{-\infty}^{\infty+j \cdot \pi} \exp\{z \cdot \sinh\{t-\nu \cdot t\}\} \cdot dt \; , \qquad (2.1.3.12)$$

$$\text{falls} \quad |\arg\{z\}| < \pi/2$$

und

$$H_\nu^{[2]}(z) = - \frac{1}{j \cdot \pi} \cdot \int_{-\infty}^{\infty-j \cdot \pi} \exp\{z \cdot \sinh\{t-\nu \cdot t\}\} \cdot dt \; , \qquad (2.1.3.13)$$

$$\text{falls} \quad |\arg\{z\}| < \pi/2 \; .$$

2.1.4 Modifizierte Besselfunktion ν-ter Ordnung

Für beliebige Ordnung ν ist die modifizierte Besselfunktion wie folgt
definiert:

$$I_\nu(z) = (z/2)^\nu \cdot \sum_{k=0}^{\infty} \frac{(z^2/4)^k}{k! \cdot \Gamma(\nu+k+1)} \qquad . \qquad (2.1.4.1)$$

Die Bedeutung der Gammafunktion $\Gamma(z)$ entnehme man dem Anhang.

Nachfolgende Abbildung zeigt die modifizierte Besselfunktion ganzzahliger
Ordnung für verschiedene "n".

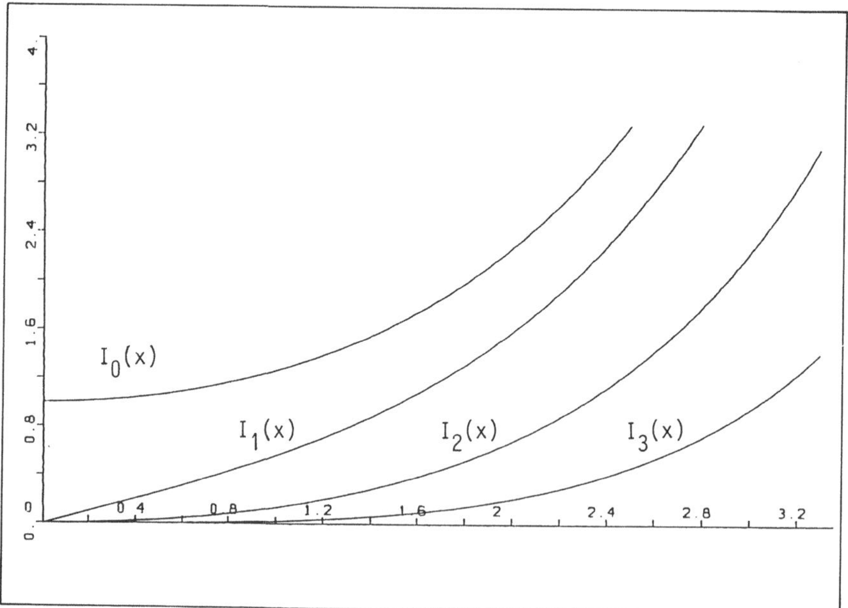

Fig. 2.1.4.1   Modifizierte Besselfunktion $I_n(x)$ für n = 0,1,2,3

Die modifizierte Besselfunktion 0. Ordnung ergibt sich aus (2.1.4.1) zu

$$I_0(z) = 1 + \frac{z^2/4}{(1!)^2} + \frac{(z^2/4)^2}{(2!)^2} + \frac{(z^2/4)^3}{(3!)^2} + \ldots \ . \qquad (2.1.4.2)$$

Mit Hilfe der Beziehung

$$L_{\nu-1}(z) - L_{\nu+1}(z) = \frac{2 \cdot \nu}{z} \cdot L_\nu(z) \ , \qquad (2.1.4.3)$$

in der "L" für $I_\nu(z)$, $\exp(j \cdot \nu \cdot \pi) \cdot K_\nu$ oder eine beliebige Linearkombination dieser Funktionen mit von ν und z unabhängigen Koeffizienten steht, kann jeweils auf einfache Weise die entsprechende Zylinderfunktion $(\nu+1)$-ter Ordnung aus denen der ν-ten und $(\nu-1)$-ten Ordnung errechnet werden. Dies gilt bei entsprechender Umformung gleichermaßen für die Funktionen der $(\nu-1)$-ten bzw. $(\nu+1)$-ten Ordnung.

Für den Fall der modifizierten Besselfunktion ganzzahliger Ordnung ergibt sich daher

$$I_{n+1}(z) = I_{n-1}(z) - \frac{2 \cdot n}{z} \cdot I_n(z) \ . \qquad (2.1.4.4)$$

Zwischen den Funktionen positiver und negativer ganzzahliger Ordnung besteht der Zusammenhang

$$I_{-n}(z) = I_n(z) \ . \qquad (2.1.4.5)$$

In Anlehnung an die Beziehung (2.1.4.3) seien an dieser Stelle drei weitere wichtige Beziehungen angegeben:

$$L_{\nu-1}(z) + L_{\nu+1}(z) = 2 \cdot \partial L_\nu(z)/\partial z \ , \qquad (2.1.4.6)$$

$$L_{\nu-1}(z) - \frac{\nu}{z} \cdot L_\nu(z) = \partial L_\nu(z)/\partial z \ , \qquad (2.1.4.7)$$

$$L_{\nu+1}(z) + \frac{\nu}{z} \cdot L_\nu(z) = \partial L_\nu(z)/\partial z \ . \qquad (2.1.4.8)$$

Die Gleichungen (2.1.4.6 - 8) lassen sich für verschiedene $\nu = n$
wie folgt anschreiben:

<u>n=0</u>

$$I_{-1}(z) + I_1(z) = 2 \cdot \partial I_0(z)/\partial z \qquad\qquad (2.1.4.9)$$

$$I_{-1}(z) = \partial I_0(z)/\partial z \qquad\qquad (2.1.4.10)$$

$$I_1(z) = \partial I_0(z)/\partial z \qquad\qquad (2.1.4.11)$$

<u>n=1</u>

$$I_0(z) + I_2(z) = 2 \cdot \partial I_1(z)/\partial z \qquad\qquad (2.1.4.12)$$

$$I_0(z) - \frac{1}{z} \cdot I_1(z) = \partial I_1(z)/\partial z \qquad\qquad (2.1.4.13)$$

$$I_2(z) + \frac{1}{z} \cdot I_1(z) = \partial I_1(z)/\partial z \; . \qquad\qquad (2.1.4.14)$$

Die Integralformen der modifizierten Besselfunktionen ergeben sich zu

$$I_\nu(z) = \frac{(z/2)^\nu}{\sqrt{\pi}\cdot\Gamma(\nu+0.5)} \cdot \int_0^\pi \exp\{\, \pm z\cdot\cos\{\Theta\} \,\} \cdot \sin\{\Theta\}^{2\cdot\nu} \cdot d\Theta =$$

$$= \frac{(z/2)^\nu}{\sqrt{\pi}\cdot\Gamma(\nu+0.5)} \cdot \int_{-1}^{+1} (1-t^2)^{\nu-0.5} \cdot \exp\{\, \pm z\cdot t \,\} \cdot dt \; ,$$

$$\text{falls} \quad \mathrm{Re}\{\nu\} > -0.5 \; , \qquad\qquad (2.1.4.15)$$

$$I_\nu(z) = \frac{1}{\pi} \cdot \int_0^\pi \exp\{\, z\cdot\cos\{\Theta\} \,\} \cdot \cos\{\nu\cdot\Theta\} \cdot d\Theta +$$

$$- \frac{\sin\{\nu\cdot\pi\}}{\pi} \cdot \int_0^\infty \exp\{\, -z\cdot\cosh\{t-\nu\cdot t\} \,\} \cdot dt \; ,$$

$$\text{falls} \quad |\arg\{z\}| < \pi/2 \quad \text{und} \qquad\qquad (2.1.4.16)$$

$$I_n(z) = \frac{1}{\pi} \cdot \int_0^{\pi} \exp\{ z \cdot \cos\{\Theta\} \} \cdot \cos\{n \cdot \Theta\} \cdot d\Theta \ . \qquad (2.1.4.17)$$

Insbesondere für $n = 0$ ergibt sich aus der o.a. Gleichung

$$I_0(z) = \frac{1}{\pi} \cdot \int_0^{\pi} \exp\{ \pm z \cdot \cos\{\Theta\} \} \cdot d\Theta =$$

$$= \frac{1}{\pi} \cdot \int_0^{\pi} \cosh\{ z \cdot \cos\{\Theta\} \} \cdot d\Theta \ . \qquad (2.1.4.18)$$

2.1.5 Modifizierte Hankelfunktion ν-ter Ordnung

Die Reihendarstellung der modifizierten Hankelfunktion der Ordnung n kann in Analogie zu $(2.1.2.2)$ aus

$$K_\nu(z) = \frac{\pi}{2} \cdot \frac{I_{-\nu}(z) - I_\nu(z)}{\sin\{\nu \cdot \pi\}} \qquad (2.1.5.1)$$

durch Grenzübergang bestimmt werden.
Diese ergibt sich somit zu

$$K_n(z) = 0.5 \cdot (z/2)^{-n} \cdot \sum_{k=0}^{n-1} \frac{(n-k-1)!}{k!} \cdot (-z^2/4)^k +$$

$$+ (-1)^{n+1} \cdot \ln\{ z/2 \} \cdot I_n(z) +$$

$$+ (-1)^n \cdot 0.5 \cdot (z/2)^n \cdot \sum_{k=0}^{\infty} [\Psi(k+1)+\Psi(n+k+1)] \cdot \frac{(z^2/4)k}{k! \cdot (n+k)!} \ ,$$

$$(2.1.5.2)$$

wobei $\Psi(n)$ wiederum die Digammafunktion repräsentiert.

Die modifizierte Hankelfunktion 0. Ordnung ergibt sich aus (2.1.5.2) zu

$$K_0(z) = -[\ln\{z/2\} + \gamma] \cdot I_0(z) + \frac{z^2/4}{(1!)^2} +$$

$$(2.1.5.3)$$

$$+ (1+1/2) \cdot \frac{(z^2/4)^2}{(2!)^2} + (1+1/2+1/3) \cdot \frac{(z^2/4)^3}{(3!)^2} \ldots .$$

Mit Hilfe der Beziehung   (2.1.4.3)

$$L_{\nu-1}(z) - L_{\nu+1}(z) = \frac{2 \cdot \nu}{z} \cdot L_\nu(z) ,$$

welche gleichermaßen für die modifizierte Hankelfunktion gültig ist,
kann jeweils auf einfache Weise die entsprechende Zylinderfunktion
(ν+1)-ter Ordnung aus denen der ν-ten und (ν-1)-ten Ordnung errechnet
werden. (Man beachte den hyperbolischen Faktor in (2.1.4.3) !)

Im Falle der modifizierten Hankelfunktion ganzzahliger Ordnung ergibt
sich daher

$$K_{n+1}(z) = K_{n-1}(z) - \frac{2 \cdot n}{z} \cdot K_n(z) . \qquad (2.1.5.4)$$

Zwischen den modifizierten Hankelfunktionen positiver und negativer
Ordnung besteht der Zusammenhang

$$K_{-\nu}(z) = K_\nu(z) \quad . \qquad (2.1.5.5)$$

Anwendung der Gleichungen (2.1.4.6- 8) auf die modifizierte Hankelfunktion der allgemeinen Ordnung ν liefert

$$K_{\nu-1}(z) + K_{\nu+1}(z) = 2 \cdot \partial K_\nu(z)/\partial z , \qquad (2.1.5.6)$$

$$K_{\nu-1}(z) - \frac{\nu}{z} \cdot K_\nu(z) = \partial K_\nu(z)/\partial z , \qquad (2.1.5.7)$$

$$K_{\nu+1}(z) + \frac{\nu}{z} \cdot K_\nu(z) = \partial K_\nu(z)/\partial z . \qquad (2.1.5.8)$$

Die Gleichungen (2.1.5.6 - 8) lassen sich für die Fälle $n = 0$ und
$n = 1$ wie folgt darstellen:

<u>n=0</u>

$$K_{-1}(z) + K_1(z) = 2 \cdot \partial K_0(z)/\partial z \qquad\qquad (2.1.5.9)$$

$$K_{-1}(z) = \partial K_0(z)/\partial z \qquad\qquad (2.1.5.10)$$

$$K_1(z) = \partial K_0(z)/\partial z \qquad\qquad (2.1.5.11)$$

<u>n=1</u>

$$K_0(z) + K_2(z) = 2 \cdot \partial K_1(z)/\partial z \qquad\qquad (2.1.5.12)$$

$$K_0(z) - \frac{1}{z} \cdot K_1(z) = \partial K_1(z)/\partial z \qquad\qquad (2.1.5.13)$$

$$K_2(z) + \frac{1}{z} \cdot K_1(z) = \partial K_1(z)/\partial z \,. \qquad\qquad (2.1.5.14)$$

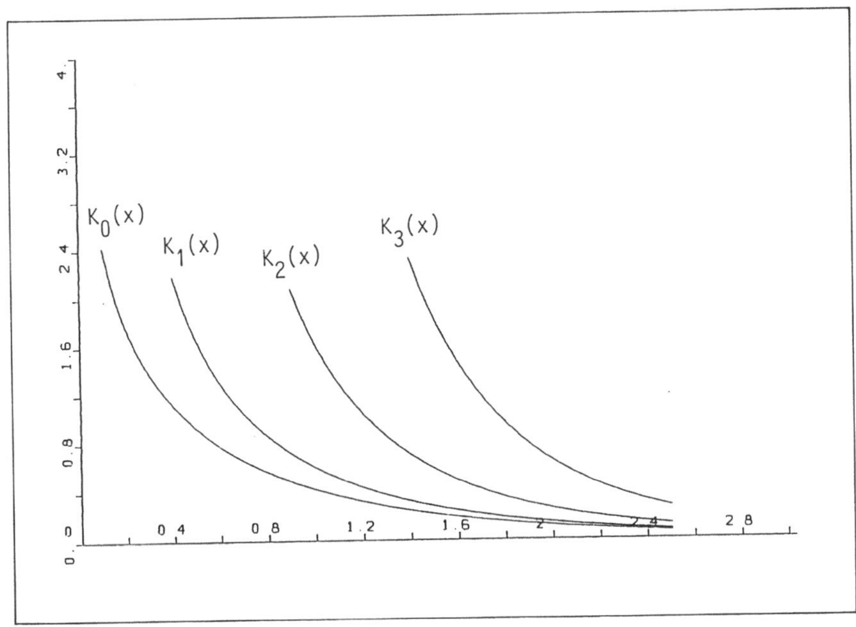

<u>Fig. 2.1.5.1</u>   Modifizierte Hankelfunktion $K_n(x)$ für $n = 0,1,2,3$

Die Integralformen der modifizierten Hankelfunktion lauten

$$K_\nu(z) = \frac{\sqrt{\pi}\cdot(z/2)^\nu}{\Gamma(\nu+0.5)} \cdot \int_0^\infty \exp\{-z\cdot\cosh\{t\}\} \cdot \sinh\{t\}^{2\cdot\nu} \cdot dt =$$

$$= \frac{\sqrt{\pi}\cdot(z/2)^\nu}{\Gamma(\nu+0.5)} \cdot \int_1^\infty \exp\{-z\cdot t\} \cdot (t^2-1)^{\nu-0.5} \cdot dt \ ,$$

$$\text{falls} \quad Re\{\nu\} > -0.5 \quad \text{und} \quad |\arg\{z\}| < \pi/2 \ , \qquad (2.1.5.15)$$

$$K_\nu(z) = \int_0^\infty \exp\{-z\cdot\cosh\{t\}\} \cdot \cosh\{\nu\cdot t\} \cdot dt \ ,$$

$$\text{falls} \quad |\arg\{z\}| < \pi/2 \ , \qquad (2.1.5.16)$$

$$K_\nu(x\cdot z) = \frac{\Gamma(\nu+0.5)\cdot(2\cdot z)^\nu}{\sqrt{\pi}\cdot x^\nu} \cdot \int_0^\infty \frac{\cos\{x\cdot t\}}{(t^2+z^2)^{\nu+0.5}} \cdot dt \ ,$$

$$\text{falls} \quad Re\{\nu\} \geqq -0.5 \ , \quad x > 0 \quad \text{und} \quad |\arg\{z\}| < \pi/2 \ ,$$
$$(2.1.5.17)$$

$$K_\nu(x) = \sec\{\nu\cdot\pi/2\} \cdot \int_0^\infty \cos\{x\cdot\sinh\{t\}\} \cdot \cosh\{\nu\cdot t\} \cdot dt =$$

$$= \csc\{\nu\cdot\pi/2\} \cdot \int_0^\infty \sin\{x\cdot\sinh\{t\}\} \cdot \sinh\{\nu\cdot t\} \cdot dt \ ,$$

$$\text{falls} \quad |Re\{\nu\}| < 1 \quad \text{und} \quad x > 0 \qquad (2.1.5.18)$$

und

$$K_0(x) = \int_0^\infty \cos\{x\cdot\sinh\{t\}\} \cdot dt = \int_0^\infty \frac{\cos\{x\cdot t\}}{\sqrt{t^2+1}} \cdot dt \ ,$$

$$\text{falls} \quad x > 0 \ . \qquad (2.1.5.19)$$

2.1.6 Sphärische Besselfunktion n-ter Ordnung

Die einfache sphärische Besselfunktion $j_n(z)$ ist durch

$$j_n(z) = \sqrt{\pi/(2 \cdot z)} \cdot J_{n+1/2}(z) \qquad (2.1.6.1)$$

definiert.

Mit Hilfe der Beziehungen

$$j_n(z) = f_n(z) \cdot \sin\{z\} + (-1)^{n+1} \cdot f_{-n-1}(z) \cdot \cos\{z\} \ , \qquad (2.1.6.2)$$

$$f_0(z) = 1/z \ , \quad f_1(z) = 1/z^2 \qquad \begin{matrix}(2.1.6.3)\\(2.1.6.4)\end{matrix}$$

und

$$f_{n-1}(z) + f_{n+1}(z) = (2 \cdot n+1) \cdot f_n(z)/z \qquad (2.1.6.5)$$

für $n = 0, \pm 1, \pm 2, \ldots$

läßt sich diese Funktion auch durch rein trigonometrische Terme darstellen.
Dies ermöglicht u.a. eine einfache Darstellung der nicht sphärischen
einfachen Besselfunktion (n+1/2)-ter Ordnung. Entsprechendes gilt auch
für die in den folgenden beiden Abschnitten 2.1.7 und 2.1.8 beschriebenen sphärischen Neumann- und Hankelfunktionen.

Somit kann für die sphärische Besselfunktion verschiedener Ordnungen n
geschrieben werden

$$j_0(z) = \sqrt{\pi/(2 \cdot z)} \cdot J_{1/2}(z) = \sin\{z\}/z \ , \qquad (2.1.6.6)$$

$$j_1(z) = \sqrt{\pi/(2 \cdot z)} \cdot J_{3/2}(z) = \sin\{z\}/z^2 - \cos\{z\}/z \ , \qquad (2.1.6.7)$$

$$j_2(z) = \sqrt{\pi/(2 \cdot z)} \cdot J_{5/2}(z) =$$

$$= \left(\frac{3}{z^3} - \frac{1}{z}\right) \cdot \sin\{z\} - \frac{3}{z^2} \cdot \cos\{z\} \qquad (2.1.6.8)$$

und

$$j_3(z) = \sqrt{\pi/(2 \cdot z)} \cdot J_{7/2}(z) =$$

$$= \left(\frac{15}{z^4} - \frac{6}{z^2}\right) \cdot \sin\{z\} - \left(\frac{15}{z^3} - \frac{1}{z}\right) \cdot \cos\{z\} \ . \qquad (2.1.6.9)$$

Die Integraldarstellung der einfachen sphärischen Besselfunktion kann
zu

$$j_n(z) = \frac{z^n}{2^{n+1} \cdot n!} \cdot \int_0^{\pi} \cos\{z \cdot \cos\{\Theta\}\} \cdot \sin\{\Theta\}^{2 \cdot n + 1} \cdot d\Theta \qquad (2.1.6.10)$$

angegeben werden.

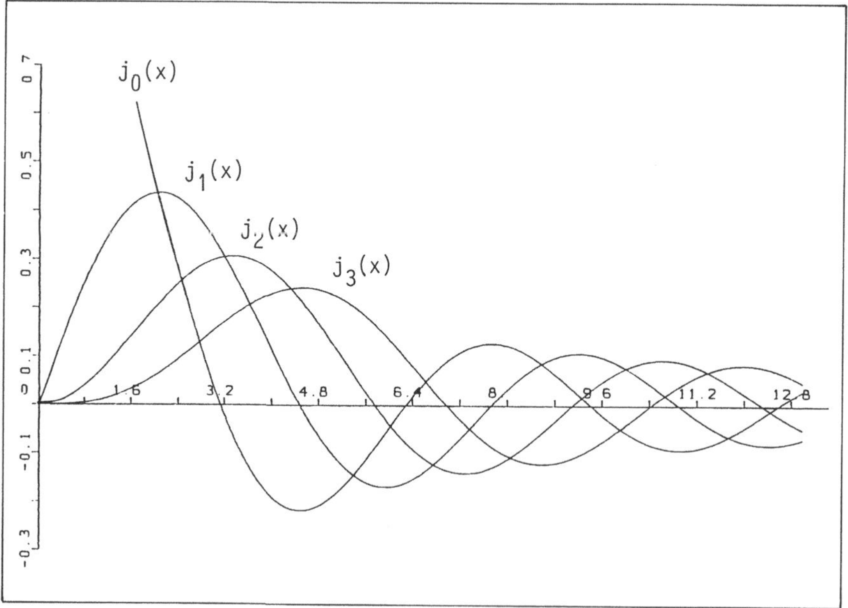

Fig. 2.1.6.1   Einfache sphärische Besselfunktion $j_n(x)$ für $n = 0,1,2,3$

2.1.7 Sphärische Neumannfunktion n-ter Ordnung

Die sphärische Neumannfunktion $y_n(z)$ ist durch

$$y_n(z) = \sqrt{\pi/(2\cdot z)} \cdot Y_{n+1/2}(z) \tag{2.1.7.1}$$

definiert.

Die Beziehung

$$y_n(z) = (-1)^{n+1} \cdot j_{-n-1}(z) \tag{2.1.7.2}$$

und die Gleichungen (2.1.6.2 - 5) liefern für n = 0, 1, 2 und 3 somit

$$y_0(z) = \sqrt{\pi/(2\cdot z)} \cdot Y_{1/2}(z) =$$

$$= -j_{-1}(z) = - \frac{\cos\{z\}}{z} \ , \tag{2.1.7.3}$$

$$y_1(z) = \sqrt{\pi/(2\cdot z)} \cdot Y_{3/2}(z) =$$

$$= +j_{-2}(z) = \frac{-\cos\{z\}}{z^2} - \frac{\sin\{z\}}{z} \ , \tag{2.1.7.4}$$

$$y_2(z) = \sqrt{\pi/(2\cdot z)} \cdot y_{5/2}(z) =$$

$$= -j_{-3}(z) = (- \frac{3}{z^3} + \frac{1}{z})\cdot\cos\{z\} - \frac{3}{z^2}\cdot\sin\{z\} \tag{2.1.7.5}$$

und

$$y_3(z) = \sqrt{\pi/(2\cdot z)} \cdot Y_{7/2}(z) =$$

$$= +j_{-4}(z) = (\frac{-15}{z^3} + \frac{1}{z})\cdot\sin\{z\} - (\frac{15}{z^4} - \frac{6}{z^2})\cdot\cos\{z\} \ .$$

$$\tag{2.1.7.6}$$

Bezüglich der Darstellung der nicht-sphärischen Neumannfunktion $Y_{n+1/2}$
beachte man den Hinweis in Abschnitt 2.1.6 hinter (2.1.6.1).

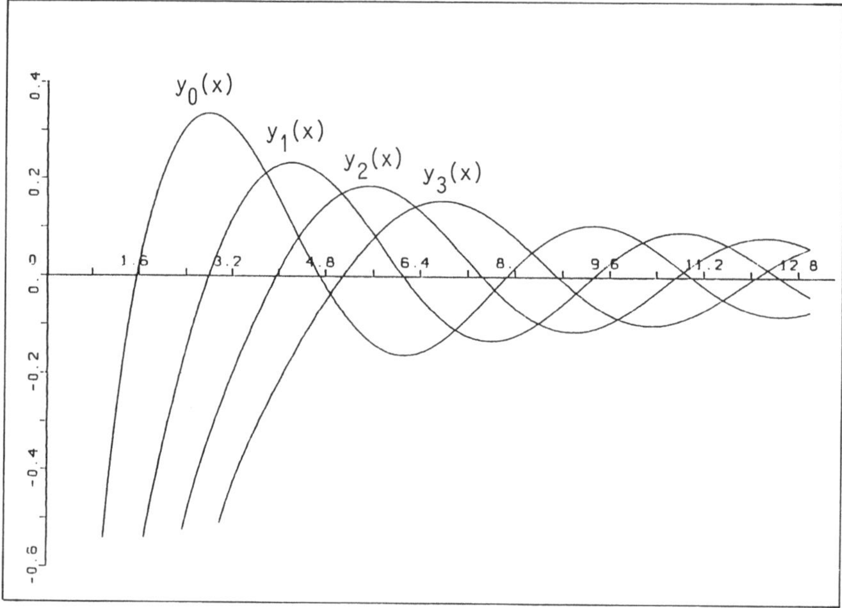

Fig. 2.1.7.1   Sphärische Neumannfunktion $y_n(x)$ für $n = 0,1,2,3$

2.1.8 Sphärische Hankelfunktionen n-ter Ordnung

Die sphärischen Hankelfunktionen sind Kombinationen der sphärischen Bessel- und Neumannfunktion

$$h_n^{[1]}(z) = j_n(z) + j \cdot y_n(z) = \sqrt{\pi/(2 \cdot z)} \cdot H_{n+1/2}^{[1]}(z) \qquad (2.1.8.1)$$

und

$$h_n^{[2]}(z) = j_n(z) - j \cdot y_n(z) = \sqrt{\pi/(2 \cdot z)} \cdot H_{n+1/2}^{[2]}(z) \ . \qquad (2.1.8.2)$$

Für diese Funktionen kann auch eine Reihendarstellung in der Form

$$h_n^{[1]}(z) = j^{-n-1} \cdot \exp\{j \cdot z\}/z \cdot \sum_{k=0}^{n} (n+0.5,k) \cdot (-2 \cdot j \cdot z)^{-k} \qquad (2.1.8.3)$$

und

$$h_n^{[2]}(z) = j^{+n+1} \cdot \exp\{j \cdot z\}/z \cdot \sum_{k=0}^{n} (n+0.5,k) \cdot (+2 \cdot j \cdot z)^{-k} \qquad (2.1.8.4)$$

angegeben werden. Die Bedeutung von (a,b) möge der Leser dem Anhang entnehmen.

Für negative Ordnungen n gelten

$$h_{-n-1}^{[1]}(z) = j \cdot (-1)^n \cdot h_n^{[1]}(z) \qquad (2.1.8.5)$$

und

$$h_{-n-1}^{[2]}(z) = -j \cdot (-1)^n \cdot h_n^{[2]}(z) \ . \qquad (2.1.8.6)$$

Setzt man $f_n(z)$ stellvertretend für die Funktionen $h_n^{[1]}(z)$ oder $h_n^{[2]}(z)$ sowie auch für $j_n(z)$ oder $y_n(z)$, so gelten weiterhin die Beziehungen

$$f_{n-1}(z) + f_{n+1}(z) = (2 \cdot n+1) \cdot f_n(z)/z \ , \qquad (2.1.8.7)$$

$$n \cdot f_{n-1}(z) - (n+1) \cdot f_{n+1}(z) = (2 \cdot n+1) \cdot \partial f_n(z)/\partial z \ , \qquad (2.1.8.8)$$

$$(n+1) \cdot f_n(z)/z + \partial f_n(z)/\partial z = f_{n-1}(z) \qquad (2.1.8.9)$$

und

$$n \cdot f_n(z)/z - \partial f_n(z)/\partial z = f_{n+1}(z) \ . \qquad (2.1.9.10)$$

2.1.9 Modifizierte sphärische Besselfunktion n-ter Ordnung

Die modifizierte sphärische Besselfunktion ist durch

$$i_n(z) = \sqrt{\pi/(2 \cdot z)} \cdot I_{n+1/2}(z) \qquad (2.1.9.1)$$

und

$$i_{-n}(z) = \sqrt{\pi/(2 \cdot z)} \cdot I_{-n-1/2}(z) \qquad (2.1.9.2)$$

definiert.

Hierbei werden die Fälle

$$i_n(z) = \exp\{-j \cdot n \cdot \pi/2\} \cdot j_n(z \cdot \exp\{j \cdot \pi/2\}) \ ,$$
$$\text{für} \quad -\pi < \arg\{z\} < \pi/2 \ , \qquad (2.1.9.3)$$

$$i_n(z) = \exp\{j \cdot n \cdot 3 \cdot \pi/2\} \cdot j_n(z \cdot \exp\{-j \cdot 3 \cdot \pi/2\}) \ ,$$
$$\text{für} \quad \pi/2 < \arg\{z\} < \pi \ , \qquad (2.1.9.4)$$

sowie

$$i_{-n}(z) = \exp\{j \cdot (n+1) \cdot 3 \cdot \pi/2\} \cdot y_n(z \cdot \exp\{j \cdot \pi/2\}) \ ,$$
$$\text{für} \quad -\pi < \arg\{z\} < \pi/2 \qquad (2.1.9.5)$$

und

$$i_{-n}(z) = \exp\{-j \cdot (n+1) \cdot \pi/2\} \cdot y_n(z \cdot \exp\{-j \cdot 3 \cdot \pi/2\}) \ ,$$
$$\text{für} \quad \pi/2 < \arg\{z\} < \pi \qquad (2.1.9.6)$$

unterschieden.

Mit Hilfe der Beziehungen

$$i_n(z) = g_n(z) \cdot \sinh\{z\} + g_{-n-1}(z) \cdot \cosh\{z\} \ , \qquad (2.1.9.7)$$

$$g_{n-1}(z) - g_{n+1}(z) = (2 \cdot n+1) \cdot g_n(z)/z \ , \qquad (2.1.9.8)$$

$$g_0(z) = 1/z \ , \quad g_1(z) = -1/z^2 \ , \qquad (2.1.9.9)$$
$$(2.1.9.10)$$

$$\text{für} \quad n = 0, \ \pm 1, \ \pm 2, \ \ldots$$

lassen sich $i_n(z)$ und $i_{-n}(z)$ durch die Hyperbelfunktionen
ausdrücken.

Es ergeben sich daher für n = 0, 1, 2 und 3

$$i_0(z) = \sqrt{\pi/(2 \cdot z)} \cdot I_{1/2}(z) = \sinh\{z\}/z \ , \qquad (2.1.9.11)$$

$$i_1(z) = \sqrt{\pi/(2 \cdot z)} \cdot I_{3/2}(z) = - \frac{\sinh\{z\}}{z^2} + \frac{\cosh\{z\}}{z} \ , \qquad (2.1.9.12)$$

$$i_2(z) = \sqrt{\pi/(2 \cdot z)} \cdot I_{5/2}(z) = (\frac{3}{z^3} + \frac{1}{z}) \cdot \sinh\{z\} - \frac{3}{z^2} \cdot \cosh\{z\}$$
$$(2.1.9.13)$$

und
$$i_3(z) = \sqrt{\pi/(2 \cdot z)} \cdot I_{7/2}(z) =$$

$$= (- \frac{15}{z^4} - \frac{6}{z^2}) \cdot \sinh\{z\} + (\frac{15}{z^3} + \frac{1}{z}) \cdot \cosh\{z\}$$
$$(2.1.9.14)$$

sowie
$$i_{-0}(z) = \sqrt{\pi/(2 \cdot z)} \cdot I_{-1/2}(z) = \cosh\{z\}/z \ , \qquad (2.1.9.15)$$

$$i_{-1}(z) = \sqrt{\pi/(2 \cdot z)} \cdot I_{-3/2}(z) = \frac{\sinh\{z\}}{z} - \frac{\cosh\{z\}}{z^2} \ , \qquad (2.1.9.16)$$

$$i_{-2}(z) = \sqrt{\pi/(2 \cdot z)} \cdot I_{-5/2}(z) =$$
$$= - \frac{3}{z^2} \cdot \sinh\{z\} + (\frac{3}{z^3} + \frac{1}{z}) \cdot \cosh\{z\} \qquad (2.1.9.17)$$

und
$$i_{-3}(z) = \sqrt{\pi/(2 \cdot z)} \cdot I_{-7/2}(z) =$$

$$= (\frac{1}{z} + \frac{15}{z^3}) \cdot \sinh\{z\} - \frac{5}{z^2} \cdot (2 + \frac{21}{z}) \cdot \cosh\{z\} \ .$$
$$(2.1.9.18)$$

Die nachfolgende Abbildung zeigt die modifizierte sphärische Besselfunktion $i_n(x)$ für n = 0, 1, 2 und 3.

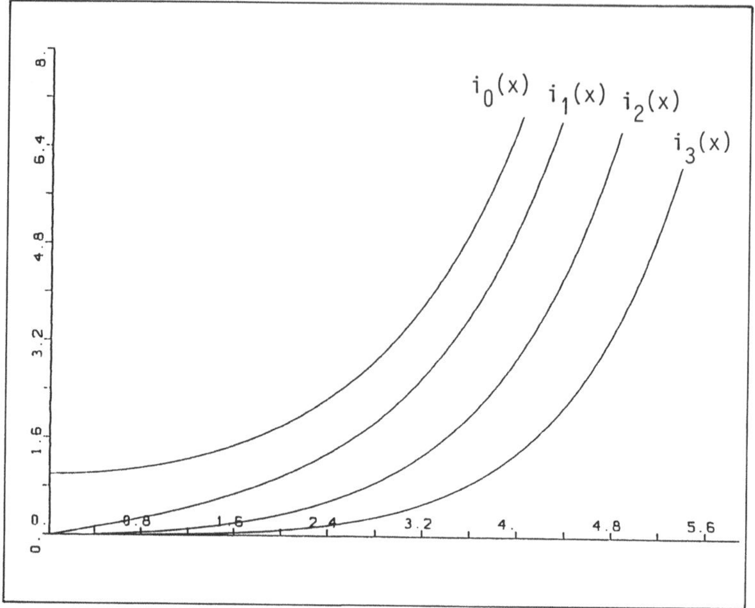

<u>Fig. 2.1.9.1</u>   Modifizierte sphärische Besselfunktion $i_n(x)$
für n = 0,1,2,3

<u>2.1.10 Modifizierte sphärische Hankelfunktion n-ter Ordnung</u>

Abschließend sei die modifizierte sphärische Hankelfunktion beschrieben, welche definiert ist zu

$$k_n(z) = \sqrt{\pi/(2 \cdot z)} \cdot K_{n+1/2}(z) \ . \qquad\qquad (2.1.10.1)$$

Diese Funktion kann auch durch

$$k_n(z) = j \cdot \pi/2 \cdot \exp\{j \cdot (n+1) \cdot \pi/2\} \cdot h_n^{[1]}(z \cdot \exp\{j \cdot \pi/2\})$$
$$\text{für} \quad -\pi < \arg\{z\} \leqq \pi/2 \qquad\qquad (2.1.10.2)$$

und

$$k_n(z) = -j \cdot \pi/2 \cdot \exp\{-j \cdot (n+1) \cdot \pi/2\} \; \cdot \; h_n^{[2]}(z \cdot \exp\{-j \cdot \pi/2\}) \; ,$$
$$\text{für} \quad \pi/2 < \arg\{z\} \leq \pi \tag{2.1.10.3}$$

ausgedrückt werden.

Eine Reihendarstellung ist gegeben durch

$$k_n(z) = \pi/(2 \cdot z) \cdot \exp\{-z\} \; \cdot \; \sum_{k=0}^{n} (n+0.5,k) \cdot (2 \cdot z)^{-k} \; . \tag{2.1.10.4}$$

Zwischen positiver und negativer Ordnung besteht der Zusammenhang

$$k_n(z) = k_{-n}(z) \quad \text{bzw.} \quad K_{n+1/2}(z) = K_{-n-1/2}(z) \; . \tag{2.1.10.5}$$

Für n = 0, 1, 2 und 3 können daher geschrieben werden

$$k_0(z) = \sqrt{\pi/(2 \cdot z)} \; \cdot \; K_{1/2}(z) = \pi/(2 \cdot z) \cdot \exp\{-z\} \; , \tag{2.1.10.6}$$

$$k_1(z) = \sqrt{\pi/(2 \cdot z)} \; \cdot \; K_{3/2}(z) = \pi/(2 \cdot z) \cdot \exp\{-z\} \cdot (1+1/z) \; , \tag{2.1.10.7}$$

$$k_2(z) = \sqrt{\pi/(2 \cdot z)} \; \cdot \; K_{5/2}(z) = \pi/(2 \cdot z) \cdot \exp\{-z\} \cdot (1+3/z+3/z^2)$$
$$\tag{2.1.10.8}$$

und
$$k_3(z) = \sqrt{\pi/(2 \cdot z)} \; \cdot \; K_{7/2}(z) = \pi/(2 \cdot z) \cdot \exp\{-z\} \cdot (1+6/z+15/z^2+15/z^3) \; . \tag{2.1.10.9}$$

Für $\; f_n(z) = \sqrt{\pi/(2 \cdot z)} \; \cdot \; I_{n+1/2} \;$ und

$$f_n(z) = (-1)^{n+1} \cdot \sqrt{\pi/(2 \cdot z)} \; \cdot \; K_{n+1/2}(z) \quad \text{gelten gleichermaßen}$$

$$f_{n-1}(z) - f_{n+1}(z) = (2 \cdot n+1) \cdot f_n(z)/z \; , \tag{2.1.10.10}$$

$$n \cdot f_{n-1}(z) + (n+1) \cdot f_{n+1}(z) = (2 \cdot n+1) \cdot \partial f_n(z)/\partial z \; , \tag{2.1.10.11}$$

$$(n+1)/z \cdot f_n(z) + \partial f_n(z)/\partial z = f_{n-1}(z) \; , \tag{2.1.10.12}$$

$$-n \cdot f_n(z)/z + \partial f_n(z)/\partial z = f_{n+1}(z) \; , \tag{2.1.10.13}$$

$$\text{mit} \quad n = 0, \pm 1, \pm 2, \ldots \; .$$

Die nachfolgende Figur zeigt die modifizierte sphärische Hankelfunktion für verschiedene Ordnungen n.

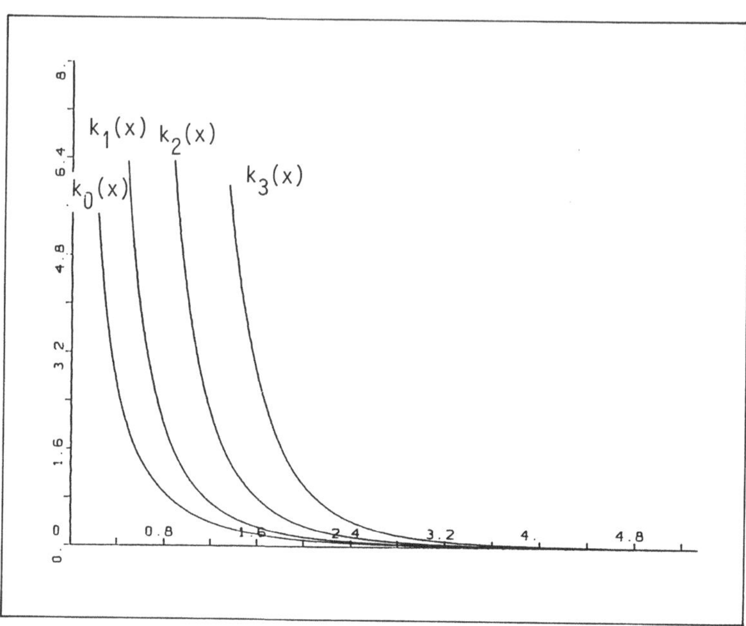

Fig. 2.1.10.1 Modifizierte sphärische Hankelfunktion $k_n(x)$
              für n = 0,1,2,3

2.2   Interpolation

Eine Möglichkeit der numerischen Darstellung von verschiedenen Zylinderfunktionen bieten die zahlreichen Interpolationsverfahren.

Diese können z.B. dann sinnvoll eingesetzt werden, wenn es darauf an-
kommt, einen speziellen Funktionenverlauf in einem bestimmten, abgeschlossenen Argumentenbereich zu berechnen bzw. den Aufwand für die
Darstellung einer Funktion so gering wie möglich zu halten.
Grundsätzlich müssen für Interpolationsverfahren jeglicher Art die
Stützstellen, d.h. diskrete Funktionswertepaare dieser Funktion, bekannt sein. Die Genauigkeit der Wertepaare ist hierbei ein mehr oder
minder direktes Maß für die Genauigkeit des Interpolationsergebnisses.

Zwei besonders effiziente Interpolationsverfahren werden daher im An-
schluß an diese Vorbemerkungen in den folgenden beiden Abschnitten be-
beschrieben.
Dem interessierten Leser seien an weiterführender Literatur insbesondere
die Werke [15] und [13] empfohlen, welchen die nachstehenden Informationen zum großen Teil auch entnommen wurden.

2.2.1 Wiederholte lineare Interpolation

Gegeben seien (n+1)   Wertepaare (x_0,y_0), (x_1,y_1), $\dots$, (x_n,y_n), welche die Punkte P_0, P_1, $\dots$, P_n des Graphen einer bestimmten Funktion
repräsentieren.
Der angenäherte Funktionswert eines vorgegebenen Arguments x mit der
Eigenschaft $x_0 \leq x \leq x_n$ kann dann durch wiederholte Anwendung der Gleichung für die einfache lineare Interpolation errechnet werden.
Diese Geradengleichung, welche auch als Zwei-Punkte-Form bezeichnet wird,
lautet

$$y(x) = y_1 + (x-x_1) \cdot \frac{(y_2-y_1)}{(x_2-x_1)} \ . \qquad (2.2.1.1)$$

Die Bedeutungen der in Gleichung (2.2.1.1) verwendeten Größen können der nachfolgenden Abbildung entnommen werden.

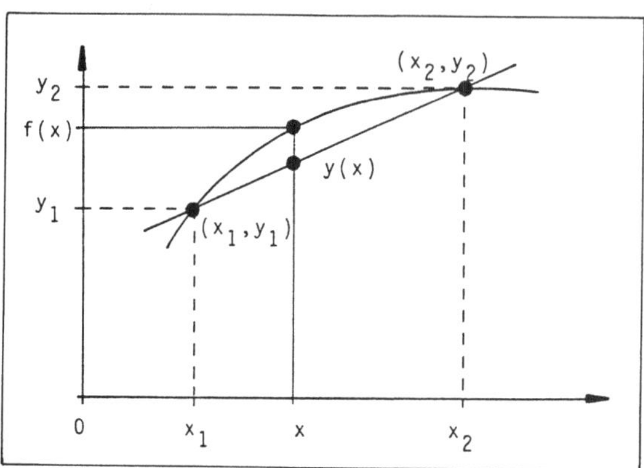

Fig. 2.2.1.1 Lineare Interpolation zwischen zwei Punkten

Wendet man die lineare Interpolation nun mehrmals auf ein Feld von drei
Wertepaaren an, wie dies aus Abbildung 2.2.1.2 hervorgeht, so erhält
man die nachfolgenden Beziehungen (2.2.1.2 - 4) .

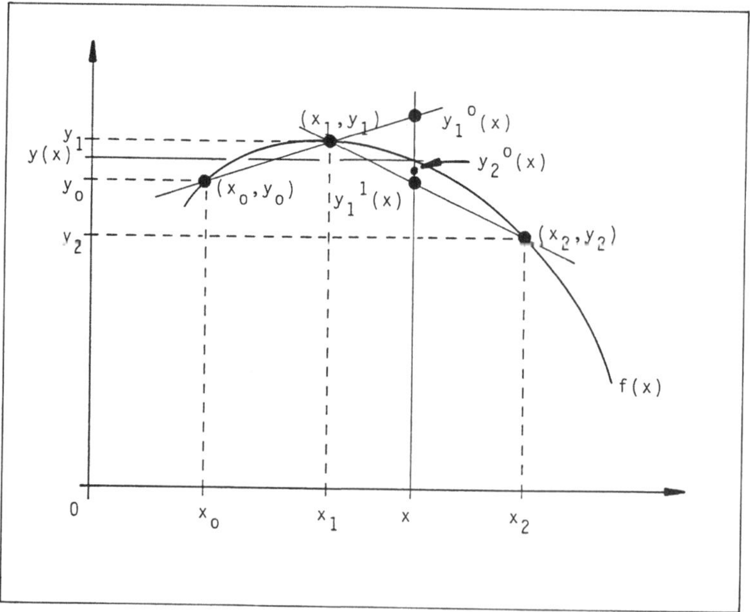

Fig. 2.2.1.2 Wiederholte Anwendung der linearen Interpolation
             auf drei Stützstellen

Anwendung der Geradengleichung auf die Wertepaare (x_0, y_0) und (x_1, y_1)
liefert die Gleichung

$$y_1^{\,0}(x) = \frac{y_0 \cdot (x-x_1) - y_1 \cdot (x-x_0)}{x_0 - x_1} \; , \qquad\qquad (2.2.1.2)$$

auf die Wertepaare (x_1, y_1) und (x_2, y_2)

$$y_1^{\,1}(x) = \frac{y_1 \cdot (x-x_2) - y_2 \cdot (x-x_1)}{x_1 - x_2} \qquad\qquad (2.2.1.3)$$

und auf (x_0, y_0) und (x_2, y_2) schließlich

$$y_2^{\,0}(x) = \frac{y_1^{\,0} \cdot (x-x_2) - y_1^{\,1} \cdot (x-x_0)}{x_0 - x_2} \; . \qquad\qquad (2.2.1.4)$$

Man beachte, daß in Gleichung (2.2.1.4) die Interpolationsergebnisse
der beiden vorangegangenen Interpolationen (2.2.1.2 – 3) eingehen und
die Interpolation (2.2.1.2) ein Argument außerhalb des Interpolations-
intervalls $[x_0, x_1]$ verwendet !

Verallgemeinert man nun die bisher gewonnenen Erkenntnisse auf ein Feld
von $(n+1)$ Stützstellen, so lassen sich für alle Interpolationsvorgänge
die nachfolgenden Gleichungen angeben:

$$y_1^{\,k}(x) = \frac{y_k \cdot (x-x_{k+1}) - y_{k+1} \cdot (x-x_k)}{x_k - x_{k+1}} \qquad\qquad (2.2.1.5)$$

für $k = 0, 1, 2, \ldots , (n-1)$,

$$y_m^{\,k}(x) = \frac{y^k_{m-1}(x) \cdot (x-x_{k+m}) - y^{k+1}_{m-1}(x) \cdot (x-x_k)}{x_k - x_{k+m}} \qquad\qquad (2.2.1.6)$$

für $m = 2, 3, \ldots , n$ und $k = 0, 1, \ldots , (n-m)$.

Zusammengefaßt besteht das Verfahren der wiederholten linearen Interpolation für (n+1) Stützstellen (x_k, y_k) mit k = 0,1, ...,n   aus einer Verkettung von (1+2+...+n) Interpolationen in n "Ebenen" und liefert eine Gleichung n-ten Grades.

Die nachfolgende Abbildung soll dies besonders in bezug auf die Bezeichnung der verschiedenen Interpolationsschritte veranschaulichen.

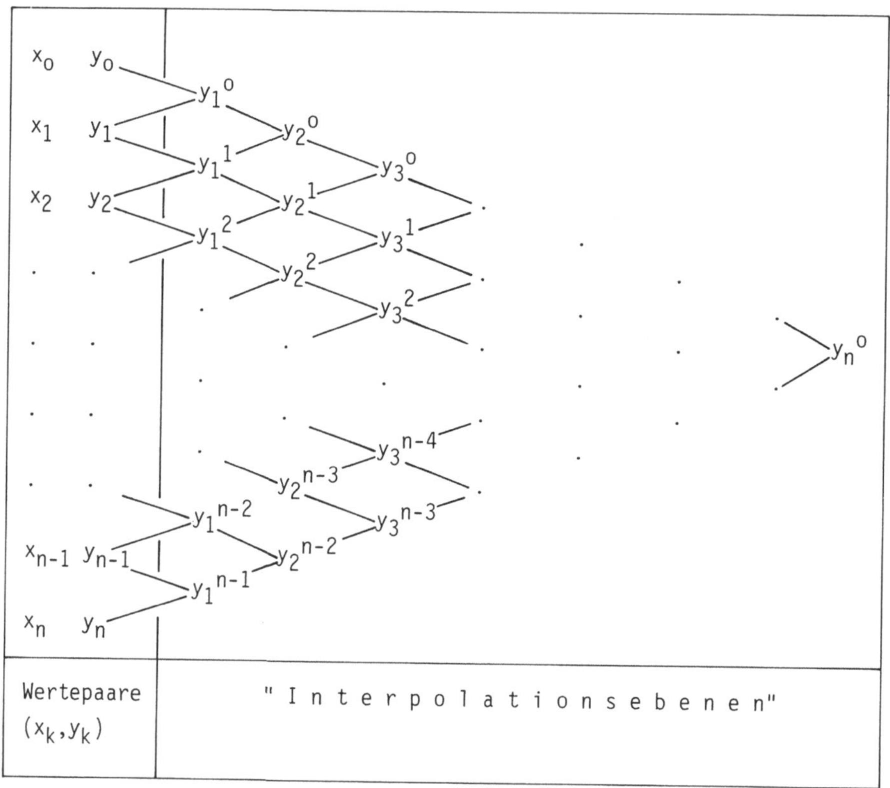

<u>Fig. 2.2.1.3</u> Verfahrensschema für die wiederholte lineare Interpolation

In Kapitel 5 werden für dieses Interpolationsverfahren Programmierbeispiele in verschiedenen Programmiersprachen vorgestellt.

Hierbei werden auch das Verfahren der wiederholten linearen Interpolation und das der interpolierenden Polynom-Splines 3. Grades, welches im folgenden Abschnitt beschrieben wird, bezüglich der erzielten Interpolationsgenauigkeit verglichen.

2.2.2 Interpolierende Polynom-Splines 3. Grades

Eine andere Möglichkeit der Interpolation und somit Darstellungsform von
Zylinderfunktionen bieten die verallgemeinerten natürlichen kubischen
Splines 3. Grades.
Sind zu einer Funktion $y = f(x)$ im Intervall $[a,b]$ $(n+1)$ Stütz-
stellen mit der Eigenschaft

$$y_k = f(x_k)$$
und
$$a = x_0 < x_1 < x_2 < \ldots\ldots < x_{n-1} < x_n = b$$

bekannt, so kann die betreffende Funktion durch eine Splinefunktion $S(x)$
mit $S(x) \simeq f(x)$ dargestellt werden.

Die Splinefunktion $S(x)$ setzt sich stückweise aus den kubischen Poly-
nomen $P_k(x)$ für x aus $[x_k,x_{k+1}]$, $k=0,1, \ldots ,(n-1)$ zusammen.
Grundsätzlich müssen für die Anwendung von Splines die nachfolgend genannten Bedingungen erfüllt sein:

1. $S(x)$ ist im Intervall $[a,b]$ zweimal stetig
    differenzierbar.   (2.2.2.1)

2. $S(x)$ ist in jedem Intervall $[x_k,x_{k+1}]$, mit
    $k=0,1, \ldots ,(n-1)$, durch ein kubisches Polynom P_k
    gegeben.   (2.2.2.2)

3. $S(x)$ erfüllt die Interpolationsbedingung für
    $S(x_k) = y_k$ für alle $k=0,1, \ldots ,n$.   (2.2.2.3)

4. $\partial^2 S(x)/\partial x^2 |_{x=x_0} = \alpha$, $\partial^2 S(x)/\partial x^2 |_{x=x_n} = \beta$.   (2.2.2.4)
                                                               (2.2.2.5)

Der Ansatz für die kubischen Splines lautet

$$S(x) = P_k(x) = a_k + b_k \cdot (x-x_k) + c_k \cdot (x-x_k)^2 + d_k \cdot (x-x_k)^3$$

für x aus $[x_k,x_{k+1}]$ mit $k=0,1, \ldots,(n-1)$.   (2.2.2.6)

Aus den Bedingungen (2.2.2.1+ 3) für die grundsätzliche Anwendung von
Polynom-Splines folgen die Bedingungen für die einzelnen kubischen Poly-

nome $P_k(x)$:

1. $P_k(x) = y_k$ für k=0,1, ... ,n   (2.2.2.7)

2. $P_k(x_k) = P_{k-1}(x_k)$ für k=1, ... ,n   (2.2.2.8)

3. $\partial P_k(x)/\partial x|_{x=x_k} = \partial P_{k-1}(x)/\partial x|_{x=x_k}$

     für k=1, ... ,(n-1)   (2.2.2.9)

4. $\partial^2 P_k(x)/\partial x^2|_{x=x_k} = \partial^2 P_{k-1}(x)/\partial x^2|_{x=x_k}$

     für k=1, ... ,(n-1) .   (2.2.2.10)

Die einzelnen Koeffizienten a_k bis d_k der Gleichung (2.2.2.6)
errechnen sich mit Hilfe der nachfolgend aufgeführten Gleichungen.

$a_k = y_k$ für k=0,1, ... ,n   (2.2.2.11)

$c_0 = \alpha/2$, $c_n = \beta/2$ für k=0 bzw. k=n   (2.2.2.12)
                                                                    (2.2.2.13)
$2 \cdot (h_0 + h_1) \cdot c_1 + h_1 \cdot c_2 =$

$= 3 \cdot (a_2 - a_1)/h_1 - 3 \cdot (a_1 - a_0)/h_0 - h_0 \cdot \alpha/2$ für k=1   (2.2.2.14)

$h_{n-2} \cdot c_{n-2} + 2 \cdot (h_{n-2} + h_{n-1}) \cdot c_{n-1} =$

$= 3 \cdot (a_n - a_{n-1})/h_{n-1} - 3 \cdot (a_{n-1} - a_{n-2})/h_{n-2} - h_{n-1} \cdot \beta/2$

für k=n-1   (2.2.2.15)

$h_{k-1} \cdot c_{k-1} + 2 \cdot c_k \cdot (h_{k-1} + h_k) + h_k \cdot c_{k+1} =$

$= 3 \cdot (a_{k+1} - a_k)/h_k - 3 \cdot (a_k - a_{k-1})/h_{k-1}$

für k=2,3, ... ,(n-2)   (2.2.2.16)

$b_k = (a_{k+1} - a_k)/h_k - h_k \cdot (c_{k+1} + 2 \cdot c_k)/3$

für k=0,1, ... ,(n-1)   (2.2.2.17)

und

$d_k = (c_{k+1} - c_k)/(3 \cdot h_k)$ für k=0,1, ... ,(n-1) ,   (2.2.2.18) wobei sich die Größen h_k in den Gleichungen (2.2.2.14- 18) zu

$$h_k = x_{k+1} - x_k \, , \quad k=0,1, \, \dots \, ,(n-1) \qquad (2.2.2.19)$$

berechnen.

Die in den Gleichungen (2.2.2.4+ 5) und (2.2.2.12- 15) enthaltenen Funktionswerte der 2. Ableitung der zu interpolierenden Zylinderfunktion können problemlos aus den im Anhang aufgeführten Gleichungen berechnet werden.

Dies betrifft insbesondere die Gleichungen

A.1.3 - 3)   für die einfache Besselfunktion,
A.1.3 - 3)   für die Neumannfunktion,
A.1.3 - 3)   für die Hankelfunktionen,
A.1.3 - 7)   für die modifizierte Besselfunktion und schließlich
A.1.3 - 7)   für die modifizierte Hankelfunktion.

Hierzu bestimmt man zunächst aus der entsprechenden Gleichung die 2. Ableitung der gewünschten Funktion als Funktion in x und ersetzt dann das Argument x jeweils durch die das gesamte Interpolationsintervall begrenzenden Größen x_0 und x_n .

Wie in Abschnitt 2.2.1 bereits erwähnt, wird auch für dieses Interpolationsverfahren in Kapitel 5 dieses Buches ein entsprechendes Programmierbeispiel vorgestellt.

2.3   Approximation

Neben der analytischen Darstellung und Interpolation können stetige Funktionen im allgemeinen durch geeignete Polynome approximiert (angenähert) werden, die die Eigenschaft haben, daß sie sich leichter integrieren und differenzieren lassen und ihre Funktionswerte einfacher zu berechnen sind [13] .

Von den zahlreichen Approximationsmethoden, welche in der einschlägigen Literatur durchweg ausführlich und gut verständlich beschrieben werden, soll im folgenden das Verfahren der Approximation durch Tschebyscheff-Polynome ausführlich behandelt werden. Eine eindrucksvolle Beschreibung dieses Verfahrens ist u.a. in [42] zu finden.

Da dieses Näherungsverfahren für die Approximation von Zylinderfunktionen wohl eines der genauesten ist, wird seiner Beschreibung das nachfolgende Kapitel gewidmet.

Weitere direkt implementierbare Approximationen von Zylinderfunktionen können insbesondere [1] entnommen werden.

3 Approximation von Zylinderfunktionen durch Tschebyscheff-Polynome

Die Methode der Approximation von Funktionen durch Tschebyscheff-Polynome stellt eine der klassischen Näherungsmethoden von Funktionen dar.

Da die Beschreibung dieses Verfahrens in Anwendung auf die Zylinderfunktionen wohl den Kern dieses Buches bildet, wurde innerhalb dieses Kapitels darauf verzichtet, Herleitungen, Polynome und Koeffizienten in den Anhang "zu verlegen" - dies auch unter dem Aspekt, dem Leser ein unentwegtes Nachschlagen zu ersparen. Die dadurch etwas "trocken" wirkende Darstellung wird aber sicherlich für den praxisorientierten Leser - insbesondere für eine direkte Implementierung auf einem programmierbaren System - von Vorteil sein.

3.1   Bestimmung der Koeffizienten von Tschebyscheff-Polynomen

Das Verfahren der Approximation durch Tschebyscheff-Polynome hat gegenüber vielen anderen Näherungsverfahren von stetigen Funktionen den entscheidenden Vorteil, daß der durch die Approximation einer stetigen Funktion $g(x)$ entstehende absolute Fehler in einem abgeschlossenen Intervall $[a,b]$ für alle x zu

$$| g(x) - f(x) | \leq \epsilon \tag{3.1}$$

festgelegt werden kann [13] .

Somit kann eine zu approximierende Funktion $g(x)$ mit Hilfe einer aus Tschebyscheff-Polynomen bestehenden Summe unter Angabe der maximalen Fehlerschranke beschrieben werden zu

$$f(x) = 0.5 \cdot a_0 \cdot T_0(x) + a_1 \cdot T_1(x) + a_2 \cdot T_2(x) + \ldots \tag{3.2}$$

und somit zu

$$f(x) = 0.5 \cdot a_0 \cdot T_0(x) + \sum_{v=1}^{n} a_v \cdot T_v(x) . \tag{3.3}$$

Hierin bedeuten

$f(x)$:   reelle stetige Funktion in x
                     (approximierende Funktion zu g(x))
x   :   reelles Argument
$T_v(x)$:   Tschebyscheff-Polynom der ganzzahligen Ordnung v
a_v :   reeller Koeffizient zu $T_v(x)$
v, n   :   natürliche Zahlen.

Die Tschebyscheff-Polynome sind für den Argumentenbereich $-1 \leqq x \leqq +1$
für v = 0,1,2, ... ,N definiert zu

$$T_v(x) = \cos\{ v \cdot \arccos\{x\} \} \; . \tag{3.4}$$

Allgemein lassen sie sich über die rekursive Beziehung

$$T_{v+1}(x) - 2 \cdot x \cdot T_v(x) + T_{v-1}(x) = 0 \tag{3.5}$$

berechnen.

Mit
$$T_0(x) = 1 \tag{3.6}$$
und
$$T_1(x) = x \tag{3.7}$$

ergeben sich im weiteren

$$T_2(x) = 2 \cdot x^2 - 1 \; , \tag{3.8}$$

$$T_3(x) = 4 \cdot x^3 - 3 \cdot x \; , \tag{3.9}$$

$$T_4(x) = 8 \cdot x^4 - 8 \cdot x^2 + 1 \; , \tag{3.10}$$

$$T_5(x) = 16 \cdot x^5 - 20 \cdot x^3 + 5 \cdot x \; , \tag{3.11}$$

$$T_6(x) = 32 \cdot x^6 - 48 \cdot x^4 + 18 \cdot x^2 - 1 \quad \text{etc.} \tag{3.12}$$

Einige wesentliche Eigenschaften der Tschebyscheff-Polynome sind

1. $T_v(x)$ ist ein Polynom in x vom Grade v.   (3.13.a)

2.   Der Koeffizient von x^v ist stets 2^{v-1}.   (3.13.b)

3.   Die Koeffizienten $b_{v,k}$ der Polynome $T_v(x)$ errechnen
     sich zu

$$b_{v,k} = (-1)^k \cdot 2^{v-2\cdot k-1} \cdot \left[2\cdot\left\{\begin{matrix} v-k \\ k \end{matrix}\right\} - \left\{\begin{matrix} v-k-1 \\ k \end{matrix}\right\} \right] \qquad (3.13.c)$$

mit $\quad$ k = 0,1, ... ,M und

$\qquad\quad$ M = v/2, falls v gerade, bzw.

$\qquad\quad$ M = (v-1)/2, falls v ungerade .

Die Koeffizienten der Tschebyscheff-Polynome nach (3.13) können für v = 0 ... 37 der nachfolgend aufgeführten Tabelle entnommen werden.

v	k	$b_{v,k}$	v	k	$b_{v,k}$	v	k	$b_{v,k}$
0	0	1	8	0	128	12	1	-6144
			8	1	-256	12	2	6912
1	0	1	8	2	160	12	3	-3584
			8	3	-32	12	4	840
2	0	2	8	4	1	12	5	-72
2	1	-1				12	6	1
			9	0	256			
3	0	4	9	1	-576	13	0	4096
3	1	-3	9	2	432	13	1	-13312
			9	3	-120	13	2	16640
4	0	8	9	4	9	13	3	-9984
4	1	-8				13	4	2912
4	2	1	10	0	512	13	5	-364
			10	1	-1280	13	6	13
5	0	16	10	2	1120			
5	1	-20	10	3	-400	14	0	8192
5	2	5	10	4	50	14	1	-28672
			10	5	-1	14	2	39424
6	0	32				14	3	-26880
6	1	-48	11	0	1024	14	4	9408
6	2	18	11	1	-2816	14	5	-1568
6	3	-1	11	2	2816	14	6	98
			11	3	-1232	14	7	-1
7	0	64	11	4	220			
7	1	-112	11	5	-11	15	0	16384
7	2	56				15	1	-61440
7	3	-7	12	0	2048	15	2	92160

v	k	$b_{v,k}$	v	k	$b_{v,k}$	v	k	$b_{v,k}$
15	3	-70400	19	1	-1245184	22	4	30638080
15	4	28800	19	2	2490368	22	5	-16400384
15	5	-6048	19	3	-2723840	22	6	5637632
15	6	560	19	4	1770496	22	7	-1208064
15	7	-15	19	5	-695552	22	8	151008
			19	6	160512	22	9	-9680
16	0	32768	19	7	-20064	22	10	242
16	1	-131072	19	8	1140	22	11	-1
16	2	212992	19	9	-19			
16	3	-180224				23	0	4194304
16	4	84480	20	0	524288	23	1	-24117248
16	5	-21504	20	1	-2621440	23	2	60293120
16	6	2688	20	2	5570560	23	3	-85917696
16	7	-128	20	3	-6553600	23	4	76873728
16	8	1	20	4	4659200	23	5	-44843008
			20	5	-2050048	23	6	17145856
17	0	65536	20	6	549120	23	7	-4209920
17	1	-278528	20	7	-84480	23	8	631488
17	2	487424	20	8	6600	23	9	-52624
17	3	-452608	20	9	-200	23	10	2024
17	4	239360	20	10	1	23	11	-23
17	5	-71808						
17	6	11424	21	0	1048576	24	0	8388608
17	7	-816	21	1	-5505024	24	1	-50331648
17	8	17	21	2	12386304	24	2	132120576
			21	3	-15597568	24	3	-199229440
18	0	131072	21	4	12042240	24	4	190513152
18	1	-589824	21	5	-5870592	24	5	-120324096
18	2	1105920	21	6	1793792	24	6	50692096
18	3	-1118208	21	7	-329472	24	7	-14057472
18	4	658944	21	8	33264	24	8	2471040
18	5	-228096	21	9	-1540	24	9	-256256
18	6	44352	21	10	21	24	10	13728
18	7	-4320				24	11	-288
18	8	162	22	0	2097152	24	12	1
18	9	-1	22	1	-11534336			
			22	2	27394048	25	0	16777216
19	0	262144	22	3	-36765696	25	1	-104857600

v	k	$b_{v,k}$	v	k	$b_{v,k}$	v	k	$b_{v,k}$
25	2	288358400	27	11	-117936	30	2	13589544960
25	3	-458752000	27	12	3276	30	3	-27262976000
25	4	466944000	27	13	-27	30	4	36175872000
25	5	-317521920				30	5	-33426505728
25	6	146227200	28	0	134217728	30	6	22052208640
25	7	-45260800	28	1	-939524096	30	7	-10478223360
25	8	9152000	28	2	2936012800	30	8	3572121600
25	9	-1144000	28	3	-5402263552	30	9	-859955200
25	10	80080	28	4	6499598336	30	10	141892608
25	11	-2600	28	5	-5369233408	30	11	-15275520
25	12	25	28	6	3111714816	30	12	990080
			28	7	-1270087680	30	13	-33600
26	0	33554432	28	8	361181184	30	14	450
26	1	-218103808	28	9	-69701632	30	15	-1
26	2	627048448	28	10	8712704			
26	3	-1049624576	28	11	-652288	31	0	1073741824
26	4	1133117440	28	12	25480	31	1	-8321499136
26	5	-825556992	28	13	-392	31	2	29125246976
26	6	412778496	28	14	1	31	3	-60850962432
26	7	-141213696				31	4	84515225600
26	8	32361472	29	0	268435456	31	5	-82239815680
26	9	-4759040	29	1	-1946157056	31	6	57567870976
26	10	416416	29	2	6325010432	31	7	-29297934336
26	11	-18928	29	3	-12163481600	31	8	10827497472
26	12	338	29	4	15386804224	31	9	-2870927360
26	13	-1	29	5	-13463453696	31	10	533172224
			29	6	8341487616	31	11	-66646528
27	0	67108864	29	7	-3683254272	31	12	5261568
27	1	-452984832	29	8	1151016960	31	13	-236096
27	2	1358954496	29	9	-249387008	31	14	4960
27	3	-2387607552	29	10	36095488	31	15	-31
27	4	2724986880	29	11	-3281408			
27	5	-2118057984	29	12	168896	32	0	2147483648
27	6	1143078912	29	13	-4060	32	1	-17179869184
27	7	-428654592	29	14	29	32	2	62277025792
27	8	109983744				32	3	-135291469824
27	9	-18670080	30	0	536870912	32	4	196293427200
27	10	1976832	30	1	-4026531840	32	5	-200655503360

v	k	$b_{v,k}$	v	k	$b_{v,k}$	v	k	$b_{v,k}$
32	6	148562247680	34	8	267776819200	36	8	2095125626880
32	7	-80648077312	34	9	-91044118528	36	9	-819082035200
32	8	32133218304	34	10	22761029632	36	10	240999137280
32	9	-9313976320	34	11	-4093386752	36	11	-52581629952
32	10	1926299648	34	12	511673344	36	12	8307167232
32	11	-275185664	34	13	-42170880	36	13	-916844544
32	12	25798656	34	14	2108544	36	14	66977280
32	13	-1462272	34	15	-55488	36	15	-2976768
32	14	43520	34	16	578	36	16	69768
32	15	-512	34	17	-1	36	17	-648
32	16	1				36	18	1
			35	0	17179869184			
33	0	4294967296	35	1	-150323855360	37	0	68719476736
33	1	-35433480192	35	2	601295421440	37	1	-635655159808
33	2	132875550720	35	3	-1456262348800	37	2	2701534429184
33	3	-299708186624	35	4	2384042393600	37	3	-6992206757888
33	4	453437816832	35	5	-2789329600512	37	4	12315818721280
33	5	-485826232320	35	6	2404594483200	37	5	-15625695002624
33	6	379364311040	35	7	-1551944908800	37	6	14743599316992
33	7	-218864025600	35	8	754417664000	37	7	-10531142369280
33	8	93564370944	35	9	-275652608000	37	8	5742196162560
33	9	-29455450112	35	10	74977509376	37	9	-2392581734400
33	10	6723526656	35	11	-14910300160	37	10	757650882560
33	11	-1083543552	35	12	2106890240	37	11	-180140769280
33	12	118243840	35	13	-202585600	37	12	31524634624
33	13	-8186112	35	14	12403200	37	13	-3940579328
33	14	323136	35	15	-434112	37	14	336540160
33	15	-5984	35	16	7140	37	15	-18356736
33	16	33	35	17	-35	37	16	573648
						37	17	-8436
34	0	8589934592	36	0	34359738368	37	18	37
34	1	-73014444032	36	1	-309237645312			
34	2	282930970624	36	2	1275605286912			
34	3	-661693399040	36	3	-3195455668224			
34	4	1042167103488	36	4	5429778186240			
34	5	-1167945891840	36	5	-6620826304512			
34	6	959384125440	36	6	5977134858240			
34	7	-586290298880	36	7	-4063273943040			

Die gesuchte Approximierende zu $g(x)$ läßt sich somit zu

$$f(x) = 0.5 \cdot a_0 \cdot T_0(x) + \sum_{v=1}^{n} a_v \cdot T_v(x) =$$

$$= 0.5 \cdot a_0 \cdot T_0(x) + a_1 \cdot T_1(x) + a_2 \cdot T_2(x) + \ldots + a_n \cdot T_n(x) =$$

$$= 0.5 \cdot a_0 \cdot (b_{0,0}) + a_1 \cdot (b_{1,0} \cdot x) + a_2 \cdot (b_{2,0} \cdot x^2 + b_{2,1}) +$$

$$+ a_3 \cdot (b_{3,0} \cdot x^3 + b_{3,1} \cdot x) + a_4 \cdot \ldots + \ldots + a_n \cdot (\ldots) =$$

$$= 0.5 \cdot a_0 + a_1 \cdot x + a_2 \cdot 2 \cdot x^2 - a_2 + a_3 \cdot 4 \cdot x^3 - a_3 \cdot 3 \cdot x + \ldots =$$

$$= [0.5 \cdot a_0 - a_2 + \ldots] \cdot x^0 + [a_1 - 3 \cdot a_3 + \ldots] \cdot x^1 + [2 \cdot a_2 + \ldots] \cdot x^2 +$$

$$+ [4 \cdot a_3 + \ldots] \cdot x^3 + \ldots + [\ldots] \cdot x^n =$$

$$= c_0 \cdot x^0 + c_1 \cdot x^1 + c_2 \cdot x^2 + c_3 \cdot x^3 + \ldots + c_n \cdot x^n =$$

$$= \sum_{v=0}^{n} c_v \cdot x^v \tag{3.14}$$

darstellen.

Mit $f(x) = g(x)$ für $n \to \infty$ kann die Schranke des absoluten Fehlers der Näherung berechnet werden zu

$$\varepsilon \geqq | \, g(x) - f(x) \, | =$$

$$= | \, 0.5 \cdot a_0 \cdot T_0(x) + \sum_{v=1}^{\infty} a_v \cdot T_v(x) - 0.5 \cdot a_0 \cdot T_0(x) - \sum_{v=1}^{n} a_v \cdot T_v(x) \, | =$$

$$= | \sum_{v=n+1}^{\infty} a_v \cdot T_v(x) \, | \; . \tag{3.15}$$

Wegen $|T_v(x)| \leqq 1$ für alle v und $-1 \leqq x \leqq +1$ kann der Fehler der Approximation durch Tschebyscheff-Polynome zu

$$\sum_{v=n+1}^{\infty} |a_v| \tag{3.16}$$

angegeben werden.

Die Polynom-Koeffizienten a_v, welche die eigentlichen Informationsträger der zu nähernden Funktion $g(x)$ darstellen, können auf verschiedenen Wegen berechnet werden. Die Beschreibung dieser recht umfangreichen Methoden kann u.a. [42] entnommen werden.

3.2   Approximation spezieller Funktionen

In den folgenden Abschnitten werden u.a. die direkt implementierbaren
Zylinderfunktionen aufgeführt.
Diese Funktionen wurden hierbei aus den Polynom-Koeffizienten a_v, welche ausnahmslos [42] entnommen wurden, und den in Abschnitt 3.1 gewonnenen Tschebyscheff-Koeffizienten berechnet.

Die Zylinderfunktionen werden dabei jeweils abschnittsweise für $x \leqq 8$
und $x \geqq 8$ definiert. Die dadurch notwendige Transformation bzgl. der
Tschebyscheff-Polynome von $-1 \leqq x \leqq +1$ auf $x/8 \leqq 1$ bzw. $8/x \leqq 1$
und die damit verbundene Wichtung der Koeffizienten a_v ist in den an
entsprechender Stelle angegebenen a_v bereits enthalten.
Gleichung (3.16) kann daher für die Ermittlung des absoluten Fehlers
der Approximation unabhängig vom Argumentenbereich verwendet werden.

Erläuterungen zu den Implementierungen und deren Genauigkeiten können
nebst Programmierbeispielen den Kapiteln 4 und 5 entnommen werden.

3.2.1   Einfache Besselfunktion nullter Ordnung

Zylinderfunktion: $J_0(x)$

Argumentenbereich: $-8 \leq x \leq +8$

Genauigkeit: 20 Stellen

Ansatz: $J_0(x) = 0.5 \cdot a_0 \cdot T_0(x/8) + \sum_{v=1}^{17} a_{2v} \cdot T_{2v}(x/8)$

Polynom-Koeffizienten:

$2v$	a_{2v}	$2v$	a_{2v}
0	+0.3154 5594 2949 7802 3913	18	-0.0000 0176 1946 9077 6215
2	-0.0087 2344 2352 8522 2129	20	+0.0000 0007 6081 6359 2419
4	+0.2651 7861 3203 3368 0987	22	-0.0000 0000 2679 2535 3056
6	-0.3700 9499 3872 6497 7903	24	+0.0000 0000 0078 4869 6314
8	+0.1580 6710 2332 0972 6128	26	-0.0000 0000 0001 9438 3469
10	-0.0348 9376 9411 4088 8516	28	+0.0000 0000 0000 0412 5321
12	+0.0048 1918 0069 4676 0450	30	-0.0000 0000 0000 0007 5885
14	-0.0004 6062 6166 2062 7505	32	+0.0000 0000 0000 0000 1222
16	+0.0000 3246 0328 8210 0508	34	-0.0000 0000 0000 0000 0017

Kontrollsumme für
Polynom-Koeffizienten:

$$S = 0.5 \cdot a_0 + \sum_{v=1}^{17} (-1)^v \cdot a_{2v} = 1.0000\ 0000\ 0000\ 0000\ 0000$$

bzw.

$$S = 0.5 \cdot a_0 + \sum_{v=1}^{17} a_{2v} = 0.1716\ 5080\ 7137\ 5539\ 0610$$

Fehler der Approximation:

$$\sum_{v=18}^{\infty} |a_{2v}| = |a_{36}| + |a_{38}| + \ldots\ldots$$

<u>Polynomform:</u>

$$
\begin{aligned}
J_0(x) = &- 0.0000\ 0000\ 1460\ 2888\ 8064 && \cdot\ y^{34} \\
&+ 0.0000\ 0003\ 8654\ 7056\ 6400 && \cdot\ y^{32} \\
&- 0.0000\ 0066\ 5440\ 7580\ 0576 && \cdot\ y^{30} \\
&+ 0.0000\ 0946\ 5958\ 9387\ 0592 && \cdot\ y^{28} \\
&- 0.0001\ 1612\ 5510\ 1189\ 3248 && \cdot\ y^{26} \\
&+ 0.0012\ 2675\ 9833\ 3240\ 9344 && \cdot\ y^{24} \\
&- 0.0110\ 4098\ 6505\ 8110\ 6688 && \cdot\ y^{22} \\
&+ 0.0834\ 9754\ 8725\ 8997\ 5552 && \cdot\ y^{20} \\
&- 0.5218\ 5971\ 8766\ 4478\ 2080 && \cdot\ y^{18} \\
&+ 2.6419\ 1483\ 9184\ 2683\ 2896 && \cdot\ y^{16} \\
&- 10.5676\ 5935\ 9855\ 0912\ 2048 && \cdot\ y^{14} \\
&+ 32.3634\ 5679\ 0093\ 6320\ 8192 && \cdot\ y^{12} \\
&- 72.8177\ 7777\ 7774\ 4721\ 7152 && \cdot\ y^{10} \\
&+ 113.7777\ 7777\ 7777\ 5415\ 9104 && \cdot\ y^{8} \\
&- 113.7777\ 7777\ 7777\ 7680\ 3072 && \cdot\ y^{6} \\
&+ 63.9999\ 9999\ 9999\ 9998\ 1384 && \cdot\ y^{4} \\
&- 15.9999\ 9999\ 9999\ 9999\ 9926 && \cdot\ y^{2} \\
&+ 1.0000\ 0000\ 0000\ 0000\ 0000 &&
\end{aligned}
$$

mit $y = 0.125 \cdot x$.

<u>Horner-Schema:</u>

$$
\begin{aligned}
J_0(x) = \ \ &+\ 1.0000\ 0000\ 0000\ 0000\ 0000\ + \\
+\ z \cdot (\ &-\ 15.9999\ 9999\ 9999\ 9999\ 9926\ + \\
+\ z \cdot (\ &+\ 63.9999\ 9999\ 9999\ 9998\ 1384\ + \\
+\ z \cdot (\ &-113.7777\ 7777\ 7777\ 7680\ 3072\ + \\
+\ z \cdot (\ &+113.7777\ 7777\ 7777\ 5415\ 9104\ + \\
+\ z \cdot (\ &-\ 72.8177\ 7777\ 7774\ 4721\ 7152\ + \\
+\ z \cdot (\ &+\ 32.3634\ 5679\ 0093\ 6320\ 8192\ + \\
+\ z \cdot (\ &-\ 10.5676\ 5935\ 9855\ 0912\ 2048\ + \\
+\ z \cdot (\ &+\ 2.6419\ 1483\ 9184\ 2683\ 2896\ + \\
+\ z \cdot (\ &-\ 0.5218\ 5971\ 8766\ 4478\ 2080\ + \\
+\ z \cdot (\ &+\ 0.0834\ 9754\ 8725\ 8997\ 5552\ + \\
+\ z \cdot (\ &-\ 0.0110\ 4098\ 6505\ 8110\ 6688\ + \\
+\ z \cdot (\ &+\ 0.0012\ 2675\ 9833\ 3240\ 9344\ + \\
+\ z \cdot (\ &-\ 0.0001\ 1612\ 5510\ 1189\ 3248\ + \\
+\ z \cdot (\ &+\ 0.0000\ 0946\ 5958\ 9387\ 0592\ + \\
+\ z \cdot (\ &-\ 0.0000\ 0066\ 5440\ 7580\ 0576\ + \\
+\ z \cdot (\ &+\ 0.0000\ 0003\ 8654\ 7056\ 6400\ + \\
+\ z \cdot (\ &-\ 0.0000\ 0000\ 1460\ 2888\ 8064\ \ )))))))))))))))))
\end{aligned}
$$

mit $z = y^2$.

<u>Zylinderfunktion:</u> $J_0(x)$

<u>Argumentenbereich:</u> $x \geqq 8$

<u>Genauigkeit:</u>   20 Stellen

<u>Ansatz:</u>

$$J_0(x) = \sqrt{2/(\pi \cdot x)} \cdot [\ P_0(x) \cdot \cos\{\vartheta_0\} +$$
$$- Q_0(x) \cdot \sin\{\vartheta_0\}\ ]$$

$$\vartheta_0 = x - 0.25 \cdot \pi$$

$$P_0(x) = 0.5 \cdot a_0 + \sum_{v=1}^{17} a_{2v} \cdot T_{2v}(8/x)$$

$$Q_0(x) = 8/x \cdot [\ 0.5 \cdot b_0 + \sum_{v=1}^{17} b_{2v} \cdot T_{2v}(8/x)\ ]$$

<u>Polynom-Koeffizienten:</u>

$2v$	a_{2v}	$2v$	a_{2v}
0	+1.9989 2069 8695 0373 3074	18	-0.0000 0000 0000 0050 6903
2	-0.0005 3652 2046 8132 1174	20	+0.0000 0000 0000 0006 7481
4	+0.0000 0307 5184 7875 1947	22	-0.0000 0000 0000 0001 0012
6	-0.0000 0005 1705 9453 7606	24	+0.0000 0000 0000 0000 1631
8	+0.0000 0000 1630 6464 6352	26	-0.0000 0000 0000 0000 0288
10	-0.0000 0000 0078 6409 1377	28	+0.0000 0000 0000 0000 0055
12	+0.0000 0000 0005 1682 6239	30	-0.0000 0000 0000 0000 0011
14	-0.0000 0000 0000 4304 5789	32	+0.0000 0000 0000 0000 0002
16	+0.0000 0000 0000 0432 6596	34	-0.0000 0000 0000 0000 0001

<u>Kontrollsumme für</u>
<u>Polynom-Koeffizienten:</u>

$$S = 0.5 \cdot a_0 + \sum_{v=1}^{17} (-1)^v \cdot a_{2v} = 1.0000\ 0000\ 0000\ 0000\ 0000$$

bzw.

$$S = 0.5 \cdot a_0 + \sum_{v=1}^{17} a_{2v} = 0.9989\ 2685\ 2336\ 3297\ 3679$$

Polynom-Koeffizienten:

$2v$	b_{2v}	$2v$	b_{2v}
0	-0.0311 1170 9210 6740 1820	18	+0.0000 0000 0000 0042 5523
2	+0.0000 6838 5199 4261 1650	20	-0.0000 0000 0000 0006 0999
4	-0.0000 0074 1449 8411 0606	22	+0.0000 0000 0000 0000 9662
6	+0.0000 0001 7972 4572 4797	24	-0.0000 0000 0000 0000 1669
8	-0.0000 0000 0727 1915 9369	26	+0.0000 0000 0000 0000 0311
10	+0.0000 0000 0042 2012 1905	28	-0.0000 0000 0000 0000 0062
12	-0.0000 0000 0003 2067 4742	30	+0.0000 0000 0000 0000 0013
14	+0.0000 0000 0000 3006 1451	32	-0.0000 0000 0000 0000 0003
16	-0.0000 0000 0000 0333 6328	34	+0.0000 0000 0000 0000 0001

Kontrollsumme für
Polynom-Koeffizienten:

$$S = 0.5 \cdot b_0 + \sum_{v=1}^{17} (-1)^v \cdot b_{2v} = -0.0156\ 2500\ 0000\ 0000\ 0000$$

$$S = 0.5 \cdot b_0 + \sum_{v=1}^{17} b_{2v} = -0.0154\ 8819\ 3571\ 2208\ 9375$$

Fehler der Approximation:

$$\sum_{v=18}^{\infty} |c_{2v}| = |a_{36}| + |b_{36}| + |a_{38}| + |b_{38}| + \ldots\ldots$$

Polynomform:

$$
\begin{aligned}
Po(x) = &- 0.0000\ 0000\ 0085\ 8993\ 4592 \cdot y^{34} \\
&+ 0.0000\ 0000\ 0773\ 0941\ 1328 \cdot y^{32} \\
&- 0.0000\ 0000\ 3231\ 9628\ 9024 \cdot y^{30} \\
&+ 0.0000\ 0000\ 8379\ 2127\ 5904 \cdot y^{28} \\
&- 0.0000\ 0001\ 5235\ 7253\ 9392 \cdot y^{26} \\
&+ 0.0000\ 0002\ 0984\ 0190\ 2592 \cdot y^{24}
\end{aligned}
$$

$$
\begin{aligned}
&- 0.0000\ 0002\ 3394\ 3177\ 6256 \cdot y^{22} \\
&+ 0.0000\ 0002\ 2772\ 2605\ 3632 \cdot y^{20} \\
&- 0.0000\ 0002\ 1358\ 4353\ 6896 \cdot y^{18} \\
&+ 0.0000\ 0002\ 1749\ 6525\ 2096 \cdot y^{16} \\
&- 0.0000\ 0002\ 6949\ 7874\ 8416 \cdot y^{14} \\
&+ 0.0000\ 0004\ 4202\ 4925\ 5936 \cdot y^{12} \\
&- 0.0000\ 0010\ 2460\ 9706\ 5472 \cdot y^{10} \\
&+ 0.0000\ 0036\ 2041\ 1101\ 5552 \cdot y^{8} \\
&- 0.0000\ 0218\ 3919\ 6068\ 5600 \cdot y^{6} \\
&+ 0.0000\ 2738\ 0883\ 6938\ 2624 \cdot y^{4} \\
&- 0.0010\ 9863\ 2812\ 5000\ 0338 \cdot y^{2} \\
&+ 1.0000\ 0000\ 0000\ 0000\ 0000
\end{aligned}
$$

$$\text{mit} \quad y = 8.0/x \ .$$

$$
\begin{aligned}
Qo(x) = (\ &+ 0.0000\ 0000\ 0085\ 8993\ 4592 \cdot y^{34} \\
&- 0.0000\ 0000\ 0794\ 5689\ 4976 \cdot y^{32} \\
&+ 0.0000\ 0000\ 3414\ 4990\ 0032 \cdot y^{30} \\
&- 0.0000\ 0000\ 9091\ 9088\ 9472 \cdot y^{28} \\
&+ 0.0000\ 0001\ 6933\ 9151\ 9744 \cdot y^{26} \\
&- 0.0000\ 0002\ 3751\ 0852\ 6080 \cdot y^{24} \\
&+ 0.0000\ 0002\ 6658\ 5558\ 2208 \cdot y^{22} \\
&- 0.0000\ 0002\ 5598\ 6499\ 5840 \cdot y^{20} \\
&+ 0.0000\ 0002\ 2945\ 6635\ 4944 \cdot y^{18} \\
&- 0.0000\ 0002\ 1466\ 3888\ 8960 \cdot y^{16} \\
&+ 0.0000\ 0002\ 3550\ 2616\ 5760 \cdot y^{14} \\
&- 0.0000\ 0003\ 3197\ 3274\ 6240 \cdot y^{12} \\
&+ 0.0000\ 0006\ 4183\ 0423\ 1936 \cdot y^{10} \\
&- 0.0000\ 0018\ 1649\ 0778\ 9568 \cdot y^{8} \\
&+ 0.0000\ 0082\ 3844\ 6736\ 5024 \cdot y^{6} \\
&- 0.0000\ 0693\ 0786\ 1850\ 6424 \cdot y^{4} \\
&+ 0.0001\ 4305.\ 1147\ 4609\ 3946 \cdot y^{2} \\
&- 0.0156\ 2500\ 0000\ 0000\ 0000\ ) \cdot y
\end{aligned}
$$

$$\text{mit} \quad y = 8.0/x \ .$$

Horner-Schema:

$$
\begin{aligned}
Po(x) = \quad &+ 1.0000\ 0000\ 0000\ 0000\ 0000 \\
+ z \cdot (&- 0.0010\ 9863\ 2812\ 5000\ 0338 \\
+ z \cdot (&+ 0.0000\ 2738\ 0883\ 6938\ 2624 \\
+ z \cdot (&- 0.0000\ 0218\ 3919\ 6068\ 5600 \\
+ z \cdot (&+ 0.0000\ 0036\ 2041\ 1101\ 5552 \\
+ z \cdot (&- 0.0000\ 0010\ 2460\ 9706\ 5472 \\
+ z \cdot (&+ 0.0000\ 0004\ 4202\ 4925\ 5936 \\
+ z \cdot (&- 0.0000\ 0002\ 6949\ 7874\ 8416 \\
+ z \cdot (&+ 0.0000\ 0002\ 1749\ 6525\ 2096 \\
+ z \cdot (&- 0.0000\ 0002\ 1358\ 4353\ 6896 \\
+ z \cdot (&+ 0.0000\ 0002\ 2772\ 2605\ 3632 \\
+ z \cdot (&- 0.0000\ 0002\ 3394\ 3177\ 6256 \\
+ z \cdot (&+ 0.0000\ 0002\ 0984\ 0190\ 2592 \\
+ z \cdot (&- 0.0000\ 0001\ 5235\ 7253\ 9392 \\
+ z \cdot (&+ 0.0000\ 0000\ 8379\ 2127\ 5904 \\
+ z \cdot (&- 0.0000\ 0000\ 3231\ 9628\ 9024 \\
+ z \cdot (&+ 0.0000\ 0000\ 0773\ 0941\ 1328 \\
+ z \cdot (&- 0.0000\ 0000\ 0085\ 8993\ 4592\ ))))))))))))))))
\end{aligned}
$$

$$\text{mit} \quad z = y^2 .$$

$$
\begin{aligned}
Qo(x) = [\quad &- 0.0156\ 2500\ 0000\ 0000\ 0000 \\
+ z \cdot (&+ 0.0001\ 4305\ 1147\ 4609\ 3946 \\
+ z \cdot (&- 0.0000\ 0693\ 0786\ 1850\ 6424 \\
+ z \cdot (&+ 0.0000\ 0082\ 3844\ 6736\ 5024 \\
+ z \cdot (&- 0.0000\ 0018\ 1649\ 0778\ 9568 \\
+ z \cdot (&+ 0.0000\ 0006\ 4183\ 0423\ 1936 \\
+ z \cdot (&- 0.0000\ 0003\ 3197\ 3274\ 6240 \\
+ z \cdot (&+ 0.0000\ 0002\ 3550\ 2616\ 5760 \\
+ z \cdot (&- 0.0000\ 0002\ 1466\ 3888\ 8960 \\
+ z \cdot (&+ 0.0000\ 0002\ 2945\ 6635\ 4944 \\
+ z \cdot (&- 0.0000\ 0002\ 5598\ 6499\ 5840 \\
+ z \cdot (&+ 0.0000\ 0002\ 6658\ 5558\ 2208 \\
+ z \cdot (&- 0.0000\ 0002\ 3751\ 0852\ 6080 \\
+ z \cdot (&+ 0.0000\ 0001\ 6933\ 9151\ 9744 \\
+ z \cdot (&- 0.0000\ 0000\ 9091\ 9088\ 9472 \\
+ z \cdot (&+ 0.0000\ 0000\ 3414\ 4990\ 0032 \\
+ z \cdot (&- 0.0000\ 0000\ 0794\ 5689\ 4976 \\
+ z \cdot (&+ 0.0000\ 0000\ 0085\ 8993\ 4592\ )))))))))))))))))\ ] \cdot y
\end{aligned}
$$

$$\text{mit} \quad z = y^2 .$$

3.2.2   Einfache Besselfunktion erster Ordnung

Zylinderfunktion: $J_1(x)$

Argumentenbereich: $-8 \leqq x \leqq +8$

Genauigkeit: 20 Stellen

Ansatz: $$J_1(x) = x/8 \cdot \left[\; 0.5 \cdot a_0 + \sum_{v=1}^{17} a_{2v} \cdot T_{2v}(x/8) \; \right]$$

Polynom-Koeffizienten:

2v	a_{2v}	2v	a_{2v}
0	+1.2967 1754 1210 5298 4167	18	-0.0000 0076 1758 7805 4003
2	-1.1918 0116 0541 2168 7251	20	+0.0000 0002 9497 0700 7278
4	+1.2879 9409 8857 6776 2038	22	-0.0000 0000 0942 4212 9816
6	-0.6614 4393 4134 5432 5277	24	+0.0000 0000 0025 2812 3664
8	+0.1777 0911 7239 7282 8328	26	-0.0000 0000 0000 5777 4042
10	-0.0291 7552 4806 1542 0766	28	+0.0000 0000 0000 0113 8572
12	+0.0032 4027 0182 6838 5747	30	-0.0000 0000 0000 0001 9554
14	-0.0002 6044 4389 3485 8068	32	+0.0000 0000 0000 0000 0295
16	+0.0000 1588 7019 2399 3213	34	-0.0000 0000 0000 0000 0004

Kontrollsumme für
Polynom-Koeffizienten:

$$S = 0.5 \cdot a_0 + \sum_{v=1}^{17} (-1)^v \cdot a_{2v} = 4.0000\ 0000\ 0000\ 0000\ 0000$$

bzw.

$$S = 0.5 \cdot a_0 + \sum_{v=1}^{17} a_{2v} = 0.2346\ 3634\ 6853\ 9146\ 2438$$

Fehler der Approximation:

$$\sum_{v=18}^{\infty} |a_{2v}| = |a_{36}| + |a_{38}| + \ldots$$

Polynomform:

$$
\begin{aligned}
J_1(x) = [\ & - \ 0.0000 \ 0000 \ 0343 \ 5973 \ 8368 && \cdot \ y^{34} \\
& + \ 0.0000 \ 0000 \ 9255 \ 6545 \ 2288 && \cdot \ y^{32} \\
& - \ 0.0000 \ 0016 \ 6977 \ 5910 \ 5024 && \cdot \ y^{30} \\
& + \ 0.0000 \ 0252 \ 5698 \ 4680 \ 8576 && \cdot \ y^{28} \\
& - \ 0.0000 \ 3318 \ 1006 \ 0684 \ 4928 && \cdot \ y^{26} \\
& + \ 0.0003 \ 7746 \ 7174 \ 9958 \ 8608 && \cdot \ y^{24} \\
& - \ 0.0036 \ 8033 \ 1046 \ 8359 \ 7824 && \cdot \ y^{22} \\
& + \ 0.0303 \ 6274 \ 6407 \ 0397 \ 9520 && \cdot \ y^{20} \\
& - \ 0.2087 \ 4388 \ 8196 \ 5146 \ 1120 && \cdot \ y^{18} \\
& + \ 1.1741 \ 8437 \ 3226 \ 2456 \ 5248 && \cdot \ y^{16} \\
& - \ 5.2838 \ 2967 \ 9998 \ 6330 \ 0096 && \cdot \ y^{14} \\
& + \ 18.4934 \ 0388 \ 0068 \ 0544 \ 4608 && \cdot \ y^{12} \\
& - \ 48.5451 \ 8518 \ 5185 \ 0959 \ 0016 && \cdot \ y^{10} \\
& + \ 91.0222 \ 2222 \ 2222 \ 2394 \ 5728 && \cdot \ y^{8} \\
& - \ 113.7777 \ 7777 \ 7777 \ 7803 \ 0048 && \cdot \ y^{6} \\
& + \ 85.3333 \ 3333 \ 3333 \ 3334 \ 5448 && \cdot \ y^{4} \\
& - \ 32.0000 \ 0000 \ 0000 \ 0000 \ 0162 && \cdot \ y^{2} \\
& + \ 4.0000 \ 0000 \ 0000 \ 0000 \ 0000 \ ] && \cdot \ y
\end{aligned}
$$

$$\text{mit} \quad y = 0.125 \cdot x \ .$$

Horner-Schema:

$$
\begin{aligned}
J_1(x) = y \cdot [\ & + \ \ 4.0000 \ 0000 \ 0000 \ 0000 \ 0000 \ + \\
+ \ z \cdot (\ & - \ 32.0000 \ 0000 \ 0000 \ 0000 \ 0162 \ + \\
+ \ z \cdot (\ & + \ 85.3333 \ 3333 \ 3333 \ 3334 \ 5448 \ + \\
+ \ z \cdot (\ & -113.7777 \ 7777 \ 7777 \ 7803 \ 0048 \ + \\
+ \ z \cdot (\ & + \ 91.0222 \ 2222 \ 2222 \ 2394 \ 5728 \ + \\
+ \ z \cdot (\ & - \ 48.5451 \ 8518 \ 5185 \ 0959 \ 0016 \ + \\
+ \ z \cdot (\ & + \ 18.4934 \ 0388 \ 0068 \ 0544 \ 4608 \ + \\
+ \ z \cdot (\ & - \ \ 5.2838 \ 2967 \ 9998 \ 6330 \ 0096 \ + \\
+ \ z \cdot (\ & + \ \ 1.1741 \ 8437 \ 3226 \ 2456 \ 5248 \ + \\
+ \ z \cdot (\ & - \ \ 0.2087 \ 4388 \ 8196 \ 5146 \ 1120 \ + \\
+ \ z \cdot (\ & + \ \ 0.0303 \ 6274 \ 6407 \ 0397 \ 9520 \ + \\
+ \ z \cdot (\ & - \ \ 0.0036 \ 8033 \ 1046 \ 8359 \ 7824 \ + \\
+ \ z \cdot (\ & + \ \ 0.0003 \ 7746 \ 7174 \ 9958 \ 8608 \ + \\
+ \ z \cdot (\ & - \ \ 0.0000 \ 3318 \ 1006 \ 0684 \ 4928 \ + \\
+ \ z \cdot (\ & + \ \ 0.0000 \ 0252 \ 5698 \ 4680 \ 8576 \ + \\
+ \ z \cdot (\ & - \ \ 0.0000 \ 0016 \ 6977 \ 5910 \ 5024 \ + \\
+ \ z \cdot (\ & + \ \ 0.0000 \ 0000 \ 9255 \ 6545 \ 2288 \ + \\
+ \ z \cdot (\ & - \ \ 0.0000 \ 0000 \ 0343 \ 5973 \ 8368 \ ))))))))))))))))) \ ]
\end{aligned}
$$

$$\text{mit} \quad z = y^2 \ .$$

<u>Zylinderfunktion:</u> $J_1(x)$

<u>Argumentenbereich:</u> $x \geq 8$

<u>Genauigkeit:</u>   20 Stellen

<u>Ansatz:</u> $J_1(x) = \sqrt{2/(\pi \cdot x)} \cdot [\ P_1(x) \cdot \cos\{\vartheta_1\} +$
$$- Q_1(x) \cdot \sin\{\vartheta_1\}\ ]$$

$$\vartheta_1 = x - 0.75 \cdot \pi$$

$$P_1(x) = 0.5 \cdot a_0 + \sum_{v=1}^{17} a_{2v} \cdot T_{2v}(8/x)$$

$$Q_1(x) = 8/x \cdot [\ 0.5 \cdot b_0 + \sum_{v=1}^{17} b_{2v} \cdot T_{2v}(8/x)\ ]$$

<u>Polynom-Koeffizienten:</u>

$2v$	a_{2v}	$2v$	a_{2v}
0	+2.0018 0608 1720 0273 9979	18	+0.0000 0000 0000 0054 5267
2	+0.0008 9898 9833 0859 4085	20	-0.0000 0000 0000 0007 2212
4	-0.0000 0398 7284 3004 8891	22	+0.0000 0000 0000 0001 0668
6	+0.0000 0006 1776 3396 0644	24	-0.0000 0000 0000 0000 1731
8	-0.0000 0000 1871 8907 4911	26	+0.0000 0000 0000 0000 0305
10	+0.0000 0000 0088 1689 8660	28	-0.0000 0000 0000 0000 0058
12	-0.0000 0000 0005 7048 6364	30	+0.0000 0000 0000 0000 0012
14	+0.0000 0000 0000 4699 1955	32	-0.0000 0000 0000 0000 0002
16	-0.0000 0000 0000 0468 4224	34	+0.0000 0000 0000 0000 0001

<u>Kontrollsumme für</u>
<u>Polynom-Koeffizienten:</u>

$$S = 0.5 \cdot a_0 + \sum_{v=1}^{17} (-1)^v \cdot a_{2v} = 1.0000\ 0000\ 0000\ 0000\ 0000$$

bzw.

$$S = 0.5 \cdot a_0 + \sum_{v=1}^{17} a_{2v} = 1.0017\ 9810\ 3396\ 1400\ 3194$$

Polynom-Koeffizienten:

$2v$	b_{2v}	$2v$	b_{2v}
0	+0.0935 5557 4139 0706 5048	18	-0.0000 0000 0000 0045 6125
2	-0.0000 9627 7235 4915 7079	20	+0.0000 0000 0000 0006 5083
4	+0.0000 0091 3861 5257 9555	22	-0.0000 0000 0000 0001 0269
6	-0.0000 0002 0959 7813 8408	24	+0.0000 0000 0000 0000 1768
8	+0.0000 0000 0822 9193 3277	26	-0.0000 0000 0000 0000 0328
10	-0.0000 0000 0046 8636 3688	28	+0.0000 0000 0000 0000 0065
12	+0.0000 0000 0003 5152 1879	30	-0.0000 0000 0000 0000 0014
14	-0.0000 0000 0000 3264 3157	32	+0.0000 0000 0000 0000 0003
16	+0.0000 0000 0000 0359 6777	34	-0.0000 0000 0000 0000 0001

Kontrollsumme für
Polynom-Koeffizienten:

$$S = 0.5 \cdot b_0 + \sum_{v=1}^{17} (-1)^v \cdot b_{2v} = 0.0468\ 7500\ 0000\ 0000\ 0000$$

bzw.

$$S = 0.5 \cdot b_0 + \sum_{v=1}^{17} b_{2v} \qquad = 0.0466\ 8240\ 3515\ 0646\ 1862$$

Fehler der Approximation:

$$\sum_{v=18}^{\infty} |c_{2v}| = |a_{36}| + |b_{36}| + |a_{38}| + |b_{38}| + \ldots\ldots$$

Polynomform:

$$
\begin{aligned}
P_1(x) = &+ 0.0000\ 0000\ 0085\ 8993\ 4592 \cdot y^{34} \\
&- 0.0000\ 0000\ 0773\ 0941\ 1328 \cdot y^{32} \\
&+ 0.0000\ 0000\ 3237\ 3315\ 9936 \cdot y^{30} \\
&- 0.0000\ 0000\ 8423\ 5046\ 0928 \cdot y^{28} \\
&+ 0.0000\ 0001\ 5405\ 5108\ 1984 \cdot y^{26} \\
&- 0.0000\ 0002\ 1390\ 1954\ 2528 \cdot y^{24}
\end{aligned}
$$

$$+ \; 0.0000 \; 0002 \; 4088 \; 8315 \; 9040 \; \cdot \; y^{22}$$
$$- \; 0.0000 \; 0002 \; 3712 \; 5396 \; 0704 \; \cdot \; y^{20}$$
$$+ \; 0.0000 \; 0002 \; 2485 \; 9036 \; 0576 \; \cdot \; y^{18}$$
$$- \; 0.0000 \; 0002 \; 3126 \; 8378 \; 2144 \; \cdot \; y^{16}$$
$$+ \; 0.0000 \; 0002 \; 8941 \; 4396 \; 3136 \; \cdot \; y^{14}$$
$$- \; 0.0000 \; 0004 \; 8045 \; 7516 \; 6464 \; \cdot \; y^{12}$$
$$+ \; 0.0000 \; 0011 \; 3246 \; 3268 \; 0448 \; \cdot \; y^{10}$$
$$- \; 0.0000 \; 0041 \; 0313 \; 2580 \; 5824 \; \cdot \; y^{8}$$
$$+ \; 0.0000 \; 0258 \; 0995 \; 8984 \; 8992 \; \cdot \; y^{6}$$
$$- \; 0.0000 \; 3520 \; 3993 \; 3205 \; 5768 \; \cdot \; y^{4}$$
$$+ \; 0.0018 \; 3105 \; 4687 \; 5000 \; 0178 \; \cdot \; y^{2}$$
$$+ \; 1.0000 \; 0000 \; 0000 \; 0000 \; 0000$$

$$\text{mit} \quad y = 8.0/x \; .$$

$$
\begin{aligned}
Q_1(x) = (\; &- \; 0.0000 \; 0000 \; 0085 \; 8993 \; 4592 \; \cdot \; y^{34} \\
&+ \; 0.0000 \; 0000 \; 0794 \; 5689 \; 4976 \; \cdot \; y^{32} \\
&- \; 0.0000 \; 0000 \; 3419 \; 8677 \; 0944 \; \cdot \; y^{30} \\
&+ \; 0.0000 \; 0000 \; 9136 \; 2007 \; 4496 \; \cdot \; y^{28} \\
&- \; 0.0000 \; 0001 \; 7103 \; 7006 \; 2336 \; \cdot \; y^{26} \\
&+ \; 0.0000 \; 0002 \; 4157 \; 1777 \; 7408 \; \cdot \; y^{24} \\
&- \; 0.0000 \; 0002 \; 7351 \; 5387 \; 2896 \; \cdot \; y^{22} \\
&+ \; 0.0000 \; 0002 \; 6528 \; 5638 \; 5536 \; \cdot \; y^{20} \\
&- \; 0.0000 \; 0002 \; 4030 \; 5818 \; 8288 \; \cdot \; y^{18} \\
&+ \; 0.0000 \; 0002 \; 2709 \; 9865 \; 9072 \; \cdot \; y^{16} \\
&- \; 0.0000 \; 0002 \; 5158 \; 3035 \; 8016 \; \cdot \; y^{14} \\
&+ \; 0.0000 \; 0003 \; 5849 \; 6916 \; 6848 \; \cdot \; y^{12} \\
&- \; 0.0000 \; 0007 \; 0295 \; 1744 \; 7680 \; \cdot \; y^{10} \\
&+ \; 0.0000 \; 0020 \; 3019 \; 4977 \; 6768 \; \cdot \; y^{8} \\
&- \; 0.0000 \; 0095 \; 0590 \; 0037 \; 5776 \; \cdot \; y^{6} \\
&+ \; 0.0000 \; 0847 \; 0960 \; 8926 \; 8512 \; \cdot \; y^{4} \\
&- \; 0.0002 \; 0027 \; 1606 \; 4453 \; 1226 \; \cdot \; y^{2} \\
&+ \; 0.0468 \; 7500 \; 0000 \; 0000 \; 0000 \;) \; \cdot \; y
\end{aligned}
$$

$$\text{mit} \quad y = 8.0/x \; .$$

Horner-Schema:

$$
\begin{aligned}
P_1(x) = \quad & + 1.0000\ 0000\ 0000\ 0000\ 0000 \\
+ z \cdot (& + 0.0018\ 3105\ 4687\ 5000\ 0178 \\
+ z \cdot (& - 0.0000\ 3520\ 3993\ 3205\ 5768 \\
+ z \cdot (& + 0.0000\ 0258\ 0995\ 8984\ 8992 \\
+ z \cdot (& - 0.0000\ 0041\ 0313\ 2580\ 5824 \\
+ z \cdot (& + 0.0000\ 0011\ 3246\ 3268\ 0448 \\
+ z \cdot (& - 0.0000\ 0004\ 8045\ 7516\ 6464 \\
+ z \cdot (& + 0.0000\ 0002\ 8941\ 4396\ 3136 \\
+ z \cdot (& - 0.0000\ 0002\ 3126\ 8378\ 2144 \\
+ z \cdot (& + 0.0000\ 0002\ 2485\ 9036\ 0576 \\
+ z \cdot (& - 0.0000\ 0002\ 3712\ 5396\ 0704 \\
+ z \cdot (& + 0.0000\ 0002\ 4088\ 8315\ 9040 \\
+ z \cdot (& - 0.0000\ 0002\ 1390\ 1954\ 2528 \\
+ z \cdot (& + 0.0000\ 0001\ 5405\ 5108\ 1984 \\
+ z \cdot (& - 0.0000\ 0000\ 8423\ 5046\ 0928 \\
+ z \cdot (& + 0.0000\ 0000\ 3237\ 3315\ 9936 \\
+ z \cdot (& - 0.0000\ 0000\ 0773\ 0941\ 1328 \\
+ z \cdot (& + 0.0000\ 0000\ 0085\ 8993\ 4592\ ))))))))))))))))
\end{aligned}
$$

$$\text{mit}\quad z = y^2 \ .$$

$$
\begin{aligned}
Q_1(x) = [\quad & + 0.0468\ 7500\ 0000\ 0000\ 0000 \\
+ z \cdot (& - 0.0002\ 0027\ 1606\ 4453\ 1226 \\
+ z \cdot (& + 0.0000\ 0847\ 0960\ 8926\ 8512 \\
+ z \cdot (& - 0.0000\ 0095\ 0590\ 0037\ 5776 \\
+ z \cdot (& + 0.0000\ 0020\ 3019\ 4977\ 6768 \\
+ z \cdot (& - 0.0000\ 0007\ 0295\ 1744\ 7680 \\
+ z \cdot (& + 0.0000\ 0003\ 5849\ 6916\ 6848 \\
+ z \cdot (& - 0.0000\ 0002\ 5158\ 3035\ 8016 \\
+ z \cdot (& + 0.0000\ 0002\ 2709\ 9865\ 9072 \\
+ z \cdot (& - 0.0000\ 0002\ 4030\ 5818\ 8288 \\
+ z \cdot (& + 0.0000\ 0002\ 6528\ 5638\ 5536 \\
+ z \cdot (& - 0.0000\ 0002\ 7351\ 5387\ 2896 \\
+ z \cdot (& + 0.0000\ 0002\ 4157\ 1777\ 7408 \\
+ z \cdot (& - 0.0000\ 0001\ 7103\ 7006\ 2336 \\
+ z \cdot (& + 0.0000\ 0000\ 9136\ 2007\ 4496 \\
+ z \cdot (& - 0.0000\ 0000\ 3419\ 8677\ 0944 \\
+ z \cdot (& + 0.0000\ 0000\ 0794\ 5689\ 4976 \\
+ z \cdot (& - 0.0000\ 0000\ 0085\ 8993\ 4592\ )))))))))))))))))\ ] \cdot y
\end{aligned}
$$

$$\text{mit}\quad z = y^2 \ .$$

3.2.3   Neumannfunktion nullter Ordnung

Zylinderfunktion: $Y_0(x)$

Argumentenbereich: $0 \leq x \leq +8$

Genauigkeit: 20 Stellen

Ansatz:

$$Y_0(x) = 0.5 \cdot a_0 \cdot T_0(x/8) + \sum_{v=1}^{18} a_{2v} \cdot T_{2v}(x/8) +$$

$$+ 2/\pi \cdot \ln\{x\} \cdot J_0(x)$$

Polynom-Koeffizienten:

$2v$	a_{2v}	$2v$	a_{2v}
0	-0.0662 9222 6406 5698 8331	18	+0.0000 0320 6532 5376 5480
2	-0.2744 7430 5529 7452 6529	20	-0.0000 0014 4072 3327 4019
4	+0.1790 3431 4077 1826 6299	22	+0.0000 0000 5248 7947 8733
6	+0.2615 6734 6255 0466 3680	24	-0.0000 0000 0158 3755 2542
8	-0.1773 0201 2781 1435 8212	26	+0.0000 0000 0004 0263 3082
10	+0.0471 9668 9595 7633 8687	28	-0.0000 0000 0000 0874 7341
12	-0.0072 8796 2479 5520 7918	30	+0.0000 0000 0000 0016 4349
14	+0.0007 5311 3593 2577 7423	32	-0.0000 0000 0000 0000 2698
16	-0.0000 5632 0791 4105 6987	34	+0.0000 0000 0000 0000 0039
		36	-0.0000 0000 0000 0000 0001

Kontrollsumme für
Polynom-Koeffizienten:

$$S = 0.5 \cdot a_0 + \sum_{v=1}^{18} (-1)^v \cdot a_{2v} = -0.0738\ 0429\ 5108\ 6872\ 2527$$

bzw.

$$S = 0.5 \cdot a_0 + \sum_{v=1}^{18} a_{2v} = -0.0037\ 1218\ 3709\ 3213\ 2641$$

Fehler der Approximation:

$$\sum_{v=19}^{\infty} |a_{2v}| = |a_{38}| + |a_{40}| + \ldots\ldots$$

Polynomform und Horner-Schema:

$$
\begin{aligned}
Y_0(x) = &-\quad 0.0000\ 0000\ 0343\ 5973\ 8368 \cdot y^{36} \\
&+\quad 0.0000\ 0000\ 6442\ 4509\ 4400 \cdot y^{34} \\
&-\quad 0.0000\ 0009\ 9170\ 7948\ 6464 \cdot y^{32} \\
&+\quad 0.0000\ 0148\ 8152\ 4809\ 7280 \cdot y^{30} \\
&-\quad 0.0000\ 2035\ 0639\ 5276\ 9024 \cdot y^{28} \\
&+\quad 0.0002\ 4374\ 1718\ 6990\ 4896 \cdot y^{26} \\
&-\quad 0.0025\ 1414\ 9030\ 4103\ 2192 \cdot y^{24} \\
&+\quad 0.0220\ 4136\ 3751\ 4231\ 8080 \cdot y^{22} \\
&-\quad 0.1618\ 5529\ 5254\ 2671\ 6672 \cdot y^{20} \\
&+\quad 0.9783\ 7291\ 4219\ 2524\ 4928 \cdot y^{18} \\
&-\quad 4.7661\ 3561\ 1958\ 4273\ 2032 \cdot y^{16} \\
&+\quad 18.2235\ 9483\ 1266\ 1661\ 2864 \cdot y^{14} \\
&-\quad 52.8664\ 4252\ 7871\ 7337\ 8048 \cdot y^{12} \\
&+\ 111.2232\ 8950\ 2086\ 0317\ 1328 \cdot y^{10} \\
&-\ 159.2997\ 5324\ 9126\ 5795\ 0976 \cdot y^{8} \\
&+\ 141.1914\ 5750\ 1781\ 6941\ 9392 \cdot y^{6} \\
&-\quad 65.8389\ 7303\ 4243\ 7917\ 9360 \cdot y^{4} \\
&+\quad 11.3667\ 8507\ 9620\ 2970\ 9856 \cdot y^{2} \\
&-\quad 0.0738\ 0429\ 5108\ 6872\ 2529 + 2/\pi \cdot \ln\{x\} \cdot J_0(x)
\end{aligned}
$$

$$\text{mit}\quad y = 0.125 \cdot x\ .$$

$$
\begin{aligned}
Y_0(x) = \quad &-\quad 0.0738\ 0429\ 5108\ 6872\ 2529\ + \\
+\ z \cdot (\ &+\quad 11.3667\ 8507\ 9620\ 2970\ 9856\ + \\
+\ z \cdot (\ &-\quad 65.8389\ 7303\ 4243\ 7917\ 9360\ + \\
+\ z \cdot (\ &+\ 141.1914\ 5750\ 1781\ 6941\ 9392\ + \\
+\ z \cdot (\ &-\ 159.2997\ 5324\ 9126\ 5795\ 0976\ + \\
+\ z \cdot (\ &+\ 111.2232\ 8950\ 2086\ 0317\ 1328\ + \\
+\ z \cdot (\ &-\quad 52.8664\ 4252\ 7871\ 7337\ 8048\ + \\
+\ z \cdot (\ &+\quad 18.2235\ 9483\ 1266\ 1661\ 2864\ + \\
+\ z \cdot (\ &-\quad 4.7661\ 3561\ 1958\ 4273\ 2032\ + \\
+\ z \cdot (\ &+\quad 0.9783\ 7291\ 4219\ 2524\ 4928\ + \\
+\ z \cdot (\ &-\quad 0.1618\ 5529\ 5254\ 2671\ 6672\ + \\
+\ z \cdot (\ &+\quad 0.0220\ 4136\ 3751\ 4231\ 8080\ + \\
+\ z \cdot (\ &-\quad 0.0025\ 1414\ 9030\ 4103\ 2192\ + \\
+\ z \cdot (\ &+\quad 0.0002\ 4374\ 1718\ 6990\ 4896\ + \\
+\ z \cdot (\ &-\quad 0.0000\ 2035\ 0639\ 5276\ 9024\ + \\
+\ z \cdot (\ &+\quad 0.0000\ 0148\ 8152\ 4809\ 7280\ + \\
+\ z \cdot (\ &-\quad 0.0000\ 0009\ 9170\ 7948\ 6464\ + \\
+\ z \cdot (\ &+\quad 0.0000\ 0000\ 6442\ 4509\ 4400\ + \\
+\ z \cdot (\ &-\quad 0.0000\ 0000\ 0343\ 5973\ 8368\ )))))))))))))))))) + \\
+\ 2/\pi \cdot &\ln\{x\} \cdot J_0(x)
\end{aligned}
$$

$$\text{mit}\quad z = y^2\ .$$

<u>Zylinderfunktion:</u> $Y_0(x)$

<u>Argumentenbereich:</u> $x \geq 8$

<u>Genauigkeit:</u>   20 Stellen

<u>Ansatz:</u>

$$Y_0(x) = \sqrt{2/(\pi \cdot x)} \cdot [\ Q_0(x) \cdot \cos\{\vartheta_0\} + P_0(x) \cdot \sin\{\vartheta_0\}\ ]$$

$$\vartheta_0 = x - 0.25 \cdot \pi$$

$$P_0(x) = 0.5 \cdot a_0 + \sum_{v=1}^{17} a_{2v} \cdot T_{2v}(8/x)$$

$$Q_0(x) = 8/x \cdot [\ 0.5 \cdot b_0 + \sum_{v=1}^{17} b_{2v} \cdot T_{2v}(8/x)\ ]$$

Die Polynom-Koeffizienten, deren Kontrollsummen und die Implementierung der Hilfsfunktionen $P_0(x)$ und $Q_0(x)$ können dem Kapitel 3.2.1 entnommen werden.

3.2.4   Neumannfunktion erster Ordnung

Zylinderfunktion: $Y_1(x)$

Argumentenbereich: $0 \leqq x \leqq +8$

Genauigkeit: 20 Stellen

Ansatz:

$$Y_1(x) = x/8 \cdot \left[0.5 \cdot a_0 + \sum_{v=1}^{17} a_{2v} \cdot T_{2v}(x/8) \right] +$$

$$+ 2/\pi \cdot \ln\{x\} \cdot J_1(x) - 2/(\pi \cdot x)$$

Polynom-Koeffizienten:

2v	a_{2v}	2v	a_{2v}
0	+0.0406 0821 1771 8685 0768	18	+0.0000 0141 6624 3644 9235
2	-0.1286 9738 4381 3500 0138	20	-0.0000 0005 6884 4003 9919
4	-0.7672 9636 2886 6459 3978	22	+0.0000 0000 1875 4703 2473
6	+0.6756 1578 0772 1876 6694	24	-0.0000 0000 0051 7212 1473
8	-0.2266 2499 1556 7549 2443	26	+0.0000 0000 0001 2114 3321
10	+0.0423 1918 0353 3369 0411	28	-0.0000 0000 0000 0244 0949
12	-0.0051 3164 1161 0610 8479	30	+0.0000 0000 0000 0004 2773
14	+0.0004 4047 8629 8670 9951	32	-0.0000 0000 0000 0000 0658
16	-0.0000 2830 4640 1495 1480	34	+0.0000 0000 0000 0000 0009

Kontrollsumme für
Polynom-Koeffizienten:

$$S = 0.5 \cdot a_0 + \sum_{v=1}^{17} (-1)^v \cdot a_{2v} = -1.5684 \ 5672 \ 5169 \ 9115 \ 8725$$

bzw.

$$S = 0.5 \cdot a_0 + \sum_{v=1}^{17} a_{2v} = -0.3890 \ 9777 \ 7419 \ 7348 \ 9266$$

Fehler der Approximation:

$$\sum_{v=18}^{\infty} |a_{2v}| = |a_{36}| + |a_{38}| + \ldots$$

Polynomform:

$$Y_1(x) = 2/\pi \cdot [\ \ln\{x\}\cdot J_1(x) - 1/x\ ] +$$

$$
\begin{aligned}
+ [\ &+ 0.0000\ 0000\ 0773\ 0941\ 1328 && \cdot\ y^{34}\\
&- 0.0000\ 0002\ 0701\ 7423\ 6672 && \cdot\ y^{32}\\
&+ 0.0000\ 0036\ 8143\ 1217\ 7664 && \cdot\ y^{30}\\
&- 0.0000\ 0546\ 7789\ 9889\ 8688 && \cdot\ y^{28}\\
&+ 0.0000\ 7037\ 8926\ 2700\ 5440 && \cdot\ y^{26}\\
&- 0.0007\ 8281\ 1685\ 5796\ 5312 && \cdot\ y^{24}\\
&+ 0.0074\ 4473\ 4292\ 2209\ 6896 && \cdot\ y^{22}\\
&- 0.0597\ 3507\ 9856\ 4995\ 8912 && \cdot\ y^{20}\\
&+ 0.3979\ 9368\ 7532\ 4912\ 4352 && \cdot\ y^{18}\\
&- 2.1598\ 1077\ 0538\ 4396\ 3904 && \cdot\ y^{16}\\
&+ 9.3220\ 3431\ 8446\ 0883\ 5584 && \cdot\ y^{14}\\
&- 31.0503\ 4334\ 2208\ 3437\ 7728 && \cdot\ y^{12}\\
&+ 76.7242\ 6172\ 9897\ 4052\ 5568 && \cdot\ y^{10}\\
&- 133.2344\ 5723\ 8451\ 1156\ 9408 && \cdot\ y^{8}\\
&+ 150.2456\ 0537\ 5453\ 9393\ 1872 && \cdot\ y^{6}\\
&- 96.8394\ 4525\ 2663\ 9896\ 1528 && \cdot\ y^{4}\\
&+ 27.8265\ 2833\ 8181\ 2449\ 2906 && \cdot\ y^{2}\\
&- 1.5684\ 5672\ 5169\ 9115\ 8724 &&]\ \cdot\ y
\end{aligned}
$$

$$\text{mit}\quad y = 0.125\cdot x\ .$$

Horner-Schema:

$$Y_1(x) = 2/\pi \cdot [\ \ln\{x\}\cdot J_1(x) - 1/x\ ] +$$

$$
\begin{aligned}
+ [\ \ \ &- 1.5684\ 5672\ 5169\ 9115\ 8724\\
+ z \cdot (\ &+ 27.8265\ 2833\ 8181\ 2449\ 2906\\
+ z \cdot (\ &- 96.8394\ 4525\ 2663\ 9896\ 1528\\
+ z \cdot (\ &+150.2456\ 0537\ 5453\ 9393\ 1872\\
+ z \cdot (\ &-133.2344\ 5723\ 8451\ 1156\ 9408\\
+ z \cdot (\ &+ 76.7242\ 6172\ 9897\ 4052\ 5568\\
+ z \cdot (\ &- 31.0503\ 4334\ 2208\ 3437\ 7728\\
+ z \cdot (\ &+ 9.3220\ 3431\ 8446\ 0883\ 5584\\
+ z \cdot (\ &- 2.1598\ 1077\ 0538\ 4396\ 3904\\
+ z \cdot (\ &+ 0.3979\ 9368\ 7532\ 4912\ 4352\\
+ z \cdot (\ &- 0.0597\ 3507\ 9856\ 4995\ 8912\\
+ z \cdot (\ &+ 0.0074\ 4473\ 4292\ 2209\ 6896\\
+ z \cdot (\ &- 0.0007\ 8281\ 1685\ 5796\ 5312\\
+ z \cdot (\ &+ 0.0000\ 7037\ 8926\ 2700\ 5440\\
+ z \cdot (\ &- 0.0000\ 0546\ 7789\ 9889\ 8688\\
+ z \cdot (\ &+ 0.0000\ 0036\ 8143\ 1217\ 7664\\
+ z \cdot (\ &- 0.0000\ 0002\ 0701\ 7423\ 6672\\
+ z \cdot (\ &+ 0.0000\ 0000\ 0773\ 0941\ 1328\ ))))))))))))))))) \ ]\ \cdot\ y
\end{aligned}
$$

$$\text{mit}\quad z = y^2\ .$$

Zylinderfunktion: $Y_1(x)$

Argumentenbereich: $x \geq 8$

Genauigkeit: 20 Stellen

Ansatz: $Y_1(x) = \sqrt{2/(\pi \cdot x)} \cdot [\; Q_1(x) \cdot \cos\{\vartheta_1\} \;+$
$$+ P_1(x) \cdot \sin\{\vartheta_1\} \;]$$

$$\vartheta_1 = x - 0.75 \cdot \pi$$

$$P_1(x) = 0.5 \cdot a_0 + \sum_{v=1}^{17} a_{2v} \cdot T_{2v}(8/x)$$

$$Q_1(x) = 8/x \cdot [\; 0.5 \cdot b_0 + \sum_{v=1}^{17} b_{2v} \cdot T_{2v}(8/x) \;]$$

Die Polynom-Koeffizienten, deren Kontrollsummen und die Implementierung der Hilfsfunktionen $P_1(x)$ und $Q_1(x)$ können dem Kapitel 3.2.2 entnommen werden.

3.2.5   Einfache Hankelfunktionen nullter Ordnung

Die allgemeine Implementierung der einfachen Hankelfunktionen nullter
Ordnung $H_0^{[1]}(x)$ und $H_0^{[2]}(x)$ kann aufgrund der in den Kapiteln 3.2.1
und 3.2.3 angegebenen Implementierungen der einfachen Besselfunktion $J_0(x)$
und der Neumannfunktion $Y_0(x)$ erfolgen.
Bei der Berechnung müssen Real- und Imaginärteile der einfachen Hankelfunktionen dementsprechend voneinander getrennt behandelt werden.

Zylinderfunktion: $H_0^{[1]}(x)$ bzw. $H_0^{[2]}(x)$

Genauigkeit: 20 Stellen

Argumentenbereich: $0 \leq x \leq +8$

Ansatz: $H_0^{[1]}(x) = J_0(x) + j \cdot Y_0(x)$
                         $H_0^{[2]}(x) = J_0(x) - j \cdot Y_0(x)$

Argumentenbereich: $x \geq 8$

Ansatz:

$$H_0^{[1]}(x) = \sqrt{2/(\pi \cdot x)} \cdot [\, P_0(x) \cdot \cos\{\vartheta_0\} +$$
$$- Q_0(x) \cdot \sin\{\vartheta_0\} +$$
$$+ j \cdot \{ Q_0(x) \cdot \cos\{\vartheta_0\} +$$
$$+ P_0(x) \cdot \sin\{\vartheta_0\} \,\}\,]$$

$$H_0^{[2]}(x) = \sqrt{2/(\pi \cdot x)} \cdot [\, P_0(x) \cdot \cos\{\vartheta_0\} +$$
$$- Q_0(x) \cdot \sin\{\vartheta_0\} +$$
$$- j \cdot \{ Q_0(x) \cdot \cos\{\vartheta_0\} +$$
$$+ P_0(x) \cdot \sin\{\vartheta_0\} \,\}\,]$$

3.2.6   Einfache Hankelfunktionen erster Ordnung

Die allgemeine Implementierung der einfachen Hankelfunktionen erster
Ordnung $H_1^{[1]}(x)$ und $H_1^{[2]}(x)$ kann aufgrund der in den Kapiteln 3.2.2
und 3.2.4 angebenen Implementierungen der einfachen Besselfunktion $J_1(x)$
und der Neumannfunktion $Y_1(x)$ erfolgen.
Bei der Berechnung müssen Real- und Imaginärteile der einfachen Hankelfunktionen dementsprechend voneinander getrennt behandelt werden.

<u>Zylinderfunktion:</u> $H_1^{[1]}(x)$ bzw. $H_1^{[2]}(x)$

<u>Genauigkeit:</u>   20 Stellen

<u>Argumentenbereich:</u> $0 \leq x \leq +8$

<u>Ansatz:</u> $H_1^{[1]}(x) = J_1(x) + j \cdot Y_1(x)$
                    $H_1^{[2]}(x) = J_1(x) - j \cdot Y_1(x)$

<u>Argumentenbereich:</u> $x \geq 8$

<u>Ansatz:</u>

$$H_1^{[1]}(x) = \sqrt{2/(\pi \cdot x)} \cdot [\ P_1(x) \cdot \cos\{\vartheta_1\} +$$
$$- Q_1(x) \cdot \sin\{\vartheta_1\} +$$
$$+ j \cdot \{\ Q_1(x) \cdot \cos\{\vartheta_1\} +$$
$$+ P_1(x) \cdot \sin\{\vartheta_1\}\ \}]$$

$$H_1^{[2]}(x) = \sqrt{2/(\pi \cdot x)} \cdot [\ P_1(x) \cdot \cos\{\vartheta_1\} +$$
$$- Q_1(x) \cdot \sin\{\vartheta_1\} +$$
$$- j \cdot \{\ Q_1(x) \cdot \cos\{\vartheta_1\} +$$
$$+ P_1(x) \cdot \sin\{\vartheta_1\}\ \}]$$

3.2.7   Modifizierte Besselfunktion nullter Ordnung

Zylinderfunktion: $I_0(x)$

Argumentenbereich: $-8 \leq x \leq +8$

Genauigkeit: 20 Stellen

Ansatz: $I_0(x) = 0.5 \cdot a_0 + \sum_{v=1}^{18} a_{2v} \cdot T_{2v}(x/8)$

Polynom-Koeffizienten:

$2v$	a_{2v}	$2v$	a_{2v}
0	+255.4668 7962 4362 1671 2602	18	+0.0000 0873 8315 4966 2236
2	+190.4943 2017 2742 8441 9322	20	+0.0000 0032 6091 0505 7896
4	+82.4890 3274 4024 0996 1321	22	+0.0000 0001 0169 7267 2769
6	+22.2748 1924 2462 2308 7742	24	+0.0000 0000 0268 8281 2895
8	+4.0116 7376 0179 3485 3351	26	+0.0000 0000 0006 0968 9280
10	+0.5094 9336 5439 9828 7079	28	+0.0000 0000 0000 1198 9083
12	+0.0477 1874 8798 1741 3524	30	+0.0000 0000 0000 0020 6305
14	+0.0034 1633 1766 0123 4095	32	+0.0000 0000 0000 0000 3132
16	+0.0001 9246 9359 6881 1366	34	+0.0000 0000 0000 0000 0042
		36	+0.0000 0000 0000 0000 0001

Kontrollsumme für
Polynom-Koeffizienten:

$$S = 0.5 \cdot a_0 + \sum_{v=1}^{18} (-1)^v \cdot a_{2v} = 1.0000\ 0000\ 0000\ 0000\ 0000$$

bzw.

$$S = 0.5 \cdot a_0 + \sum_{v=1}^{18} a_{2v} = 427.5641\ 1572\ 1804\ 7851\ 7740$$

Fehler der Approximation:

$$\sum_{v=19}^{\infty} |a_{2v}| = |a_{38}| + |a_{40}| + \ldots\ldots$$

Polynomform und Horner-Schema:

$$
\begin{aligned}
I_0(x) = &+ \quad 0.0000\ 0000\ 0343\ 5973\ 8368 \quad \cdot y^{36} \\
&+ \quad 0.0000\ 0000\ 0515\ 3960\ 7552 \quad \cdot y^{34} \\
&+ \quad 0.0000\ 0004\ 9349\ 1742\ 3104 \quad \cdot y^{32} \\
&+ \quad 0.0000\ 0065\ 6394\ 4831\ 3856 \quad \cdot y^{30} \\
&+ \quad 0.0000\ 0951\ 1441\ 3001\ 9328 \quad \cdot y^{28} \\
&+ \quad 0.0001\ 1610\ 7535\ 0097\ 1008 \quad \cdot y^{26} \\
&+ \quad 0.0012\ 2681\ 1529\ 5469\ 5680 \quad \cdot y^{24} \\
&+ \quad 0.0110\ 4097\ 5705\ 3104\ 9472 \quad \cdot y^{22} \\
&+ \quad 0.0834\ 9756\ 7707\ 7992\ 2432 \quad \cdot y^{20} \\
&+ \quad 0.5218\ 5971\ 6580\ 2822\ 0416 \quad \cdot y^{18} \\
&+ \quad 2.6419\ 1484\ 1489\ 3096\ 9600 \quad \cdot y^{16} \\
&+ \quad 10.5676\ 5935\ 9708\ 4897\ 2800 \quad \cdot y^{14} \\
&+ \quad 32.3634\ 5679\ 0177\ 4479\ 7696 \quad \cdot y^{12} \\
&+ \quad 72.8177\ 7777\ 7771\ 6439\ 6032 \quad \cdot y^{10} \\
&+ 113.7777\ 7777\ 7778\ 2364\ 8768 \quad \cdot y^{8} \\
&+ 113.7777\ 7777\ 7777\ 5572\ 5824 \quad \cdot y^{6} \\
&+ \quad 64.0000\ 0000\ 0000\ 0004\ 6152 \quad \cdot y^{4} \\
&+ \quad 15.9999\ 9999\ 9999\ 9999\ 9652 \quad \cdot y^{2} \\
&+ \quad 1.0000\ 0000\ 0000\ 0000\ 0000
\end{aligned}
$$

mit $y = 0.125 \cdot x$.

$$
\begin{aligned}
I_0(x) = \quad &+ \quad 1.0000\ 0000\ 0000\ 0000\ 0000 + \\
+ z \cdot (&+ \quad 15.9999\ 9999\ 9999\ 9999\ 9652 + \\
+ z \cdot (&+ \quad 64.0000\ 0000\ 0000\ 0004\ 6152 + \\
+ z \cdot (&+ 113.7777\ 7777\ 7777\ 5572\ 5824 + \\
+ z \cdot (&+ 113.7777\ 7777\ 7778\ 2364\ 8768 + \\
+ z \cdot (&+ \quad 72.8177\ 7777\ 7771\ 6439\ 6032 + \\
+ z \cdot (&+ \quad 32.3634\ 5679\ 0177\ 4479\ 7696 + \\
+ z \cdot (&+ \quad 10.5676\ 5935\ 9708\ 4897\ 2800 + \\
+ z \cdot (&+ \quad 2.6419\ 1484\ 1489\ 3096\ 9600 + \\
+ z \cdot (&+ \quad 0.5218\ 5971\ 6580\ 2822\ 0416 + \\
+ z \cdot (&+ \quad 0.0834\ 9756\ 7707\ 7992\ 2432 + \\
+ z \cdot (&+ \quad 0.0110\ 4097\ 5705\ 3104\ 9472 + \\
+ z \cdot (&+ \quad 0.0012\ 2681\ 1529\ 5469\ 5680 + \\
+ z \cdot (&+ \quad 0.0001\ 1610\ 7535\ 0097\ 1008 + \\
+ z \cdot (&+ \quad 0.0000\ 0951\ 1441\ 3001\ 9328 + \\
+ z \cdot (&+ \quad 0.0000\ 0065\ 6394\ 4831\ 3856 + \\
+ z \cdot (&+ \quad 0.0000\ 0004\ 9349\ 1742\ 3104 + \\
+ z \cdot (&+ \quad 0.0000\ 0000\ 0515\ 3960\ 7552 + \\
+ z \cdot (&+ \quad 0.0000\ 0000\ 0343\ 5973\ 8368\ )))))))))))))))))
\end{aligned}
$$

mit $z = y^2$.

Zylinderfunktion: $\qquad$ $I_0(x)$

Argumentenbereich: $\qquad$ $x \geq 8$

Genauigkeit: $\qquad$ 14 Stellen

Ansatz: $\qquad$ $I_0(x) = \exp(x)/\sqrt{x} \cdot F_0(x)$

$$F_0(x) = 0.5 \cdot a_0 + \sum_{v=1}^{25} a_v \cdot T_v(8/x)$$

Polynom-Koeffizienten:

v	a_v	v	a_v
0	+0.79833 17033 7777	13	-0.00000 00000 2896
1	+0.00627 82403 0274	14	-0.00000 00000 1223
2	+0.00022 51087 3571	15	-0.00000 00000 0245
3	+0.00001 52787 7872	16	+0.00000 00000 0111
4	+0.00000 15781 7791	17	+0.00000 00000 0140
5	+0.00000 02270 8300	18	+0.00000 00000 0070
6	+0.00000 00434 2656	19	+0.00000 00000 0012
7	+0.00000 00104 5317	20	-0.00000 00000 0011
8	+0.00000 00028 7935	21	-0.00000 00000 0011
9	+0.00000 00007 8081	22	-0.00000 00000 0004
10	+0.00000 00001 5142	23	+0.00000 00000 0000
11	-0.00000 00000 1954	24	+0.00000 00000 0002
12	-0.00000 00000 4361	25	+0.00000 00000 0001

Kontrollsumme für Polynom-Koeffizienten:

$$S = 0.5 \cdot a_0 + \sum_{v=1}^{25} (-1)^v \cdot a_v = 0.39309\ 88276\ 5678$$

bzw.

$$S = 0.5 \cdot a_0 + \sum_{v=1}^{25} a_v = 0.40568\ 63423\ 5459$$

Fehler der Approximation:

$$\sum_{v=26}^{\infty} |a_v| = |a_{26}| + |a_{27}| + \ldots$$

<u>Polynomform:</u>

$$
\begin{aligned}
F_0(x) = {}& + 0.00000\ 01677\ 7216 \cdot y^{25} \\
& + 0.00000\ 01677\ 7216 \cdot y^{24} \\
& - 0.00000\ 10485\ 7600 \cdot y^{23} \\
& - 0.00000\ 10905\ 1904 \cdot y^{22} \\
& + 0.00000\ 27682\ 4064 \cdot y^{21} \\
& + 0.00000\ 30461\ 1328 \cdot y^{20} \\
& - 0.00000\ 39505\ 1008 \cdot y^{19} \\
& - 0.00000\ 47002\ 4192 \cdot y^{18} \\
& + 0.00000\ 32492\ 7488 \cdot y^{17} \\
& + 0.00000\ 42916\ 2496 \cdot y^{16} \\
& - 0.00000\ 15907\ 2256 \cdot y^{15} \\
& - 0.00000\ 23826\ 4320 \cdot y^{14} \\
& + 0.00000\ 05250\ 6624 \cdot y^{13} \\
& + 0.00000\ 08723\ 6608 \cdot y^{12} \\
& - 0.00000\ 00883\ 2000 \cdot y^{11} \\
& - 0.00000\ 01566\ 2592 \cdot y^{10} \\
& + 0.00000\ 00913\ 3824 \cdot y^{9} \\
& + 0.00000\ 01734\ 9504 \cdot y^{8} \\
& + 0.00000\ 03263\ 4048 \cdot y^{7} \\
& + 0.00000\ 08686\ 6944 \cdot y^{6} \\
& + 0.00000\ 27651\ 6992 \cdot y^{5} \\
& + 0.00001\ 09235\ 1608 \cdot y^{4} \\
& + 0.00005\ 70691\ 4364 \cdot y^{3} \\
& + 0.00043\ 82910\ 7728 \cdot y^{2} \\
& + 0.00623\ 34731\ 3135 \cdot y \\
& + 0.39894\ 22804\ 0144
\end{aligned}
$$

$$\text{mit}\quad y = 8.0/x \ .$$

<u>Horner-Schema:</u>

$$
\begin{aligned}
F_0(x) = {}& + 0.39894\ 22804\ 0144 + \\
& + y \cdot (+ 0.00623\ 34731\ 3135 + \\
& + y \cdot (+ 0.00043\ 82910\ 7728 + \\
& + y \cdot (+ 0.00005\ 70691\ 4364 + \\
& + y \cdot (+ 0.00001\ 09235\ 1608 + \\
& + y \cdot (+ 0.00000\ 27651\ 6992 + \\
& + y \cdot (+ 0.00000\ 08686\ 6944 +
\end{aligned}
$$

```
       + y • ( + 0.00000 03263 4048 +
       + y • ( + 0.00000 01734 9504 +
       + y • ( + 0.00000 00913 3824 +
       + y • ( - 0.00000 01566 2592 +
       + y • ( - 0.00000 00883 2000 +
       + y • ( + 0.00000 08723 6608 +
       + y • ( + 0.00000 05250 6624 +
       + y • ( - 0.00000 23826 4320 +
       + y • ( - 0.00000 15907 2256 +
       + y • ( + 0.00000 42916 2496 +
       + y • ( + 0.00000 32492 7488 +
       + y • ( - 0.00000 47002 4192 +
       + y • ( - 0.00000 39505 1008 +
       + y • ( + 0.00000 30461 1328 +
       + y • ( + 0.00000 27682 4064 +
       + y • ( - 0.00000 10905 1904 +
       + y • ( - 0.00000 10485 7600 +
       + y • ( + 0.00000 01677 7216 +
       + y • ( + 0.00000 01677 7216 )))))))))))))))))))))))))))))))
```

mit $y = 8.0/x$.

3.2.8   Modifizierte Besselfunktion erster Ordnung

Zylinderfunktion: $I_1(x)$

Argumentenbereich: $-8 \leqq x \leqq +8$

Genauigkeit: 20 Stellen

Ansatz: $I_1(x) = x/8 \cdot \left[0.5 \cdot a_0 + \sum_{v=1}^{17} a_{2v} \cdot T_{2v}(x/8) \right]$

Polynom-Koeffizienten:

$2v$	a_{2v}	$2v$	a_{2v}
0	+259.8902 3780 6477 2917 3120	18	+0.0000 0326 4138 1223 0986
2	+181.3126 1604 0570 2653 9103	20	+0.0000 0011 1946 2845 6389
4	+69.3959 1763 3734 4475 3798	22	+0.0000 0000 3227 6165 2023
6	+16.3345 5055 2522 0661 6461	24	+0.0000 0000 0079 2905 5929
8	+2.5714 5990 6347 7549 0572	26	+0.0000 0000 0001 6789 7282
10	+0.2878 5551 1804 6720 3057	28	+0.0000 0000 0000 0309 5296
12	+0.0239 9307 9147 8405 5176	30	+0.0000 0000 0000 0005 0120
14	+0.0015 4301 9015 6272 1914	32	+0.0000 0000 0000 0000 0718
16	+0.0000 7875 6785 7541 6515	34	+0.0000 0000 0000 0000 0009

Kontrollsumme für
Polynom-Koeffizienten:

$$S = 0.5 \cdot a_0 + \sum_{v=1}^{17} (-1)^v \cdot a_{2v} = 4.0000\ 0000\ 0000\ 0000\ 0000$$

bzw.

$$S = 0.5 \cdot a_0 + \sum_{v=1}^{17} a_{2v} = 399.8731\ 3678\ 2560\ 0982\ 1908$$

Fehler der Approximation:

$$\sum_{v=18}^{\infty} |a_{2v}| = |a_{36}| + |a_{38}| + \ldots$$

<u>Polynomform:</u>

$$
\begin{aligned}
I_1(x) = [\ & + 0.0000\ 0000\ 0773\ 0941\ 1328 && \cdot\ y^{34} \\
& + 0.0000\ 0000\ 8847\ 6326\ 2976 && \cdot\ y^{32} \\
& + 0.0000\ 0017\ 1192\ 0277\ 0944 && \cdot\ y^{30} \\
& + 0.0000\ 0252\ 3934\ 8471\ 3984 && \cdot\ y^{28} \\
& + 0.0000\ 3318\ 9409\ 7759\ 4368 && \cdot\ y^{26} \\
& + 0.0003\ 7746\ 5409\ 2777\ 8816 && \cdot\ y^{24} \\
& + 0.0036\ 8033\ 6159\ 2102\ 0928 && \cdot\ y^{22} \\
& + 0.0303\ 6274\ 5801\ 8489\ 1392 && \cdot\ y^{20} \\
& + 0.2087\ 4388\ 9246\ 7827\ 5072 && \cdot\ y^{18} \\
& + 1.1741\ 8437\ 3136\ 5334\ 2208 && \cdot\ y^{16} \\
& + 5.2838\ 2968\ 0067\ 2777\ 8304 && \cdot\ y^{14} \\
& + 18.4934\ 0388\ 0062\ 3111\ 9872 && \cdot\ y^{12} \\
& + 48.5451\ 8518\ 5186\ 2342\ 4512 && \cdot\ y^{10} \\
& + 91.0222\ 2222\ 2222\ 1276\ 9152 && \cdot\ y^{8} \\
& + 113.7777\ 7777\ 7777\ 7835\ 6704 && \cdot\ y^{6} \\
& + 85.3333\ 3333\ 3333\ 3331\ 0888 && \cdot\ y^{4} \\
& + 32.0000\ 0000\ 0000\ 0000\ 0462 && \cdot\ y^{2} \\
& + 4.0000\ 0000\ 0000\ 0000\ 0000 && \ ] \cdot\ y
\end{aligned}
$$

$$\text{mit} \quad y = 0.125 \cdot x \ .$$

<u>Horner-Schema:</u>

$$
\begin{aligned}
I_1(x) = [\quad & + 4.0000\ 0000\ 0000\ 0000\ 0000\ + \\
+\ z\ \cdot\ (\ & + 32.0000\ 0000\ 0000\ 0000\ 0462\ + \\
+\ z\ \cdot\ (\ & + 85.3333\ 3333\ 3333\ 3331\ 0888\ + \\
+\ z\ \cdot\ (\ & +113.7777\ 7777\ 7777\ 7835\ 6704\ + \\
+\ z\ \cdot\ (\ & + 91.0222\ 2222\ 2222\ 1276\ 9152\ + \\
+\ z\ \cdot\ (\ & + 48.5451\ 8518\ 5186\ 2342\ 4512\ + \\
+\ z\ \cdot\ (\ & + 18.4934\ 0388\ 0062\ 3111\ 9872\ + \\
+\ z\ \cdot\ (\ & + 5.2838\ 2968\ 0067\ 2777\ 8304\ + \\
+\ z\ \cdot\ (\ & + 1.1741\ 8437\ 3136\ 5334\ 2208\ + \\
+\ z\ \cdot\ (\ & + 0.2087\ 4388\ 9246\ 7827\ 5072\ + \\
+\ z\ \cdot\ (\ & + 0.0303\ 6274\ 5801\ 8489\ 1392\ + \\
+\ z\ \cdot\ (\ & + 0.0036\ 8033\ 6159\ 2102\ 0928\ + \\
+\ z\ \cdot\ (\ & + 0.0003\ 7746\ 5409\ 2777\ 8816\ + \\
+\ z\ \cdot\ (\ & + 0.0000\ 3318\ 9409\ 7759\ 4368\ + \\
+\ z\ \cdot\ (\ & + 0.0000\ 0252\ 3934\ 8471\ 3984\ + \\
+\ z\ \cdot\ (\ & + 0.0000\ 0017\ 1192\ 0277\ 0944\ + \\
+\ z\ \cdot\ (\ & + 0.0000\ 0000\ 8847\ 6326\ 2976\ + \\
+\ z\ \cdot\ (\ & + 0.0000\ 0000\ 0773\ 0941\ 1328\ ))))))))))))))))) \ ] \cdot\ y
\end{aligned}
$$

$$\text{mit} \quad z = y^2 \ .$$

<u>Zylinderfunktion:</u> $I_1(x)$

<u>Argumentenbereich:</u> $x \geq 8$

<u>Genauigkeit:</u>   14 Stellen

<u>Ansatz:</u> $I_1(x) = \exp(x)/\sqrt{x} \cdot F_1(x)$

$$F_1(x) = 0.5 \cdot a_0 + \sum_{v=1}^{25} a_v \cdot T_v(8/x)$$

<u>Polynom-Koeffizienten:</u>

v	a_v	v	a_v
0	+0.79714 27704 8440	13	+0.00000 00000 3067
1	-0.01876 27251 4000	14	+0.00000 00000 1318
2	-0.00037 28518 2010	15	+0.00000 00000 0279
3	-0.00002 11985 2312	16	-0.00000 00000 0108
4	-0.00000 20039 4040	17	-0.00000 00000 0145
5	-0.00000 02729 6205	18	-0.00000 00000 0075
6	-0.00000 00502 8543	19	-0.00000 00000 0014
7	-0.00000 00118 0972	20	+0.00000 00000 0011
8	-0.00000 00032 1153	21	+0.00000 00000 0011
9	-0.00000 00008 7079	22	+0.00000 00000 0004
10	-0.00000 00001 7396	23	-0.00000 00000 0000
11	+0.00000 00000 1645	24	-0.00000 00000 0002
12	+0.00000 00000 4513	25	-0.00000 00000 0001

<u>Kontrollsumme für Polynom-Koeffizienten:</u>

$$S = 0.5 \cdot a_0 + \sum_{v=1}^{25} (-1)^v \cdot a_v = 0.41698\ 06851\ 2467$$

bzw.

$$S = 0.5 \cdot a_0 + \sum_{v=1}^{25} a_v = 0.37941\ 22666\ 1013$$

<u>Fehler der Approximation:</u>

$$\sum_{v=26}^{\infty} |a_v| = |a_{26}| + |a_{27}| + \ldots$$

Polynomform:

$$
\begin{aligned}
F_1(x) = &- 0.00000\ 01677\ 7216 \cdot y^{25} \\
&- 0.00000\ 01677\ 7216 \cdot y^{24} \\
&+ 0.00000\ 10485\ 7600 \cdot y^{23} \\
&+ 0.00000\ 10905\ 1904 \cdot y^{22} \\
&- 0.00000\ 27682\ 4064 \cdot y^{21} \\
&- 0.00000\ 30461\ 1328 \cdot y^{20} \\
&+ 0.00000\ 39452\ 6720 \cdot y^{19} \\
&+ 0.00000\ 46936\ 8832 \cdot y^{18} \\
&- 0.00000\ 32276\ 4800 \cdot y^{17} \\
&- 0.00000\ 42611\ 5072 \cdot y^{16} \\
&+ 0.00000\ 15604\ 1216 \cdot y^{15} \\
&+ 0.00000\ 23311\ 9744 \cdot y^{14} \\
&- 0.00000\ 05088\ 4608 \cdot y^{13} \\
&- 0.00000\ 08341\ 9136 \cdot y^{12} \\
&+ 0.00000\ 00809\ 4720 \cdot y^{11} \\
&+ 0.00000\ 01348\ 4544 \cdot y^{10} \\
&- 0.00000\ 00992\ 1024 \cdot y^{9} \\
&- 0.00000\ 01882\ 5344 \cdot y^{8} \\
&- 0.00000\ 03769\ 3312 \cdot y^{7} \\
&- 0.00000\ 10277\ 3280 \cdot y^{6} \\
&- 0.00000\ 33796\ 1232 \cdot y^{5} \\
&- 0.00001\ 40444\ 3920 \cdot y^{4} \\
&- 0.00007\ 98968\ 0328 \cdot y^{3} \\
&- 0.00073\ 04851\ 3132 \cdot y^{2} \\
&- 0.01870\ 04193\ 9398 \cdot y \\
&+ 0.39894\ 22804\ 0143
\end{aligned}
$$

mit $y = 8.0/x$.

Horner-Schema:

$$
\begin{aligned}
F_1(x) = \quad &+ 0.39894\ 22804\ 0143\ + \\
+ y \cdot (\ &- 0.01870\ 04193\ 9398\ + \\
+ y \cdot (\ &- 0.00073\ 04851\ 3132\ + \\
+ y \cdot (\ &- 0.00007\ 98968\ 0328\ + \\
+ y \cdot (\ &- 0.00001\ 40444\ 3920\ + \\
+ y \cdot (\ &- 0.00000\ 33796\ 1232\ + \\
+ y \cdot (\ &- 0.00000\ 10277\ 3280\ +
\end{aligned}
$$

$$+ y \cdot (- 0.00000\ 03769\ 3312 +$$
$$+ y \cdot (- 0.00000\ 01882\ 5344 +$$
$$+ y \cdot (- 0.00000\ 00992\ 1024 +$$
$$+ y \cdot (+ 0.00000\ 01348\ 4544 +$$
$$+ y \cdot (+ 0.00000\ 00809\ 4720 +$$
$$+ y \cdot (- 0.00000\ 08341\ 9136 +$$
$$+ y \cdot (- 0.00000\ 05088\ 4608 +$$
$$+ y \cdot (+ 0.00000\ 23311\ 9744 +$$
$$+ y \cdot (+ 0.00000\ 15604\ 1216 +$$
$$+ y \cdot (- 0.00000\ 42611\ 5072 +$$
$$+ y \cdot (- 0.00000\ 32276\ 4800 +$$
$$+ y \cdot (+ 0.00000\ 46936\ 8832 +$$
$$+ y \cdot (+ 0.00000\ 39452\ 6720 +$$
$$+ y \cdot (- 0.00000\ 30461\ 1328 +$$
$$+ y \cdot (- 0.00000\ 27682\ 4064 +$$
$$+ y \cdot (+ 0.00000\ 10905\ 1904 +$$
$$+ y \cdot (+ 0.00000\ 10485\ 7600 +$$
$$+ y \cdot (- 0.00000\ 01677\ 7216 +$$
$$+ y \cdot (- 0.00000\ 01677\ 7216)))))))))))))))))))))))))$$

$$\text{mit} \quad y = 8.0/x \ .$$

3.2.9   Modifizierte Hankelfunktion nullter Ordnung

Zylinderfunktion: $K_0(x)$

Argumentenbereich: $0 \leqq x \leqq +8$

Genauigkeit: 20 Stellen

Ansatz: $K_0(x) = 0.5 \cdot a_0 + \sum_{v=1}^{18} a_{2v} \cdot T_{2v}(x/8) - \ln\{x/8\} \cdot I_0(x)$

Polynom-Koeffizienten:

$2v$	a_{2v}	$2v$	a_{2v}
0	-21.0576 6017 7402 4402 4847	18	+0.0000 0821 6025 9399 3066
2	-4.5634 3358 6448 3950 0735	20	+0.0000 0033 5195 2556 3133
4	+8.0053 6886 8700 3347 7053	22	+0.0000 0001 1281 2113 8760
6	+5.2836 3286 6873 9200 0748	24	+0.0000 0000 0318 5879 7963
8	+1.5115 3567 6029 2279 1353	26	+0.0000 0000 0007 6575 7438
10	+0.2590 8443 2434 9001 9747	28	+0.0000 0000 0000 1585 5413
12	+0.0300 8072 2420 5118 7452	30	+0.0000 0000 0000 0028 5752
14	+0.0025 3630 8188 0861 9901	32	+0.0000 0000 0000 0000 4523
16	+0.0001 6270 8379 0430 2330	34	+0.0000 0000 0000 0000 0063
		36	+0.0000 0000 0000 0000 0001

Kontrollsumme für
Polynom-Koeffizienten:

$$S = 0.5 \cdot a_0 + \sum_{v=1}^{18} (-1)^v \cdot a_{2v} = -1.9635\ 1002\ 6021\ 4234\ 7944$$

bzw.

$$S = 0.5 \cdot a_0 + \sum_{v=1}^{18} a_{2v} = +0.0001\ 4647\ 0705\ 2228\ 1538$$

Fehler der Approximation:

$$\sum_{v=19}^{\infty} |a_{2v}| = |a_{38}| + |a_{40}| + \ldots\ldots$$

Polynomform und Horner-Schema:

$$
\begin{aligned}
K_0(x) = &+ \ 0.0000\ 0000\ 0343\ 5973\ 8368 \ \cdot\ y^{36} \\
&+ \ 0.0000\ 0000\ 2319\ 2823\ 3984 \ \cdot\ y^{34} \\
&+ \ 0.0000\ 0006\ 3887\ 6385\ 2800 \ \cdot\ y^{32} \\
&+ \ 0.0000\ 0090\ 3365\ 8400\ 7680 \ \cdot\ y^{30} \\
&+ \ 0.0000\ 1222\ 9100\ 6472\ 1920 \ \cdot\ y^{28} \\
&+ \ 0.0001\ 4128\ 3653\ 5094\ 4768 \ \cdot\ y^{26} \\
&+ \ 0.0013\ 9817\ 8315\ 4491\ 3920 \ \cdot\ y^{24} \\
&+ \ 0.0116\ 6333\ 7317\ 6653\ 4144 \ \cdot\ y^{22} \\
&+ \ 0.0806\ 1340\ 8976\ 1266\ 0736 \ \cdot\ y^{20} \\
&+ \ 0.4516\ 4778\ 6923\ 6171\ 5712 \ \cdot\ y^{18} \\
&+ \ 1.9929\ 2084\ 3367\ 3057\ 0752 \ \cdot\ y^{16} \\
&+ \ 6.6507\ 2594\ 9742\ 2334\ 3616 \ \cdot\ y^{14} \\
&+ 15.7444\ 9725\ 1717\ 3809\ 3568 \ \cdot\ y^{12} \\
&+ 23.2888\ 2251\ 9988\ 6758\ 2976 \ \cdot\ y^{10} \\
&+ 13.6332\ 2963\ 1933\ 1599\ 5392 \ \cdot\ y^{8} \\
&- 14.8112\ 1481\ 2511\ 6048\ 5856 \ \cdot\ y^{6} \\
&- 29.6646\ 4166\ 5371\ 1022\ 7344 \ \cdot\ y^{4} \\
&- 15.4161\ 6041\ 6342\ 7756\ 7656 \ \cdot\ y^{2} \\
&- \ 1.9635\ 1002\ 6021\ 4234\ 7943
\end{aligned}
$$

$$\text{mit}\quad y = 0.125\cdot x \ .$$

$$
\begin{aligned}
K_0(x) = \quad &- \ 1.9635\ 1002\ 6021\ 4234\ 7943\ + \\
+\ z\ \cdot\ (\ &- 15.4161\ 6041\ 6342\ 7756\ 7656\ + \\
+\ z\ \cdot\ (\ &- 29.6646\ 4166\ 5371\ 1022\ 7344\ + \\
+\ z\ \cdot\ (\ &- 14.8112\ 1481\ 2511\ 6048\ 5856\ + \\
+\ z\ \cdot\ (\ &+ 13.6332\ 2963\ 1933\ 1599\ 5392\ + \\
+\ z\ \cdot\ (\ &+ 23.2888\ 2251\ 9988\ 6758\ 2976\ + \\
+\ z\ \cdot\ (\ &+ 15.7444\ 9725\ 1717\ 3809\ 3568\ + \\
+\ z\ \cdot\ (\ &+ \ 6.6507\ 2594\ 9742\ 2334\ 3616\ + \\
+\ z\ \cdot\ (\ &+ \ 1.9929\ 2084\ 3367\ 3057\ 0752\ + \\
+\ z\ \cdot\ (\ &+ \ 0.4516\ 4778\ 6923\ 6171\ 5712\ + \\
+\ z\ \cdot\ (\ &+ \ 0.0806\ 1340\ 8976\ 1266\ 0736\ + \\
+\ z\ \cdot\ (\ &+ \ 0.0116\ 6333\ 7317\ 6653\ 4144\ + \\
+\ z\ \cdot\ (\ &+ \ 0.0013\ 9817\ 8315\ 4491\ 3920\ + \\
+\ z\ \cdot\ (\ &+ \ 0.0001\ 4128\ 3653\ 5094\ 4768\ + \\
+\ z\ \cdot\ (\ &+ \ 0.0000\ 1222\ 9100\ 6472\ 1920\ + \\
+\ z\ \cdot\ (\ &+ \ 0.0000\ 0090\ 3365\ 8400\ 7680\ + \\
+\ z\ \cdot\ (\ &+ \ 0.0000\ 0006\ 3887\ 6385\ 2800\ + \\
+\ z\ \cdot\ (\ &+ \ 0.0000\ 0000\ 2319\ 2823\ 3984\ + \\
+\ z\ \cdot\ (\ &+ \ 0.0000\ 0000\ 0343\ 5973\ 8368\ ))))))))))))))))))\ + \\
&- \ln\{x/8\}\cdot I_0(x)
\end{aligned}
$$

$$\text{mit}\quad z = y^2 \ .$$

Zylinderfunktion: $K_0(x)$

Argumentenbereich: $x \geq +8$

Genauigkeit: 14 Stellen

Ansatz: $K_0(x) = \pi \cdot \exp\{-x\}/\sqrt{x} \cdot F_0(-x)$

Die Polynom-Koeffizienten, deren Kontrollsummen und die Implementierung
der Hilfsfunktion $F_0(x)$ können dem Kapitel 3.2.7 entnommen werden.

3.2.10   Modifizierte Hankelfunktion erster Ordnung

Zylinderfunktion: $K_1(x)$

Argumentenbereich: $0 \leqq x \leqq +8$

Genauigkeit: 20 Stellen

Ansatz:

$$K_1(x) = -x/8 \cdot \left[0.5 \cdot a_0 + \sum_{v=1}^{17} a_{2v} \cdot T_{2v}(x/8) \right] +$$

$$+ \ln\{x/8\} \cdot I_1(x) + 1/x$$

Polynom-Koeffizienten:

$2v$	a_{2v}	$2v$	a_{2v}
0	-26.6880 9548 0862 6677 9437	18	+0.0000 0320 2510 6919 3505
2	-1.8392 3922 4286 1994 3219	20	+0.0000 0011 9367 9707 4664
4	+9.3616 1783 1395 3886 7938	22	+0.0000 0000 3696 7832 7836
6	+4.6663 8702 6862 8418 5037	24	+0.0000 0000 0096 6597 5200
8	+1.1014 6199 3004 8522 0124	26	+0.0000 0000 0002 1625 5319
10	+0.1610 7430 1656 1478 2390	28	+0.0000 0000 0000 0418 7279
12	+0.0163 0004 9289 8164 1757	30	+0.0000 0000 0000 0007 0860
14	+0.0012 1705 6994 5157 4089	32	+0.0000 0000 0000 0000 1057
16	+0.0000 7001 0627 8547 5753	34	+0.0000 0000 0000 0000 0014

Kontrollsumme für
Polynom-Koeffizienten:

$$S = 0.5 \cdot a_0 + \sum_{v=1}^{17} (-1)^v \cdot a_{2v} = -5.8540\ 4010\ 4085\ 6939\ 1776$$

bzw.

$$S = 0.5 \cdot a_0 + \sum_{v=1}^{17} a_{2v} = +0.1248\ 4463\ 0788\ 1949\ 9885$$

Fehler der Approximation:

$$\sum_{v=18}^{\infty} |a_{2v}| = |a_{36}| + |a_{38}| + \ldots$$

Polynomform:

$$
\begin{aligned}
K_1(x) = - (&+ 0.0000\ 0000\ 1202\ 5908\ 4288 && \cdot y^{34} \\
&+ 0.0000\ 0001\ 2476\ 8799\ 9488 && \cdot y^{32} \\
&+ 0.0000\ 0023\ 8445\ 8468\ 5568 && \cdot y^{30} \\
&+ 0.0000\ 0333\ 2501\ 3637\ 5296 && \cdot y^{28} \\
&+ 0.0000\ 4156\ 8172\ 9055\ 9488 && \cdot y^{26} \\
&+ 0.0004\ 4471\ 1494\ 8824\ 2688 && \cdot y^{24} \\
&+ 0.0040\ 4113\ 7214\ 6235\ 8016 && \cdot y^{22} \\
&+ 0.0306\ 9408\ 5846\ 7195\ 2896 && \cdot y^{20} \\
&+ 0.1910\ 9631\ 1675\ 9135\ 0272 && \cdot y^{18} \\
&+ 0.9509\ 7506\ 1449\ 5117\ 3120 && \cdot y^{16} \\
&+ 3.6556\ 0233\ 0061\ 6349\ 2864 && \cdot y^{14} \\
&+ 10.3178\ 1299\ 2381\ 2617\ 2160 && \cdot y^{12} \\
&+ 19.5713\ 1377\ 8762\ 2172\ 2624 && \cdot y^{10} \\
&+ 20.0088\ 0592\ 7768\ 3635\ 8400 && \cdot y^{8} \\
&- 0.5889\ 9259\ 0289\ 3600\ 8256 && \cdot y^{6} \\
&- 25.3306\ 3333\ 1605\ 9149\ 3424 && \cdot y^{4} \\
&- 22.8323\ 2083\ 2685\ 5513\ 3826 && \cdot y^{2} \\
&- 5.8540\ 4010\ 4085\ 6939\ 1778\ ) && \cdot y + 1/x + \ln\{y\}\cdot I_1(x)
\end{aligned}
$$

$$\text{mit}\quad y = 0.125\cdot x \;.$$

Horner-Schema:

$$
\begin{aligned}
K_1(x) = - [\quad &- 5.8540\ 4010\ 4085\ 6939\ 1778\ + \\
+ z \cdot (&- 22.8323\ 2083\ 2685\ 5513\ 3826\ + \\
+ z \cdot (&- 25.3306\ 3333\ 1605\ 9149\ 3424\ + \\
+ z \cdot (&- 0.5889\ 9259\ 0289\ 3600\ 8256\ + \\
+ z \cdot (&+ 20.0088\ 0592\ 7768\ 3635\ 8400\ + \\
+ z \cdot (&+ 19.5713\ 1377\ 8762\ 2172\ 2624\ + \\
+ z \cdot (&+ 10.3178\ 1299\ 2381\ 2617\ 2160\ + \\
+ z \cdot (&+ 3.6556\ 0233\ 0061\ 6349\ 2864\ + \\
+ z \cdot (&+ 0.9509\ 7506\ 1449\ 5117\ 3120\ + \\
+ z \cdot (&+ 0.1910\ 9631\ 1675\ 9135\ 0272\ + \\
+ z \cdot (&+ 0.0306\ 9408\ 5846\ 7195\ 2896\ + \\
+ z \cdot (&+ 0.0040\ 4113\ 7214\ 6235\ 8016\ + \\
+ z \cdot (&+ 0.0004\ 4471\ 1494\ 8824\ 2688\ + \\
+ z \cdot (&+ 0.0000\ 4156\ 8172\ 9055\ 9488\ + \\
+ z \cdot (&+ 0.0000\ 0333\ 2501\ 3637\ 5296\ + \\
+ z \cdot (&+ 0.0000\ 0023\ 8445\ 8468\ 5568\ + \\
+ z \cdot (&+ 0.0000\ 0001\ 2476\ 8799\ 9488\ + \\
+ z \cdot (&+ 0.0000\ 0000\ 1202\ 5908\ 4288\ ))))))))))))))))) \;]\cdot y + \\
+ 1/x + &\ln\{y\}\cdot I_1(x)
\end{aligned}
$$

$$\text{mit}\quad z = y^2 \;.$$

<u>Zylinderfunktion:</u> $K_1(x)$

<u>Argumentenbereich:</u> $x \geq +8$

<u>Genauigkeit:</u>   14 Stellen

<u>Ansatz:</u> $K_1(x) = \pi \cdot \exp\{-x\} /\sqrt{x} \cdot F_1(-x)$

Die Polynom-Koeffizienten, deren Kontrollsummen und die Implementierung
der Hilfsfunktion $F_1(x)$ können dem Kapitel 3.2.8 entnommen werden.

4 Genauigkeit der Implementierung

Vor der Implementierung einer Zylinderfunktion auf einem programmierbaren System sollte dessen Genauigkeit bekannt sein - dies, um eine
sinnvolle Implementierung zu gewährleisten und den damit verbundenen
Aufwand so gering wie möglich zu halten (Speicherplatz- bzw. Laufzeitbedarf). (Sicherlich wäre es unsinnig, eine 12-stellige Implementierung
einer Funktion auf einem System vorzunehmen, wenn dieses z.B. nur acht
Stellen "sieht" bzw. verarbeitet.)

Die erzielbare Genauigkeit eines programmierbaren Systems hängt u.a.
von den nachfolgend aufgeführten Größen ab:

1.   Wortlänge(n) des Systems
     (z.B. Single, Double, Quadruple, etc.)

2.   Interne Darstellung von Operanden
     (Fixpoint, Floating Point, Zweierkomplementdarstellung, etc.)

3.   Verwendete Binärarithmetik

4.   Verwendetes Betriebssystem und Programmiersprache.

Darüberhinaus hängt die Genauigkeit der Implementierung einer Funktion
von den verwendeten Operatoren (+,-,*,/) und der Reihenfolge ihres Auf-
tretens ab.
Bei einer Rechenanlage sollte man generell davon ausgehen, daß z.B.

$$(a * b) / c \neq (a / c) * b$$

ist, obwohl beide Ausdrücke formal identisch sind.

Die Division sollte - wo immer möglich - vermieden werden. Insbesondere die Division durch eine Konstante kann leicht in eine Multiplikation mit deren Kehrwert überführt werden.

Beispiel: X / 0.6 = X * 1.666....667.

Hierdurch werden sowohl eine höhere Genauigkeit als auch eine Einsparung von Rechenzeit bewirkt.

Falls die Division unumgänglich ist, sollte diese gegenüber allen anderen Operationen aus Gründen der Fehlerfortpflanzung (von Rundungs- und Abschneidefehlern) in der Regel so spät wie möglich erfolgen. Dies ist leicht einzusehen, wenn man sich das folgende Beispiel verdeutlicht.

<u>Beispiel:</u> $(a * b * c * d) / e \neq (a / e) * b * c * d.$

Nicht unerhebliche Fehler können - bezüglich der Addition und Subtraktion - auch durch die gleichzeitige Verknüpfung relativ großer und kleiner Operanden entstehen. Im Zwischenergebnis unerheblich, werden durch solche Operandenverknüpfungen, wiederum durch Fehlerfortpflanzung, oft große Abweichungen vom tatsächlichen Funktionswert (Endergebnis) erzeugt.
Falls möglich, sollten daher zunächst die betragsmäßig kleineren und dann erst die größeren Operanden untereinander verarbeitet werden.

Ein Kapitel für sich bilden die Standardfunktionen. Unter diese fallen z.B. die Sinus-, Cosinus-, Exponential-, Wurzelfunktion, etc.
Die Standardfunktionen werden in der Regel auf die gleiche Weise implementiert, wie dies in diesem Buch für die Zylinderfunktionen beschrieben wird, und in den entsprechenden Programmbibliotheken der betreffenden Systeme abgelegt. Die Praxis zeigt, daß hierbei von System zu System die unterschiedlichsten Versionen existieren.
Dies soll anhand des nachfolgenden Beispiels für verschiedene Systeme demonstriert werden:

```
   zu berechnender Wert:     COS(8.0-0.25*PI),
                             mit: PI = 3.1415 9265 3589 7932 3846


      SHARP EL-545:                  0.5966 9786 4618 ---- ----
      TI-58/59:                      0.5966 9786 4647 8--- ----
      VC-64, ROM-Basic:              0.5966 9786 5--- ---- ----
      TA P2L, Basic-Interpreter V2.0: 0.5966 9816 4939 8804 ----
      TA P2L, UCSD-Pascal V4.0:      0.5966 98-- ---- ---- ----
      DEC VAX 11/780, Std.-Pascal:   0.5966 9774 7707 3669 4336
      ---------------------------------------------------------------
      Wahrer Wert:                   0.5966 9786 4641 2833 8843
```

Der Leser sei daher davor gewarnt, die Genauigkeit des verwendeten Systems mit der Genauigkeit der auf diesem System implementierten Standardfunktionen gleichzusetzen.

Für den Fall also, daß die Genauigkeit eines Systems, aus welchen Gründen auch immer, nicht oder nur teilweise bekannt sein sollte, empfiehlt es sich, grundsätzlich eine kleine Routine zu schreiben, die aus Dateneingabe, verschiedenen Operationen (je nach Problemstellung) und Datenausgabe besteht. Diese Testroutine sollte sinnvollerweise in der Programmiersprache erstellt werden, die auch für die beabsichtigte Implementierung einer Zylinderfunktion Verwendung finden soll. Auf diese Art und Weise kann relativ einfach die Genauigkeit des betreffenden Systems bestimmt werden. Eine gute Referenz für die Bestimmung der Genauigkeit von Standardfunktionen bietet u.a. [1].

Unter Abschnitt 3.2 sind u.a. die Approximationen der verschiedenen Zylinderfunktionen nullter und erster Ordnung zum einen nach dem Horner-Schema, zum anderen in der Polynomform angegeben.

Hierbei ist zu bemerken, daß für eine Implementierung die Verwendung des Horner-Schemas gegenüber der Polynomform aus den nachfolgend genannten Gründen eindeutig vorzuziehen ist:

1.   Höhere Genauigkeit.

2.   Wesentlich schnellere Berechnung.

3.   Kein Overflow (Überlauf von Rechenregistern) durch Potenzierung.

Ein vermeintlicher Nachteil des Horner-Schemas, nämlich der des relativ hohen Schachtelungsgrades des Ausdruckes (Klammerebenen), besteht wegen der Möglichkeit der Zerlegung des Gesamtausdruckes in kleinere Teilausdrücke nicht. Dies ist insbesondere bei Verwendung von kleineren Systemen, wie PC´s und programmierbaren Taschenrechnern, von Wichtigkeit, da bei diesen die zulässige Anzahl von Klammerebenen in der Regel schnell überschritten wird.

Beispiel:

Polynomform: $y = a \cdot x^4 + b \cdot x^3 + c \cdot x^2 + d \cdot x + e$

Horner-Schema: $y = e + x \cdot (d + x \cdot (c + x \cdot (b + x \cdot a)))$

Zerlegung: $g = c + x \cdot (b + x \cdot a)$
                 $y = e + x \cdot (d + x \cdot g).$

Unter Abschnitt 3.2 sind auch jeweils die Genauigkeiten der verschiedenen Funktionen angegeben. Diese Angaben beziehen sich auf die Implementierung _aller_ Stellen. Die genannte Genauigkeit kann nur dann erzielt werden, wenn Fehler, wie sie auf den vorhergehenden Seiten beschrieben wurden, ausbleiben.

Da digitale Rechenautomaten grundsätzlich Fehler erzeugen, soll im nun folgenden Abschnitt die Frage beantwortet werden, _wie_ eine Funktion implementiert werden muß, damit eine geforderte Genauigkeit erzielt wird.

Grundsätzlich können Zylinderfunktionen mit der Vorgabe einer bestimmten Genauigkeit auf verschiedenen Wegen implementiert werden:

1. Direkte Implementierung des Horner-Schemas in der gewünschten Programmiersprache.
2. Entwicklung eines selbständigen arithmetischen Systems und Verwendung des Horner-Schemas.
3. Implementierung von Tabellen, Interpolation.

Die Vorteile der direkten Implementierung bestehen aus

  .) geringem Programmierungsaufwand,
  .) geringem Laufzeitbedarf und
  .) geringem Speicherplatzbedarf.

Ein wesentlicher Nachteil dieser Programmierungsmethode besteht in der Unsicherheit über die wirkliche Genauigkeit der einzelnen Funktionswerte.

Der zweite Fall verhält sich bezüglich der Vor- und Nachteile genau umgekehrt wie der erste.
Hierbei ist der Aufwand für die Entwicklung eines Programmes, das die vier Grundrechenarten digitweise abarbeiten kann, erheblich.
Ebenso schnellen Speicherplatzbedarf wie auch Laufzeit enorm in die Höhe.
Der wesentliche Vorteil, den diese Methode bietet, ist die Gewißheit, daß das Resultat aller Rechenoperationen außer dem Eingabefehler keine Fehler enthält, die Genauigkeit der Approximation nach Tschebyscheff also voll ausgeschöpft werden kann.

Welche der drei Methoden oder ihrer sinnvollen Kombinationen nun für den Einzelfall die vernünftigste ist, kann mit Hilfe des auf der nächsten Seite befindlichen Schemas ermittelt werden.
Man sollte nicht übersehen, daß man grundsätzlich ein System mit endlichem Speicherplatz und endlicher Genauigkeit verwendet und aus diesem Grunde die Implementierung auf die eine oder andere Art und Weise gar nicht möglich ist.

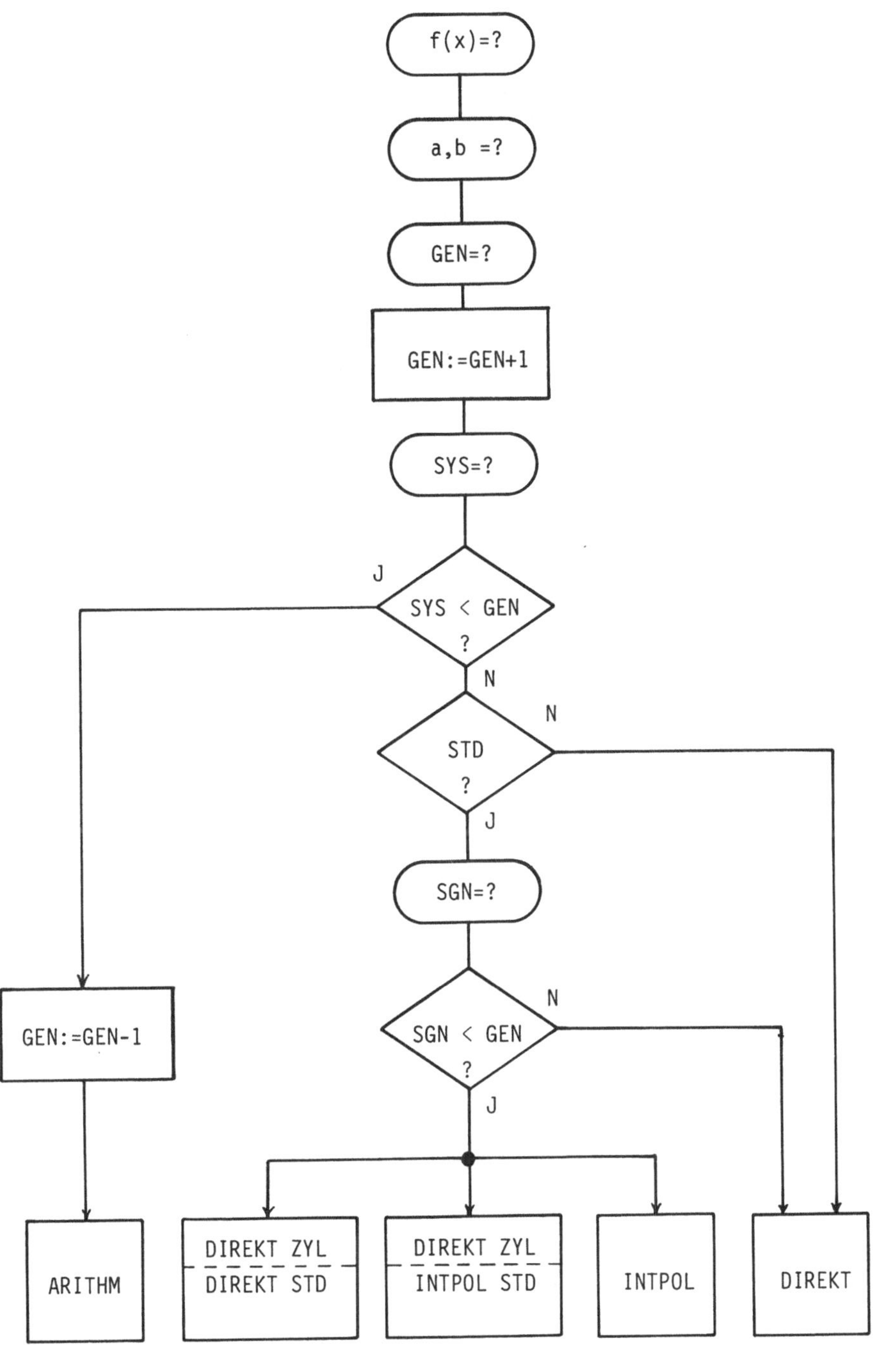

Fig. 4.1   Schema zur Ermittlung sinnvoller Implementierungen

<u>Erläuterungen zu Fig. 4.1:</u>

Vor einer Implementierung sollte man die folgenden Punkte klären:

f(x)=?   :   Welche Zylinderfunktion soll implementiert werden ?

[a,b]=?   :   Welcher Argumentenbereich wird benötigt ?
                       (a $\leq$ x $\leq$ b)

                       Aus den beiden ersten Fragen geht eindeutig hervor,
                       welches Polynom für eine Implementierung in Frage
                       kommt. Überstreicht der Argumentenbereich den Punkt
                       x=8.0, so müssen jeweils beide Teile der betreffenden
                       Zylinderfunktion implementiert werden.
                       Hierbei achte man besonders auf das evtl. Auftre-
                       ten von Standardfunktionen wie sin, cos, ln , etc.

GEN=?   :   Wie groß soll die Genauigkeit des Ergebnisses der Im-
                       plementierung sein (Stellen) ?

                       Hierfür sind zwei Fälle zu unterscheiden:
                       1.   Bei der direkten Implementierung einer Funktion
                            muß man davon ausgehen, daß System-, Algorithmus-
                            und Eingabefehler (Rundungs- und Abschneidefehler
                            der Polynom-Koeffizienten) auftreten. Diese Feh-
                            ler ziehen sich auch bei Verwendung des Horner-
                            Schemas durch die gesamte Rechnung. Man muß daher
                            1-2 zusätzliche Stellen implementieren, um die ge-
                            forderte Genauigkeit zu gewährleisten.

                       2.   Verwendet man ein eigenes arithmetisches System
                            für die Implementierung, so ist lediglich der
                            Eingabefehler, d.h. die Verfälschung des je-
                            weiligen Polynoms durch Runden und Beschneiden
                            der Koeffizienten, zu berücksichtigen. In diesem
                            Falle muß keine zusätzliche Stelle implementiert
                            werden. In Fig. 4.1 ist dies bereits berücksich-
                            tigt.

SYS=?   :   Wie groß ist die Genauigkeit des verwendeten Systems
                       (Stellen) ?

SYS < GEN :   Ist die Systemgenauigkeit kleiner als die geforderte,
               so kann keine direkte Implementierung mit dem vor-
               handenen System vorgenommen werden. In diesem Fall
               muß ein eigenständiges arithmetisches System ge-
               schrieben werden, welches aus den vier Grundrechen-
               arten und evtl. benötigten Standardfunktionen
               besteht.

STD=?   :   Sind in der zu implementierenden Funktion Stan-
               dardfunktionen enthalten ?

SGN=?   :   Wie groß ist die Genauigkeit der auf dem vorhan-
               denen System implementierten Standardfunktionen ?

SGN < GEN :   Ist die Genauigkeit der betreffenden Standardfunk-
               tion kleiner als die geforderte Genauigkeit des
               Resultats ?

ARITHM   :   Selbständiges arithmetisches System, bestehend
               aus den vier Grundrechenarten und den entsprechend
               benötigten Standardfunktionen.

INTPOL   :   Implementierung von Tabellen und Anwendung eines
               Interpolationsalgorithmus.
               Die gewünschte Genauigkeit hängt hierbei von den
               folgenden Kriterien ab:

                    .)   Anzahl der Stützstellen
                    .)   Stützstellendichte
                    .)   Genauigkeit der Stützstellen.

               Eine allgemeine Aussage über die Rechengenauigkei-
               ten bei Interpolationen kann aufgrund der zahlrei-
               chen Eingangsparameter nicht gemacht werden. Der An-
               wender dieser Methode muß daher eine entsprechende
               Abschätzung selbst durchführen.
               Ein gutes Maß für die Genauigkeit des Interpola-
               tionsergebnisses ist die Genauigkeit der Stütz-
               stellen für den Fall, daß die Stützstellen und de-
               ren Abstände untereinander richtig gewählt werden.

DIREKT   Direkte Implementierung der gewünschten Funktion
                ggf. unter Verwendung der systemeigenen Standard-
                funktionen.

DIREKT ZYL :   Direkte Implementierung der gewünschten Funktion.

DIREKT STD :   Direkte Implementierung der entsprechenden Standard-
                funktion. Hierzu muß die jeweilige Funktion zu-
                nächst entwickelt werden. Auch hier bietet sich für
                viele Standardfunktionen das Approximationsverfahren
                nach Tschebyscheff an.
                Bezüglich der geforderten Genauigkeit der Standard-
                funktion verfährt man ebenso, wie es für die Polynome
                der Zylinderfunktionen beschrieben wurde.

INTPOL STD :   Die gewünschte Standardfunktion wird nicht nach
                einem Polynom (wie bei DIREKT STD) entwickelt,
                sondern als Tabelle implementiert und ein geeig-
                neter Interpolationsalgorithmus auf diese ange-
                wandt. Bezüglich der Genauigkeit dieser Form der
                Implementierung gilt das gleiche, wie es für INTPOL
                bereits beschrieben wurde.

5 Programmierbeispiele

Die in Kapitel 3.2 angegebenen Polynome besitzen eine Genauigkeit von
20 bzw. 14 Stellen. In der Regel wird man jedoch die Genauigkeit der
Implementierung einer speziellen Zylinderfunktion seinem individuellen
Problem anpassen, d.h. man wird oft weniger als 20 bzw. 14 Stellen im-
plementieren - z.B. um den Programmierungsaufwand sowie Laufzeit- und
Speicherplatzbedarf gering zu halten.
Betrachtet man nun die vorgegebenen Polynome der verschiedenen Zylinderfunktionen bezüglich einer geforderten Genauigkeit ($<$ 20 Stellen bzw.
$<$ 14 Stellen), so stellt sich die Frage, wieviel Stellen des betreffenden
Polynoms implementiert werden müssen, um die geforderte Genauigkeit auch
sicherzustellen.
Wie man hierbei verfährt, sei an nachfolgendem Programmierbeispiel demonstriert:

Programmierbeispiel No. 1

Problemstellung:

   Die einfache Besselfunktion $J_0(x)$ soll für den Argumentenbereich
   $1.0 \leq x \leq 7.5$ mit einer Genauigkeit von 5 Stellen unter Verwendung
   des in Kapitel 3.2.1 gegebenen Polynoms implementiert werden.

Verfahren:

   Zunächst wird die geforderte Genauigkeit aus den vorhergehend genannten Gründen um 1 Stelle erhöht, d.h. man nimmt eine 6-stellige
   Implementierung vor, welche aufgrund der entsprechenden System-, Al-
   gorithmus- und Eingabefehler die gewünschte Genauigkeit von 5 Stellen
   sicherstellen soll.

   Im nächsten Schritt betrachtet man das vollständige Polynom (im
   Horner-Schema) und spaltet die ersten 6 Stellen der Koeffizienten
   in Exponentialdarstellung ab.

Horner-Schema:

$$
\begin{array}{l}
J_0(x) = \quad\quad + 1.00000 \;\boxed{0}\; 0\; 0000000000000 \quad E0\; + \\
\quad + z \cdot (- 1.59999 \;9\; 9\; 99999999999926 \quad E1\; + \\
\quad + z \cdot (+ 6.39999 \;9\; 9\; 99999999981384 \quad E1\; + \\
\quad + z \cdot (- 1.13777 \;7\; 7\; 777777776803072 \quad E2\; + \\
\quad + z \cdot (+ 1.13777 \;7\; 7\; 777777754159104 \quad E2\; + \\
\quad + z \cdot (- 7.28177 \;7\; 7\; 77777447217152 \quad E1\; + \\
\quad + z \cdot (+ 3.23634 \;5\; 6\; 79009363208192 \quad E1\; + \\
\quad + z \cdot (- 1.05676 \;5\; 9\; 35985509122048 \quad E1\; + \\
\quad + z \cdot (+ 2.64191 \;4\; 8\; 3918426832896 \quad E0\; + \\
\quad + z \cdot (- 5.21859 \;7\; 1\; 876644782080 \quad E\text{-}1\; + \\
\quad + z \cdot (+ 8.34975 \;4\; 8\; 72589975552 \quad E\text{-}2\; + \\
\quad + z \cdot (- 1.10409 \;8\; 6\; 50581106688 \quad E\text{-}2\; + \\
\quad + z \cdot (+ 1.22675 \;9\; 8\; 3332409344 \quad E\text{-}3\; + \\
\quad + z \cdot (- 1.16125 \;5\; 1\; 011893248 \quad E\text{-}4\; + \\
\quad + z \cdot (+ 9.46595 \;8\; 9\; 3870592 \quad E\text{-}6\; + \\
\quad + z \cdot (- 6.65440 \;7\; 5\; 800576 \quad E\text{-}7\; + \\
\quad + z \cdot (+ 3.86547 \;0\; 5\; 66400 \quad E\text{-}8\; + \\
\quad + z \cdot (- 1.46028 \;8\; 8\; 8064 \quad E\text{-}9\;))))))))))))))))))
\end{array}
$$

$$\text{mit}\quad z = y^2,\; y = 0.125 \cdot x\;.$$

Schließlich rundet man die 6. Stelle unter Berücksichtigung der nachfolgenden und schlägt den eventuell anfallenden Übertrag der 6. Stelle des verbleibenden Polynom-Koeffizienten zu.

Damit ergibt sich für die beabsichtigte Implementierung das nachfolgend aufgeführte Polynom:

$$
\begin{array}{l}
J_0(x) = \quad\quad + 1.00000\; E0\; + z \cdot (- 1.60000\; E1\; + \\
\quad + z \cdot (+ 6.40000\; E1\; + z \cdot (- 1.13778\; E2\; + \\
\quad + z \cdot (+ 1.13778\; E2\; + z \cdot (- 7.28178\; E1\; + \\
\quad + z \cdot (+ 3.23635\; E1\; + z \cdot (- 1.05677\; E1\; + \\
\quad + z \cdot (+ 2.64191\; E0\; + z \cdot (- 5.21860\; E\text{-}1\; + \\
\quad + z \cdot (+ 8.34975\; E\text{-}2\; + z \cdot (- 1.10410\; E\text{-}2\; + \\
\quad + z \cdot (+ 1.22676\; E\text{-}3\; + z \cdot (- 1.16126\; E\text{-}4\; + \\
\quad + z \cdot (+ 9.46596\; E\text{-}6\; + z \cdot (- 6.65441\; E\text{-}7\; + \\
\quad + z \cdot (+ 3.86547\; E\text{-}8\; + z \cdot (- 1.46029\; E\text{-}9\;)))))))))))))))))
\end{array}
$$

$$\text{mit}\quad z = y^2,\; y = 0.125 \cdot x\;.$$

Eine Implementierung dieses Polynoms in der Programmiersprache Pascal
liefert das nachfolgende Programmlisting:

```
(****************************************************************)
(*      PROGRAMM:       BERECHNUNG DER EINFACHEN BESSELFUNKTION 0. ORDNUNG  *)
(*      FUNKTION:       JO(X)                                              *)
(*      BEREICH:        -8.0 <= X <= +8.0                                  *)
(*      GENAUIGKEIT:    5 STELLEN                                          *)
(*      ALGORITHMUS:    APPROXIMATION NACH TSCHEBYSCHEFF, HORNER-SCHEMA    *)
(*      SYSTEM:         TRIUMPH-ADLER P2L                                  *)
(*      BETRIEBSSYTEM:  CP/M                                              *)
(*      SPRACHE:        UCSD-PASCAL V4.0; PASCAL                          *)
(****************************************************************)

(**********************)
PROGRAM JO(INPUT,OUTPUT);
(**********************)

VAR     X, Y, Z            :    REAL;
        MIN, MAX, DELTA :    REAL;
        I                  :    INTEGER;
        COEFF              :    ARRAY[ 0..17 ] OF REAL;


(*%%%%%%%%%%%%%%%%%%%%%%%*)
FUNCTION HORNER_JO(X:REAL):REAL;
(*%%%%%%%%%%%%%%%%%%%%%%%%%%%%*)

VAR     K:    INTEGER;
        WERT: REAL;
BEGIN
  WERT:=COEFF[17];
  FOR K:=16 DOWNTO 0 DO
    WERT:=COEFF[K]+X*WERT;
  HORNER_JO:=WERT
END(* OF HORNER_JO(X) *);


BEGIN

  COEFF[00]:=+1.00000E+0;
  COEFF[01]:=-1.60000E+1;
  COEFF[02]:=+6.40000E+1;
  COEFF[03]:=-1.13778E+2;
  COEFF[04]:=+1.13778E+2;
  COEFF[05]:=-7.28178E+1;
  COEFF[06]:=+3.23635E+1;
  COEFF[07]:=-1.05677E+1;
  COEFF[08]:=+2.64191E+0;
  COEFF[09]:=-5.21860E-1;
  COEFF[10]:=+8.34975E-2;
```

```
COEFF[11]:=-1.10410E-2;
COEFF[12]:=+1.22676E-3;
COEFF[13]:=-1.16126E-4;
COEFF[14]:=+9.46596E-6;
COEFF[15]:=-6.65441E-7;
COEFF[16]:=+3.86547E-8;
COEFF[17]:=-1.46029E-9;

WRITELN('DATENEINGABE:');
WRITELN;
WRITELN('UNTERE GRENZE DES INTERVALLS ?');
READLN(MIN);
WRITELN('OBERE GRENZE DES INTERVALLS ?');
READLN(MAX);
WRITELN('ITERATIONSINTERVALL ?');
READLN(DELTA);

X:=MIN;

FOR I:=1 TO TRUNC((MAX-MIN)/DELTA)+1 DO
  BEGIN
    Y:=0.12500*X;
    Z:=Y*Y;
    IF ((I MOD 4)<>0)
      THEN
        WRITE(X:4:2,'      ',HORNER_JO(Z):6:4,'       ')
      ELSE
        WRITELN(X:4:2,'      ',HORNER_JO(Z):6:4);
    X:=X+DELTA
  END(* OF FOR *)

END(* OF JO(X) *).
```

Die Abarbeitung des Programmes erfolgte unerlaubterweise über den
zulässigen Wertebereich der Approximation hinaus für $0.0 \leqq x \leqq 20.0$
mit einer Schrittweite von $\Delta=0.1$. Das Ergebnis dieser Berechnungen
ist auf der nächsten Seite wiedergegeben.

An diesem Datenbeispiel wird deutlich, wie relativ langsam eine Approximation nach Tschebyscheff für einen nicht zugelassenen Wertebereich di-
vergiert. Verwendet man solche Approximationen in Programmen, in denen
das entsprechende Argument erst berechnet wird, zunächst also unbekannt
ist, so sollte man dieses aktuelle Argument vor Aufruf einer FUNCTION
einem Bereichstest unterziehen. Dies könnte z.B. in der folgenden Form
geschehen:

```
              IF ABS(X)>8.0
                THEN
                   WRITELN('ARGUMENT X= ',X,' NICHT ZUGELASSEN !!!')
                ELSE
                   Y:=JO(X);
```

5-STELLIGE FUNKTIONSWERTE DER EINFACHEN BESSELFUNKTION JO(X)

X	JO(X)	X	JO(X)	X	JO(X)	X	JO(X)
0.00	1.0000	0.10	0.9975	0.20	0.9900	0.30	0.9776
0.40	0.9604	0.50	0.9385	0.60	0.9120	0.70	0.8812
0.80	0.8463	0.90	0.8075	1.00	0.7652	1.10	0.7196
1.20	0.6711	1.30	0.6201	1.40	0.5669	1.50	0.5118
1.60	0.4554	1.70	0.3980	1.80	0.3400	1.90	0.2818
2.00	0.2239	2.10	0.1666	2.20	0.1104	2.30	0.0555
2.40	0.0025	2.50	-0.0484	2.60	-0.0968	2.70	-0.1424
2.80	-0.1850	2.90	-0.2243	3.00	-0.2601	3.10	-0.2921
3.20	-0.3202	3.30	-0.3443	3.40	-0.3643	3.50	-0.3801
3.60	-0.3918	3.70	-0.3992	3.80	-0.4026	3.90	-0.4018
4.00	-0.3972	4.10	-0.3887	4.20	-0.3766	4.30	-0.3610
4.40	-0.3423	4.50	-0.3205	4.60	-0.2961	4.70	-0.2693
4.80	-0.2404	4.90	-0.2097	5.00	-0.1776	5.10	-0.1443
5.20	-0.1103	5.30	-0.0758	5.40	-0.0412	5.50	-0.0069
5.60	0.0270	5.70	0.0599	5.80	0.0917	5.90	0.1220
6.00	0.1506	6.10	0.1773	6.20	0.2017	6.30	0.2238
6.40	0.2433	6.50	0.2601	6.60	0.2740	6.70	0.2850
6.80	0.2931	6.90	0.2981	7.00	0.3001	7.10	0.2990
7.20	0.2950	7.30	0.2882	7.40	0.2786	7.50	0.2663
7.60	0.2516	7.70	0.2345	7.80	0.2154	7.90	0.1943
8.00	0.1716						
		8.10	0.1475	8.20	0.1222	8.30	0.0960
8.40	0.0692	8.50	0.0420	8.60	0.0146	8.70	-0.0125
8.80	-0.0392	8.90	-0.0652	9.00	-0.0903	9.10	-0.1142
9.20	-0.1367	9.30	-0.1576	9.40	-0.1767	9.50	-0.1938
9.60	-0.2089	9.70	-0.2216	9.80	-0.2321	9.90	-0.2402
10.00	-0.2458	10.10	-0.2488	10.20	-0.2495	10.30	-0.2475
10.40	-0.2432	10.50	-0.2364	10.60	-0.2275	10.70	-0.2163
10.80	-0.2030	10.90	-0.1879	11.00	-0.1711	11.10	-0.1528
11.20	-0.1331	11.30	-0.1122	11.40	-0.0905	11.50	-0.0680
11.60	-0.0452	11.70	-0.0220	11.80	0.0011	11.90	0.0242
12.00	0.0464	12.10	0.0681	12.20	0.0888	12.30	0.1086
12.40	0.1267	12.50	0.1437	12.60	0.1585	12.70	0.1718
12.80	0.1830	12.90	0.1917	13.00	0.1990	13.10	0.2041
13.20	0.2062	13.30	0.2063	13.40	0.2042	13.50	0.1996
13.60	0.1925	13.70	0.1825	13.80	0.1724	13.90	0.1570
14.00	0.1418	14.10	0.1219	14.20	0.1021	14.30	0.0797
14.40	0.0579	14.50	0.0326	14.60	0.0031	14.70	-0.0264
14.80	-0.0544	14.90	-0.0854	15.00	-0.1233	15.10	-0.1639
15.20	-0.2030	15.30	-0.2446	15.40	-0.2962	15.50	-0.3367
15.60	-0.4027	15.70	-0.4737	15.80	-0.5476	15.90	-0.6394
16.00	-0.7440	16.10	-0.8750	16.20	-1.0205	16.30	-1.2248
16.40	-1.4587	16.50	-1.7563	16.60	-2.1076	16.70	-2.5661
16.80	-3.1291	16.90	-3.8420	17.00	-4.7299	17.10	-5.8067
17.20	-7.1893	17.30	-8.9087	17.40	-11.0511	17.50	-13.6680
17.60	-17.0306	17.70	-21.1359	17.80	-26.2592	17.90	-32.5688
18.00	-40.4855	18.10	-50.1856	18.20	-62.2257	18.30	-77.0942
18.40	-95.4697	18.50	-117.989	18.60	-145.712	18.70	-179.847
18.80	-221.610	18.90	-272.811	19.00	-335.469	19.10	-411.815
19.20	-505.243	19.30	-618.994	19.40	-757.822	19.50	-926.010
19.60	-1130.81	19.70	-1378.51	19.80	-1678.98	19.90	-2043.17
20.00	-2482.53						

Eine Implementierung des vorstehend genannten Problems in der Sprache
BASIC kann durch das untenstehende Programm vorgenommen werden.
Es besitzt die gleiche Programmstruktur wie das Pascal-Programm, unter-
scheidet sich jedoch im Ausgabeformat.

```
10 REM   ********************************************************************
20 REM   * PROGRAMM:     BERECHNUNG DER EINFACHEN BESSELFUNKTION O. ORDNUNG  *
30 REM   * FUNKTION:     JO(X)                                               *
40 REM   * BEREICH:      -8.0 <= X <= +8.0                                   *
50 REM   * GENAUIGKEIT: 5 STELLEN                                            *
60 REM   * ALGORITHMUS: APPROXIMATION NACH TSCHEBYSCHEFF, HORNER-SCHEMA      *
70 REM   * SPRACHE:      BASIC                                               *
80 REM   ********************************************************************
90 REM
100 DIM COEFF(17)
110 REM
120 REM   I N I T I A L I S I E R U N G
130 REM
140 DATA +1.00000E0, -1.60000E1, +6.40000E1, -1.13778E2, +1.13778E2
150 DATA -7.28178E1, +3.23635E1, -1.05677E1, +2.64191E0, -5.21860E-1
160 DATA +8.34975E-2, -1.10410E-2, +1.22676E-3, -1.16126E-4
170 DATA +9.46596E-6, -6.65441E-7, +3.86547E-8, -1.46029E-9
180 FOR K=0 TO 17
190 READ COEFF(K)
200 NEXT K
210 REM
220 REM   S C H L E I F E N P A R A M E T E R   E I N L E S E N
230 REM
240 INPUT "UNTERE INTERVALLGRENZE";MIN
250 INPUT "OBERE INTERVALLGRENZE";MAX
260 INPUT "ITERATIONSINTERVALL";DELTA
270 REM
280 REM   B E R E C H N U N G E N
290 REM
300 X=MIN
310 FOR I=1 TO (INT((MAX-MIN)/DELTA)+1)
320 Y=.125*X
330 Z=Y*Y
340 GOSUB 390
350 PRINT USING "##.####    ";X;FUNC
360 X=X+DELTA
370 NEXT I
380 END
390 REM
400 REM   F U N C T I O N   H O R N E R _ J O ( X )
410 REM
420 FUNC=COEFF(17)
430 FOR K=16 TO 0 STEP -1
440 FUNC=COEFF(K)+Z*FUNC
450 NEXT K
460 RETURN
```

Schließlich sei an dieser Stelle noch das zu Beispiel No.1 gehörige
Programm in FORTRAN aufgelistet.

```fortran
C *********************************************************************
C PROGRAMM:       BERECHNUNG DER EINFACHEN BESSELFUNKTION O. ORDNUNG
C FUNKTION:       JO(X), FÜR:   -8.0 <= X <= +8.0
C GENAUIGKEIT:    5 STELLEN
C ALGORITHMUS:    APPROXIMATION NACH TSCHEBYSCHEFF, HORNER-SCHEMA
C SPRACHE:        FORTRAN IV, STANDARD-FORTRAN, ASA-FORTRAN
C *********************************************************************
C
      REAL MIN,MAX
C DATENEINGABE
      WRITE(6,1)
    1 FORMAT(1H ,´DATENEINGABE:´)
      WRITE(6,2)
    2 FORMAT(1H ,´UNTERE GRENZE DES INTERVALLS ?´)
      READ(5,5)MIN
      WRITE(6,3)
    3 FORMAT(1H ,´OBERE GRENZE DES INTERVALLS ?´)
      READ(5,5)MAX
      WRITE(6,4)
    4 FORMAT(1H ,´ITERATIONSINTERVALL ?´)
      READ(5,5)DELTA
    5 FORMAT(F7.4)
C BERECHNUNGEN
      X=MIN
      M=INT((MAX-MIN)/DELTA)+1
      DO 7 I=1,M
      Y=0.125*X
      Z=Y*Y
      WRITE(6,6)X,JO(Z)
    6 FORMAT(1H ,F7.4,5H      ,F7.4)
    7 X=X+DELTA
      END
C
      REAL FUNCTION JO(X)
      DIMENSION COEFF(18)
      COMMON/BLOCKO/COEFF
      WERT=COEFF(18)
      K=18
    8 K=K-1
      WERT=COEFF(K)+X*WERT
      IF(K.GT.1)GOTO 8
      JO=WERT
      RETURN
      END
C
      BLOCK DATA
      DIMENSION COEFF(18)
      COMMON/BLOCKO/COEFF
      DATA (COEFF(I),I=1,18)/+1.00000E0,-1.60000E1,+6.40000E1,
     1-1.13778E2,+1.13778E2,-7.28178E1,+3.23635E1,-1.05677E1,
     2+2.64191E0,-5.21860E-1,+8.34975E-2,-1.10410E-2,+1.22676E-3,
     3-1.16126E-4,+9.46596E-6,-6.65441E-7,+3.86547E-8,-1.46029E-9/
      END
```

Programmierbeispiel No. 2

Problemstellung:

Für den Argumentenbereich $0.0 \leq x \leq 6.0$ soll die einfache Besselfunktion 2. Ordnung $J_2(x)$ implementiert werden. Hierbei soll, wie
in Beispiel No.1, die Methode der Approximation nach Tschebyscheff
Verwendung finden. Die Genauigkeit soll 10 Stellen betragen.

Verfahren:

Mit Hilfe der Beziehung (2.1.1.4) ergibt sich sofort
$$J_2(x) = (2/x) \cdot J_1(x) - J_0(x).$$
Dies bedeutet, daß für die Darstellung dieser Funktionen die beiden
Funktionen $J_0(x)$ und $J_1(x)$ implementiert werden müssen, um daraus
die gewünschten Funktionswerte zu berechnen. Die Genauigkeit soll 10
Stellen betragen, d.h. es müssen 11 Stellen implementiert werden,
um die Genauigkeitsforderung zu erfüllen. Zunächst spaltet man also
11 Stellen von den Polynom-Koeffizienten in Exponentialdarstellung ab
und nimmt eine Rundung der jeweils letzten Stelle vor.

Horner-Schema:

```
J₀(x) =        + 1.0000000000  |0|0 00000000    E0  +
        + z • ( - 1.5999999999  |9|9 999999926   E1  +
        + z • ( + 6.3999999999  |9|9 999981384   E1  +
        + z • ( - 1.1377777777  |7|7 7776803072  E2  +
        + z • ( + 1.1377777777  |7|7 7754159104  E2  +
        + z • ( - 7.2817777777  |7|7 447217152   E1  +
        + z • ( + 3.2363456790  |0|9 363208192   E1  +
        + z • ( - 1.0567659359  |8|5 509122048   E1  +
        + z • ( + 2.6419148391  |8|4 26832896    E0  +
        + z • ( - 5.2185971876  |6|4 4782080     E-1 +
        + z • ( + 8.3497548725  |8|9 975552      E-2 +
        + z • ( - 1.1040986505  |8|1 106688      E-2 +
        + z • ( + 1.2267598333  |2|4 09344       E-3 +
        + z • ( - 1.1612551011  |8|9 3248        E-4 +
        + z • ( + 9.4659589387  |0|5 92          E-6 +
        + z • ( - 6.6544075800  |5|7 6           E-7 +
        + z • ( + 3.8654705664  |0|0             E-8 +
        + z • ( - 1.4602888806  |4|              E-9 )))))))))))))))))))
```

$$\text{mit} \quad z = y^2, \ y = 0.125 \cdot x.$$

Das gleiche Verfahren wendet man auch für das Polynom der Funktion
$J_1(x)$ an.

Horner-Schema:

```
J₁(x) = y · [ + 4.0000000000 |0|0 00000000   E0 +
          + z · ( - 3.2000000000 |0|0 000000162  E1 +
          + z · ( + 8.5333333333 |3|3 333345448  E1 +
          + z · ( - 1.1377777777 |7|7 7778030048 E2 +
          + z · ( + 9.1022222222 |2|2 223945728  E1 +
          + z · ( - 4.8545185185 |1|8 509590016  E1 +
          + z · ( + 1.8493403880 |0|6 805444608  E1 +
          + z · ( - 5.2838296799 |9|8 63300096   E0 +
          + z · ( + 1.1741843732 |2|6 24565248   E0 +
          + z · ( - 2.0874388819 |6|5 1461120    E-1 +
          + z · ( + 3.0362746407 |0|3 979520     E-2 +
          + z · ( - 3.6803310468 |3|5 97824      E-3 +
          + z · ( + 3.7746717499 |5|8 8608       E-4 +
          + z · ( - 3.3181006068 |4|4 928        E-5 +
          + z · ( + 2.5256984680 |8|5 76         E-6 +
          + z · ( - 1.6697759105 |0|2 4          E-7 +
          + z · ( + 9.2556545228 |8|            E-9 +
          + z · ( - 3.4359738368             E-10  )))))))))))))))))]
```

$$\text{mit} \quad z = y^2, \quad y = 0.125 \cdot x.$$

Damit ergeben sich für die beabsichtigte Implementierung die beiden nachfolgend aufgeführten Polynome

```
J₀(x) =   + 1.0000000000 E0 + z · ( - 1.6000000000 E1  +
      + z · ( + 6.4000000000 E1 + z · ( - 1.1377777778 E2  +
      + z · ( + 1.1377777778 E2 + z · ( - 7.2817777778 E1  +
      + z · ( + 3.2363456790 E1 + z · ( - 1.0567659360 E1  +
      + z · ( + 2.6419148392 E0 + z · ( - 5.2185971877 E-1 +
      + z · ( + 8.3497548726 E-2 + z · ( - 1.1040986506 E-2 +
      + z · ( + 1.2267598333 E-3 + z · ( - 1.1612551012 E-4 +
      + z · ( + 9.4659589387 E-6 + z · ( - 6.6544075801 E-7 +
      + z · ( + 3.8654705664 E-8 + z · ( - 1.4602888806 E-9 )))))))))))))))))
```

$$\text{mit} \quad z = y^2, \quad y = 0.125 \cdot x$$

und

$$J_1(x) = y \cdot [\ + 4.0000000000\ E0 +\ z \cdot (\ - 3.2000000000\ E1 +$$
$$+ z \cdot (\ + 8.5333333333\ E1 +\ z \cdot (\ - 1.1377777778\ E2 +$$
$$+ z \cdot (\ + 9.1022222222\ E1 +\ z \cdot (\ - 4.8545185185\ E1 +$$
$$+ z \cdot (\ + 1.8493403880\ E1 +\ z \cdot (\ - 5.2838296800\ E0 +$$
$$+ z \cdot (\ + 1.1741843732\ E0 +\ z \cdot (\ - 2.0874388820\ E{-1} +$$
$$+ z \cdot (\ + 3.0362746407\ E{-2} +\ z \cdot (\ - 3.6803310468\ E{-3} +$$
$$+ z \cdot (\ + 3.7746717500\ E{-4} +\ z \cdot (\ - 3.3181006069\ E{-5} +$$
$$+ z \cdot (\ + 2.5256984681\ E{-6} +\ z \cdot (\ - 1.6697759105\ E{-7} +$$
$$+ z \cdot (\ + 9.2556545229\ E{-9} +$$
$$+ z \cdot (\ - 3.4359738368\ E{-10}\ )))))))))))))))]$$

$$\text{mit} \quad z = y^2, \quad y = 0.125 \cdot x .$$

Eine Implementierung in der Programmiersprache BASIC liefert z.B. das
folgende Programm.

```
10 REM    *****************************************************************************
20 REM    * PROGRAMM:        BERECHNUNG DER EINFACHEN BESSELFUNKTION 2. ORDNUNG    *
30 REM    * FUNKTION:        J2(X)                                                 *
40 REM    * BEREICH:         -8.0 <= X <= +8.0                                     *
50 REM    * GENAUIGKEIT:     10   STELLEN                                          *
60 REM    * ALGORITHMUS:     APPROXIMATION NACH TSCHEBYSCHEFF, HORNER-SCHEMA       *
70 REM    * SYSTEM:          TRIUMPH-ADLER P2L                                     *
80 REM    * BETRIEBSSYTEM:   MOS                                                   *
90 REM    * SPRACHE:         BASIC V2.0                                            *
100 REM   *****************************************************************************
110 REM
120 REM   DAS ZEICHEN "#" STEHT FUER DOPPELTE GENAUIGKEIT
130 DIM COEFFO#(17),COEFF1#(17)
140 REM
150 REM    I N I T I A L I S I E R U N G
160 REM
170 DATA +1.0000000000D0, -1.6000000000D1, +6.4000000000D1
180 DATA -1.1377777778D2, +1.1377777778D2, -7.2817777778D1
190 DATA +3.2363456790D1, -1.0567659360D1, +2.6419148392D0
200 DATA -5.2185971877D-1, +8.3497548726D-2, -1.1040986506D-2
210 DATA +1.2267598333D-3, -1.1612551012D-4, +9.4659589387D-6
220 DATA -6.6544075801D-7, +3.8654705664D-8, -1.4602888806D-9
230 REM
240 DATA +4.0000000000D0, -3.2000000000D1, +8.5333333333D1
250 DATA -1.1377777778D2, +9.1022222222D1, -4.8545185185D1
260 DATA +1.8493403880D1, -5.2838296800D0, +1.1741843732D0
270 DATA -2.0874388820D-1, +3.0362746407D-2, -3.6803310468D-3
280 DATA +3.77746717500D-4, -3.3181006069D-5, +2.5256984681D-6
290 DATA -1.6697759105D-7, +9.2556545229D-9, -3.4359738368D-10
300 REM
```

```
310 FOR K=0 TO 17
320 READ COEFF0#(K)
330 NEXT K
340 FOR K=0 TO 17
350 READ COEFF1#(K)
360 NEXT K
370 REM
380 REM    S C H L E I F E N P A R A M E T E R   E I N L E S E N
390 REM
400 INPUT "UNTERE INTERVALLGRENZE";MIN#
410 INPUT "OBERE INTERVALLGRENZE";MAX#
420 INPUT "ITERATIONSINTERVALL";DELTA#
430 REM
440 REM   B E R E C H N U N G E N
450 REM
460 X#=MIN#
470 FOR I=1 TO (INT((MAX#-MIN#)/DELTA#)+1)
480 PRINT " ";
490 Y#=.125#*X#
500 Z#=Y#*Y#
510 GOSUB 580:GOSUB 660:FUNC#=.25#*FUNC1#-FUNC0#
520 PRINT USING "##.####    ";X#;
530 IF (I MOD 3)<>0 THEN PRINT USING "##.#########     ";FUNC#;
540 IF (I MOD 3)=0  THEN PRINT USING "##.#########";FUNC#
550 X#=X#+DELTA#
560 NEXT I
570 END
580 REM
590 REM    F U N C T I O N    J 0 ( X )
600 REM
610 FUNC0#=COEFF0#(17)
620 FOR K=16 TO 0 STEP -1
630 FUNC0#=COEFF0#(K)+Z#*FUNC0#
640 NEXT K
650 RETURN
660 REM
670 REM    F U N C T I O N    J 1 ( X )
680 REM
690 FUNC1#=COEFF1#(17)
700 FOR K=16 TO 0 STEP -1
710 FUNC1#=COEFF1#(K)+Z#*FUNC1#
720 NEXT K
730 RETURN
```

Auf der folgenden Seite sind die Funktionswerte der einfachen Besselfunktion 2. Ordnung für den Bereich $0.0 \leqq x \leqq 8.0$ in einer Tabelle
zusammengestellt. Diese Werte wurden mit Hilfe des o.a. Programmes errechnet und weisen eine Genauigkeit von 10 Stellen auf. Die Schrittweite zwischen den einzelnen Argumenten beträgt dabei $\Delta = 0.05$.

X	J2(X)	X	J2(X)	X	J2(X)
0.0000	0.000000000	0.0500	0.000312435	0.1000	0.001248959
0.1500	0.002807230	0.2000	0.004983354	0.2500	0.007771889
0.3000	0.011165862	0.3500	0.015156782	0.4000	0.019734663
0.4500	0.024888046	0.5000	0.030604023	0.5500	0.036868275
0.6000	0.043665097	0.6500	0.050977438	0.7000	0.058786944
0.7500	0.067073997	0.8000	0.075817762	0.8500	0.084996238
0.9000	0.094586304	0.9500	0.104563782	1.0000	0.114903485
1.0500	0.125579281	1.1000	0.136564154	1.1500	0.147830265
1.2000	0.159349018	1.2500	0.171091131	1.3000	0.183026699
1.3500	0.195125266	1.4000	0.207355900	1.4500	0.219687259
1.5000	0.232087672	1.5500	0.244525208	1.6000	0.256967751
1.6500	0.269383081	1.7000	0.281738942	1.7500	0.294003124
1.8000	0.306143535	1.8500	0.318128279	1.9000	0.329925728
1.9500	0.341504599	2.0000	0.352834029	2.0500	0.363883641
2.1000	0.374623625	2.1500	0.385024800	2.2000	0.395058687
2.2500	0.404697577	2.3000	0.413914592	2.3500	0.422683753
2.4000	0.430980040	2.4500	0.438779451	2.5000	0.446059058
2.5500	0.452797064	2.6000	0.458972852	2.6500	0.464567035
2.7000	0.469561503	2.7500	0.473939466	2.8000	0.477685495
2.8500	0.480785557	2.9000	0.483227050	2.9500	0.484998835
3.0000	0.486091261	3.0500	0.486496189	3.1000	0.486207014
3.1500	0.485218682	3.2000	0.483527700	3.2500	0.481132149
3.3000	0.478031686	3.3500	0.474227553	3.4000	0.469722568
3.4500	0.464521125	3.5000	0.458629184	3.5500	0.452054258
3.6000	0.444805399	3.6500	0.436893176	3.7000	0.428329656
3.7500	0.419128374	3.8000	0.409304306	3.8500	0.398873835
3.9000	0.387854713	3.9500	0.376266025	4.0000	0.364128146
4.0500	0.351462693	4.1000	0.338292481	4.1500	0.324641467
4.2000	0.310534701	4.2500	0.295998268	4.3000	0.281059229
4.3500	0.265745562	4.4000	0.250086098	4.4500	0.234110458
4.5000	0.217848984	4.5500	0.201332672	4.6000	0.184593105
4.6500	0.167662378	4.7000	0.150573030	4.7500	0.133357965
4.8000	0.116050386	4.8500	0.098683716	4.9000	0.081291523
4.9500	0.063907445	5.0000	0.046565116	5.0500	0.029298090
5.1000	0.012139766	5.1500	-0.004876689	5.2000	-0.021718409
5.2500	-0.038352907	5.3000	-0.054748146	5.3500	-0.070872611
5.4000	-0.086695377	5.4500	-0.102186179	5.5000	-0.117315482
5.5500	-0.132054541	5.6000	-0.146375469	5.6500	-0.160251298
5.7000	-0.173656038	5.7500	-0.186564732	5.8000	-0.198953514
5.8500	-0.210799661	5.9000	-0.222081641	5.9500	-0.232779161
6.0000	-0.242873210	6.0500	-0.252346102	6.1000	-0.261181512
6.1500	-0.269364511	6.2000	-0.276881599	6.2500	-0.283720734
6.3000	-0.289871352	6.3500	-0.295324396	6.4000	-0.300072326
6.4500	-0.304109143	6.5000	-0.307430391	6.5500	-0.310033169
6.6000	-0.311916138	6.6500	-0.313079514	6.7000	-0.313525071
6.7500	-0.313256134	6.8000	-0.312277563	6.8500	-0.310595748
6.9000	-0.308218585	6.9500	-0.305155459	7.0000	-0.301417220
7.0500	-0.297016153	7.1000	-0.291965951	7.1500	-0.286281680
7.2000	-0.279979741	7.2500	-0.273077834	7.3000	-0.265594912
7.3500	-0.257551136	7.4000	-0.248967829	7.4500	-0.239867424
7.5000	-0.230273411	7.5500	-0.220210282	7.6000	-0.209703474
7.6500	-0.198779308	7.7000	-0.187464928	7.7500	-0.175788239
7.8000	-0.163777841	7.8500	-0.151462961	7.9000	-0.138873389
7.9500	-0.126039408	8.0000	-0.112991721		

Eine Umsetzung des unter Programmierbeispiel No.2 gestellten Problems
in Pascal kann z.B. wie folgt ausfallen:

```
(******************************************************************)
(*    PROGRAMM:       BERECHNUNG DER EINFACHEN BESSELFUNKTION 2. ORDNUNG   *)
(*    FUNKTION:       J2(X)                                          *)
(*    BEREICH:        -8.0 <= X <= +8.0                              *)
(*    GENAUIGKEIT:    10 STELLEN                                     *)
(*    ALGORITHMUS:    APPROXIMATION NACH TSCHEBYSCHEFF, HORNER-SCHEMA    *)
(*    SPRACHE:        UCSD-PASCAL ; PASCAL                           *)
(******************************************************************)


(***********************)
PROGRAM J2(INPUT,OUTPUT);
(***********************)

TYPE    FELD = ARRAY[ 0..17 ] OF REAL;

VAR     X, Y, Z           :   REAL;
        MIN, MAX, DELTA :   REAL;
        I                 :   INTEGER;
        COEFF0, COEFF1  :   FELD;
        HELP              :   REAL;

(*    JE NACH SYSTEM MUSS GGF. "REAL" DURCH "DOUBLE"
(*    ERSETZT WERDEN. DIES GILT AUCH FUER DIE FUNCTION.


(*%%%%%%%%%%%%%%%%%%%%%%%%%%%%%%%%%%%*)
FUNCTION HORNER(X:REAL;COEFF:FELD):REAL;
(*%%%%%%%%%%%%%%%%%%%%%%%%%%%%%%%%%%%*)

VAR     K:    INTEGER;
        WERT: REAL;
BEGIN
  WERT:=COEFF[17];
  FOR K:=16 DOWNTO 0 DO
    WERT:=COEFF[K]+X*WERT;
  HORNER:=WERT
END(* OF HORNER *);


BEGIN

  COEFF0[00]:=+1.0000000000E+0;    COEFF0[01]:=-1.6000000000E+1;
  COEFF0[02]:=+6.4000000000E+1;    COEFF0[03]:=-1.1377777778E+2;
  COEFF0[04]:=+1.1377777778E+2;    COEFF0[05]:=-7.2817777778E+1;
  COEFF0[06]:=+3.2363456790E+1;    COEFF0[07]:=-1.0567659360E+1;
  COEFF0[08]:=+2.6419148392E+0;    COEFF0[09]:=-5.2185971877E-1;
  COEFF0[10]:=+8.3497548726E-2;    COEFF0[11]:=-1.1040986506E-2;
  COEFF0[12]:=+1.2267598333E-3;    COEFF0[13]:=-1.1612551012E-4;
  COEFF0[14]:=+9.4659589387E-6;    COEFF0[15]:=-6.6544075801E-7;
  COEFF0[16]:=+3.8654705664E-8;    COEFF0[17]:=-1.4602888806E-9;

  COEFF1[00]:=+4.0000000000E+0;    COEFF1[01]:=-3.2000000000E+1;
  COEFF1[02]:=+8.5333333333E+1;    COEFF1[03]:=-1.1377777778E+2;
  COEFF1[04]:=+9.1022222222E+1;    COEFF1[05]:=-4.8545185185E+1;
```

```pascal
  COEFF1[06]:=+1.8493403880E+1;    COEFF1[07]:=-5.2838296800E+0;
  COEFF1[08]:=+1.1741843732E+0;    COEFF1[09]:=-2.0874388820E-1;
  COEFF1[10]:=+3.0362746407E-2;    COEFF1[11]:=-3.6803310468E-3;
  COEFF1[12]:=+3.7746717500E-4;    COEFF1[13]:=-3.3181006069E-5;
  COEFF1[14]:=+2.5256984681E-6;    COEFF1[15]:=-1.6697759105E-7;
  COEFF1[16]:=+9.2556545229E-9;    COEFF1[17]:=-3.4359738368E-10;

  WRITELN('DATENEINGABE:');
  WRITELN;
  WRITELN('UNTERE GRENZE DES INTERVALLS ?');
  READLN(MIN);
  WRITELN('OBERE GRENZE DES INTERVALLS ?');
  READLN(MAX);
  WRITELN('ITERATIONSINTERVALL ?');
  READLN(DELTA);

  X:=MIN;

  FOR I:=1 TO TRUNC((MAX-MIN)/DELTA)+1 DO
    BEGIN

      Y:=0.1250000000*X;
      Z:=Y*Y;
      HELP:=0.2500000000*HORNER(Z,COEFF1)-HORNER(Z,COEFF0);
      IF ((I MOD 3)<>0)
        THEN
          WRITE(X:4:2,'    ',HELP:12:10,'        ')
        ELSE
          WRITELN(X:4:2,'    ',HELP:12:10);
      X:=X+DELTA

    END(* OF FOR *)

END(* OF J2(X) *).
```

In der Sprache FORTRAN könnte Beispiel No.2 die folgende Form besitzen:

```fortran
C ********************************************************************
C PROGRAMM:      BERECHNUNG DER EINFACHEN BESSELFUNKTION 2. ORDNUNG
C FUNKTION:      J2(X), FÜR:  -8.0 <= X <= +8.0
C GENAUIGKEIT:   10 STELLEN
C ALGORITHMUS:   APPROXIMATION NACH TSCHEBYSCHEFF, HORNER-SCHEMA
C SPRACHE:       FORTRAN IV, STANDARD-FORTRAN, ASA-FORTRAN
C ********************************************************************
C HAUPTPROGRAMM
C
C JE NACH SYSTEM MUSS GGF. "DOUBLE PRECISION" DURCH "REAL*8" ETC.
C ERSETZT WERDEN. DIES GILT AUCH FUER DIE FUNCTION.
C
```

```fortran
C EXPLIZITE TYPENDEKLARATION
      DOUBLE PRECISION MIN,MAX,DELTA,X,Y,Z,HELP
      DOUBLE PRECISION COEFF0(18),COEFF1(18)
C INITIALISIERUNG
      DATA (COEFF0(I),I=1,18)/+1.0000000000D+0,-1.6000000000D+1,
     1+6.4000000000D+1,-1.1377777778D+2,+1.1377777778D+2,
     2-7.2817777778D+1,+3.2363456790D+1,-1.0567659360D+1,
     3+2.6419148392D+0,-5.2185971877D-1,+8.3497548726D-2,
     4-1.1040986506D-2,+1.2267598333D-3,-1.1612551012D-4,
     5+9.4659589387D-6,-6.65544075801D-7,+3.8654705664D-8,
     6-1.4602888806D-9/
      DATA (COEFF1(I),I=1,18)/+4.0000000000D+0,-3.2000000000D+1,
     1+8.5333333333D+1,-1.1377777778D+2,+9.1022222222D+1,
     2-4.8545185185D+1,+1.8493403880D+1,-5.2838296800D+0,
     3+1.1741843732D+0,-2.0874388820D-1,+3.0362746407D-2,
     4-3.6803310468D-3,+3.77467175000D-4,-3.31810060690D-5,
     5+2.5256984681D-6,-1.6697759105D-7,+9.2556545229D-9,
     6-3.4359738368D-10/
C DATENEINGABE
      WRITE(6,1)
    1 FORMAT(1H ,'DATENEINGABE:')
      WRITE(6,2)
    2 FORMAT(1H ,'UNTERE GRENZE DES INTERVALLS ?')
      READ(5,5)MIN
      WRITE(6,3)
    3 FORMAT(1H ,'OBERE GRENZE DES INTERVALLS ?')
      READ(5,5)MAX
      WRITE(6,4)
    4 FORMAT(1H ,'ITERATIONSINTERVALL ?')
      READ(5,5)DELTA
    5 FORMAT(F7.4)
C BERECHNUNGEN
      X=MIN
      M=IDINT((MAX-MIN)/DELTA)+1
      DO 7 I=1,M
      Y=0.1250000000*X
      Z=Y*Y
      HELP=0.2500000000*HORNER(Z,COEFF1)-HORNER(Z,COEFF0)
      WRITE(6,6)X,HELP
    6 FORMAT(1H ,F7.4,5H      ,F13.10)
    7 X=X+DELTA
      END
C UNTERPROGRAMM
      DOUBLE PRECISION FUNCTION HORNER(X,COEFF)
      DOUBLE PRECISION COEFF(18),WERT,X
      WERT=COEFF(18)
      K=18
    8 K=K-1
      WERT=COEFF(K)+X*WERT
      IF(K.GT.1)GOTO 8
      HORNER=WERT
      RETURN
      END
```

Programmierbeispiel No. 3

Problemstellung:

Von einem programmierbaren digitalen System ist bekannt, daß die Implementierung einer bestimmten Programmiersprache die Vereinbarung eines bestimmten Datentyps mit unterschiedlichen Genauigkeiten zuläßt. Für die Erzielung dieser Genauigkeiten ist die Einhaltung einer vorgeschriebenen Syntax erforderlich.
Es soll geprüft werden, wie sich dieses System unter Mißachtung der datenspezifischen Charakteristika verhält.
Hierbei soll vorausgesetzt sein, daß der elementare Datentyp "REAL" bzgl. seiner verschiedenen Genauigkeiten durch eine entsprechende Kennzeichnung des Dezimalexponenten unterschieden werden kann:

```
        m.m E e ,  für einfache Genauigkeit,  z.B. REAL*4  (REAL)
        m.m D e ,  für doppelte Genauigkeit,  z.B. REAL*8  (DOUBLE)
        m.m Q e ,  für vierfache Genauigkeit,  z.B. REAL*16 (QUADRUPLE) .
```

```pascal
(***************************************************************)
(*    PROGRAMM:       TEST-PROGRAMM FUER SYSTEMGENAUIGKEITEN    *)
(*    SYSTEM:         DEC VAX-11/780                            *)
(*    BETRIEBSSYTEM:  VMS                                       *)
(*    SPRACHE:        PASCAL                                    *)
(***************************************************************)
PROGRAM TEST(INPUT,OUTPUT);

VAR     X1: REAL;
        X2: DOUBLE;
        X3: QUADRUPLE;

PROCEDURE AUSGABE;
BEGIN
  WRITELN(X1); WRITELN(X2); WRITELN(X3)
END(* OF AUSGABE *);

BEGIN
  X1:=3.14159265358979323846264643E0;
  X2:=3.14159265358979323846264643D0;
  X3:=3.14159265358979323846264643Q0; AUSGABE;

  WRITELN; WRITELN;

  X1:=3.14159265358979323846264643;
  X2:=3.14159265358979323846264643;
  X3:=3.14159265358979323846264643;   AUSGABE
END(* OF TEST *).
```

Dieses Pascal-Programm liefert auf dem o.g. System die folgenden Werte:

```
3.14159E+00
3.1415926535898E+00
3.1415926535897932384626430000000E+0000


3.14159E+00
3.1415927410126E+00
3.1415927410125732421875000000000E+0000
```

Das vorliegende Ergebnis dieses Beispiels spricht für sich.

Generell kann man davon ausgehen, daß das Verhalten der einzelnen elementaren Datentypen bzgl. ihrer Genauigkeit und Kennzeichnung stark implemen-
tationsabhängig ist.
Es soll daher an dieser Stelle ausnahmsweise auf weitere Programmierbeispiele in anderen Programmiersprachen verzichtet werden.

In Kapitel 4 wurde erwähnt, daß sich der Benutzer einer Rechenanlage Gewißheit über die Genauigkeit des Systems verschaffen sollte, um die geforderte Genauigkeit beabsichtigter Berechnungen sicherzustellen.
Dies kann mit Hilfe solcher Testroutinen geschehen. Grundsätzlich sollten
für solche Genauigkeitsuntersuchungen die nachfolgend aufgeführten Punkte
abgearbeitet werden:

.) Genauigkeit der Eingabe:

    Zu diesem Zweck entwickelt man eine Routine, die im Kern aus Daten-
    eingabe, Vergleich mit einer Konstanten und Datenausgabe besteht.
    Hieraus wird deutlich, wie viele Stellen von dem verwendeten System
    "gesehen" und ausgegeben werden können.

.) Genauigkeit der Arithmetik:

    Für die Untersuchung der Systemarithmetik implementiert man arith-
    metische Ausdrücke unter Verwendung der Operatoren für die vier
    Grundrechenarten. Je nach Variation einer bestimmten Kombination
    von Operanden und Operatoren ist eine Ermittlung der tatsächlich
    vorhandenen Genauigkeit möglich.
    Es ist selbstverständlich, daß hierbei das Endergebnis des arith-
    metischen Ausdruckes a priori bekannt sein muß.

.) <u>Genauigkeit systemeigener Standardfunktionen</u>:

Die Untersuchung der Genauigkeit von integrierten Standardfunktionen
sollte der Benutzer einer Rechenanlage mit besonderer Sorgfalt betrei-
ben. Grundsätzlich sollte bei Verwendung eines unbekannten Systems damit gerechnet werden, daß die Genauigkeit der auf dem System implementierten Funktionen nicht mit der eigentlichen Systemgenauigkeit über-
einstimmt.
Da ein Systembenutzer normalerweise davon ausgeht, daß die systemei-
genen Standardfunktionen mit Systemgenauigkeit implementiert sind,
können hierdurch große Fehler, insbesondere durch Fehlerfortpflanzung,
entstehen. Die Untersuchung der Genauigkeiten von Standardfunktionen
sollte grundsätzlich auf den Argumentenbereich ausgedehnt werden, der
für die Durchführung praktischer Rechnungen benötigt wird.
Der Grund hierfür ist darin zu suchen, daß Standardfunktionen oftmals
durch approximierende Polynome dargestellt werden, deren Genauigkeiten
in Abhängigkeit von den betreffenden Argumenten der Funktionen zu-
oder abnehmen.

Im Rahmen dieser Bemerkungen soll abschließend ein Programmierbeispiel
vorgestellt werden, welches sich mit der Untersuchung der internen Darstellung eines elementaren Datentyps und der damit verbundenen Systemgenauigkeit befaßt.

```
PROGRAM ACCURACY_TEST(INPUT,OUTPUT);

VAR     X1, Q1, X1_PRE, X1_SUC:    REAL;
        X2, Q2, X2_PRE, X2_SUC:    DOUBLE;
        X3, Q3, X3_PRE, X3_SUC:    QUADRUPLE;
        I:                         INTEGER;
BEGIN
  I:=-1;
  X1_PRE:=0.5E0;
  X1_SUC:=1.0E0;
  Q1:=1.0E0;
  WHILE X1_PRE<>X1_SUC DO
    BEGIN
      X1_PRE:=X1_SUC;
      Q1:=Q1/2.0E0;
      X1_SUC:=X1_PRE+Q1;
      I:=I+1
    END(* OF WHILE *);
  WRITELN(´"REAL"-MANTISSE:        ´,I:3,´ BINAERE STELLEN´);
  I:=-1;
  X1:=1.0E0;
```

```
    WHILE X1<>0.0E0 DO
      BEGIN
        X1:=X1/2.0E0;
        I:=I+1
      END(* OF WHILE *);
  I:=ROUND(LN(I)/LN(2));
  WRITELN(´"REAL"-EXPONENT:        ´,I:3,´ BINAERE STELLEN´);

    I:=-1;
    X2_PRE:=0.5D0;
    X2_SUC:=1.0D0;
    Q2:=1.0D0;
    WHILE X2_PRE<>X2_SUC DO
      BEGIN
        X2_PRE:=X2_SUC;
        Q2:=Q2/2.0D0;
        X2_SUC:=X2_PRE+Q2;
        I:=I+1
      END(* OF WHILE *);
  WRITELN(´"DOUBLE"-MANTISSE:    ´,I:3,´ BINAERE STELLEN´);
    I:=-1;
    X2:=1.0D0;
    WHILE X2<>0.0D0 DO
      BEGIN
        X2:=X2/2.0D0;
        I:=I+1
      END(* OF WHILE *);
  I:=ROUND(LN(I)/LN(2));
  WRITELN(´"DOUBLE"-EXPONENT:     ´,I:3,´ BINAERE STELLEN´);

    I:=-1;
    X3_PRE:=0.5Q0;
    X3_SUC:=1.0Q0;
    Q3:=1.0Q0;
    WHILE X3_PRE<>X3_SUC DO
      BEGIN
        X3_PRE:=X3_SUC;
        Q3:=Q3/2.0Q0;
        X3_SUC:=X3_PRE+Q3;
        I:=I+1
      END(* OF WHILE *);
  WRITELN(´"QUADRUPLE"-MANTISSE: ´,I:3,´ BINAERE STELLEN´);
    I:=-1;
    X3:=1.0Q0;
    WHILE X3<>0.0Q0 DO
      BEGIN
        X3:=X3/2.0Q0;
        I:=I+1
      END(* OF WHILE *);
  I:=ROUND(LN(I)/LN(2));
  WRITELN(´"QUADRUPLE"-EXPONENT: ´,I:3,´ BINAERE STELLEN´);
  WRITELN;
  WRITELN(´Q1= ´,Q1:40);
  WRITELN(´Q2= ´,Q2:40);
  WRITELN(´Q3= ´,Q3:40)
END(* OF ACCURACY_TEST *).
```

Auf dem zu Beginn dieses Beispiels genannten System liefert dieses
Programm das nachfolgend aufgeführte Resultat:

```
"REAL"-MANTISSE:       24 BINAERE STELLEN
"REAL"-EXPONENT:        7 BINAERE STELLEN
"DOUBLE"-MANTISSE:     56 BINAERE STELLEN
"DOUBLE"-EXPONENT:      7 BINAERE STELLEN
"QUADRUPLE"-MANTISSE: 113 BINAERE STELLEN
"QUADRUPLE"-EXPONENT:  14 BINAERE STELLEN
Q1= 2.98023223876953125000000000000000000E-08
Q2= 6.93889390390722837764769792556762E-18
Q3= 4.81482486096808963263994485646236E-0035
```

Aus diesen Daten geht hervor, mit welcher Anzahl von binären Stellen die
Mantisse und der Exponent des jeweiligen Datentyps systemintern dargestellt werden. Dies muß nicht unbedingt bedeuten, daß diese Bitstellen
auch physikalisch (hardware) vorhanden sein müssen, da durch eine ge-
schickt entwickelte Binärarithmetik zusätzlich zu den physikalisch vor-
handenen Binärstellen eine Binärstelle ("soft bit") gewonnen werden kann.
Dies ist für das o.a. System übrigens für die Mantissen der unterschiedlichen Datentypen der Fall.
Der Datentyp "REAL" könnte demzufolge die nachfolgend gezeigte physika-
lische Struktur besitzen:

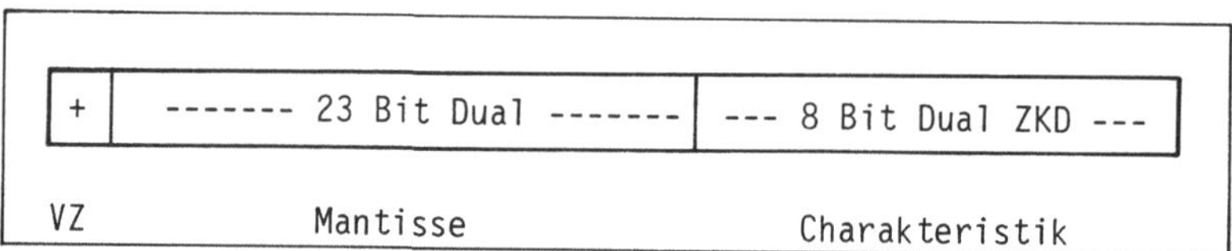

<u>Fig. 5.1</u>   Mögliche physikalische Struktur eines "REAL"-Typs

Die dezimale Genauigkeit "d" eines "REAL"-Typs läßt sich allgemein aus
der Anzahl der Mantissenstellen "m" zu

$$d = \log_{10}(2^m)$$

berechnen.

Im obigen Beispiel würde sich für 24 Bitstellen Mantissengenauigkeit eine
dezimale Genauigkeit von etwa 7.225 Stellen ergeben.
Die "Q_i" des oben stehenden Ergebnisses stellen das dezimale Äquivalent
zum "least significant bit" (LSB) des jeweiligen Datentyps dar. Sie sind
das Maß für die kleinste Änderung, die für den betreffenden Datentyp noch
aufgelöst werden kann.

Programmierbeispiel No. 4

Wie bereits mehrfach erwähnt, spielen die Genauigkeiten von Standardfunktionen eine entscheidende Rolle für eine sinnvolle Implementierung
von Zylinderfunktionen. Ist die Genauigkeit solcher systemeigener Standardfunktionen, wie z.B. für $f(x) = x^{0.5}$, kleiner als die geforderte
Genauigkeit der zu berechnenden Zylinderfunktionswerte, so kann die an-
gestrebte Genauigkeit auch mit einer noch so genauen Darstellung der
Polynom-Koeffizienten für eine spezielle Zylinderfunktion nicht erreicht
werden.
Wie man dieses Problem umgehen kann, soll das nachfolgend angegebene
Programmierbeispiel für die Wurzelfunktion demonstrieren.

Problemstellung:

Die Wurzelfunktion $f(x) = x^{0.5}$ soll mit einer Mindestgenauigkeit von
15 Stellen implementiert werden, da die systemeigene Standardfunktion diese
geforderte Genauigkeit nicht liefert.

Verfahren:

Für die Darstellung der Wurzelfunktion wird das Newtonsche Iterationsver-
fahren für einfache Nullstellen verwendet. Dieses Verfahren zeichnet sich
durch eine sehr schnelle und genaue numerische Berechnung für Funktionswerte der Wurzelfunktion aus. Eine gute Darstellung über die mathematischen
Hintergründe der Iteration nach Newton findet der Leser u.a. in [13].

Aufgrund der Eigenschaft der Wurzelfunktion, zweimal stetig differenzierbar
zu sein und eine einfache Nullstelle für das Intervall $[0,\infty]$ zu besitzen,
kann eine Schrittfunktion der Form

$$\varphi(y) = y - h(y)/h^{'}(y)$$

mit $\qquad y = x^{0.5}$, $y^2 = x$ und somit $y^2 - x = 0 = h(y)$

zu $\qquad \varphi(y) = y - (y^2-x)/2 \cdot y = (2 \cdot y^2 - y^2 + x)/2 \cdot y = (y^2+x)/2 \cdot y$

angegeben werden.

Aus dieser Schrittfunktion $\varphi(y)$ läßt sich sofort die Iterationsvorschrift
für die Wurzelfunktion ableiten:

$$\boxed{y_{n+1} = (y_n^2 + x) / 2 \cdot y_n \ , \ \text{für} \ n=0,1,2,\ldots}.$$

Der Größe y_0 in der o.a. Gleichung kommt dabei die Bedeutung des Startwertes zu. Je genauer dieser Startwert den gesuchten Funktionswert der Wurzelfunktion trifft, desto schneller kann die Iteration für die Wurzelfunktion abgearbeitet werden.
Eine wichtige Eigenschaft der obigen Gleichung ist, daß die Fehler, welche
den einzelnen Größen anhaften, durch diese Iterationsvorschrift kompensiert
werden.

Aus den beiden genannten Gründen bietet sich daher für eine entsprechende
Wahl des Startwertes y_0 der Iteration an, die "ungenaue" systemeigene
Wurzelfunktion für beliebige Argumente $x > 0$ zu verwenden. Für den Fall,
daß auf einem System keine Wurzelfunktion implementiert ist, kann man sich
durch die Implementierung der ersten Glieder der Reihenentwicklung der
Wurzelfunktion helfen. Je genauer die Reihenentwicklung für den Startwert ausfällt, desto schneller ist die Iteration durchgeführt, desto mehr
Operationen müssen allerdings für die Errechnung des Startwertes abgearbeitet werden. Das Optimum bzgl. der Rechenzeiten von Iteration und Startwert
ist systemabhängig und kann daher an dieser Stelle nicht angegeben werden.
Implementiert man die Iteration wie o.a., so müssen pro Iterationsschritt
2 Multiplikationen, 1 Division und 1 Addition abgearbeitet werden.
Für jedes Glied der Reihenentwicklung bedarf es bei Verwendung des Horner-
Schemas jeweils 1 Multiplikation und 1 Addition bzw. Subtraktion. Sicherlich
benötigt die systemeigene Wurzelfunktion auch eine bestimmte Rechenzeit, um
den entsprechenden Funktionswert zu errechnen; in der Regel sind diese Algorithmen jedoch nicht in einer höheren Programmiersprache, sondern in der
entsprechenden Assemblersprache des Systems implementiert, die eine erheblich schnellere Berechnung zuläßt.

Auf der kommenden Seite befindet sich ein BASIC-Programm für die Errechnung
der Funktionswerte von $f(x) = x^{0.5}$. In diesem Programm wurde die systemeigene Wurzelfunktion für die Berechnung des jeweiligen Startwertes der Iteration verwendet. In welcher Weise die Iteration abgearbeitet wird, kann dem
darauffolgenden Datenbeispiel entnommen werden. Der Leser sei darauf hingewiesen, daß der Verlauf der Berechnungen für den jeweiligen Funktionswert
von System zu System in der Regel unterschiedlich ist, was jedoch das Ergebnis der Iteration unbeeinflußt läßt, solange das System die geforderte Genauigkeit liefern kann.

Mit Hilfe des nachfolgend aufgeführten BASIC-Programms wird die Quadrat-
wurzel eines Argumentes x auf iterativem Wege errechnet.

In untenstehendem Programm mußte die "ungenaue" Wurzelfunktion simuliert
werden, da das verwendete System die Funktionswerte mit einer Genauigkeit
von 15 Stellen errechnet. Würde man einen Anfangswert mit dieser Genauigkeit in die Iterationsvorschrift einbringen, so würde die Iteration gar
nicht erst abgearbeitet. (Zum Nachweis der korrekten Abarbeitung dieses
Algorithmus muß der Startwert der Iteration ungenauer sein als der im
System darstellbare Wert.)

```
10 REM  ********************************************************************
20 REM * PROGRAMM:       BERECHNUNG DER QUADRATWURZEL                      *
30 REM * FUNKTION:       Y = SQRT(X)                                       *
40 REM * BEREICH:        X > 0.0                                           *
50 REM * GENAUIGKEIT:    SYSTEMGENAUIGKEIT  (HIER 15 STELLEN)              *
60 REM * ALGORTIHMUS:    ITERATION NACH NEWTON FUER EINFACHE NULLSTELLEN   *
70 REM * SYSTEM:         TRIUMPH-ADLER P2L                                 *
80 REM * BETRIEBSSYS.: MOS                                                 *
90 REM * SPRACHE:        BASIC                                             *
100 REM  *******************************************************************
110 DATA 1.0D-16
120 READ EPS#
130 REM    S C H L E I F E N P A R A M E T E R   E I N L E S E N
140 INPUT "UNTERE GRENZE (>0)";XMIN#
150 INPUT "OBERE GRENZE";XMAX#
160 INPUT "SCHRITTWEITE";DELTAX#
170 REM    B E R E C H N U N G E N
180 X#=XMIN#
190 FOR I=1 TO INT((XMAX#-XMIN#)/DELTAX#)+1
200 REM  SIMULATION EINER SYSTEMEIGENEN WURZELFUNKTION
210 REM  MIT NUR 5 STELLEN GENAUIGKEIT !!!
220 PRE#=INT(SQR(X#)*10000#)/10000
230 REM
240 SUC#=.5#*(PRE#+X#/PRE#)
250 GOTO 310
260 GOSUB 350
270 IF (I MOD 3)<>0 THEN GOSUB 370 ELSE GOSUB 390
280 X#=X#+DELTAX#
290 NEXT I
300 END
310 REM UNTERPROGRAMM
320 DIFF#=ABS(SUC#-PRE#)
330 IF ((PRE#<>SUC#) AND (DIFF#>EPS#)) THEN PRE#=SUC#:GOTO 240 ELSE GOTO 260
340 REM DATENAUSGABE
350 PRINT USING "##.## ";X#;
360 RETURN
370 PRINT USING "##.############  ";SUC#;
380 RETURN
390 PRINT USING "##.############";SUC#
400 RETURN
```

Nachfolgende Datenbeispiele sollen aufzeigen, wie die Iteration für
einen Wurzelfunktionswert für verschiedene Startwerte ausfällt.
Hierbei wird die Wurzel der Kreiszahl Pi mit den folgenden Startwerten
iteriert:

    .)   yo = 1.00000 00000 00000
    .)   yo = 3.14159 26535 89793
    .)   yo = 1.7724- ----- -----

Der wahre Wert beläuft sich auf 1.77245 38509 05516 02729 ....

Iteration für x = 1.00000000000000:

N	YN	YN+1
0	1.00000000000000	2.07079632679490
1	2.07079632679490	1.79394515639222
2	1.79394515639222	1.77258258288204
3	1.77258258288204	1.77245385558003
4	1.77245385558003	1.77245385090552
5	1.77245385090552	1.77245385090552

Iteration für x = 3.14159265358979:

N	YN	YN+1
0	3.14159265358979	2.07079632679490
1	2.07079632679490	1.79394515639222
2	1.79394515639222	1.77258258288204
3	1.77258258288204	1.77245385558003
4	1.77245385558003	1.77245385090552
5	1.77245385090552	1.77245385090552

Iteration für x = 1.77240000000000:

N	YN	YN+1
0	1.77240000000000	1.77245385172359
1	1.77245385172359	1.77245385090552
2	1.77245385090552	1.77245385090552

Die nachfolgend aufgeführte Tabelle wurde mit Hilfe des voranstehenden
BASIC-Programmes berechnet und weist eine Genauigkeit von 15 Stellen auf.
(Allgemein sind diese Tabellen gut für die Anwendung der iterierten li-
nearen Interpolation sowie der verallgemeinerten natürlichen kubischen
Spline-Funktionen geeignet.)

X	SQRT(X)	X	SQRT(X)	X	SQRT(X)
0.05	0.22360679774998	0.10	0.31622776601684	0.15	0.38729833462074
0.20	0.44721359549996	0.25	0.50000000000000	0.30	0.54772255750517
0.35	0.59160797830996	0.40	0.63245553203368	0.45	0.67082039324994
0.50	0.70710678118655	0.55	0.74161984870957	0.60	0.77459666924148
0.65	0.80622577482985	0.70	0.83666002653408	0.75	0.86602540378444
0.80	0.89442719099992	0.85	0.92195444572929	0.90	0.94868329805051
0.95	0.97467943448090	1.00	1.00000000000000	1.05	1.02469507659596
1.10	1.04880884817015	1.15	1.07238052947636	1.20	1.09544511501033
1.25	1.11803398874989	1.30	1.14017542509914	1.35	1.16189500386223
1.40	1.18321595661992	1.45	1.20415945787923	1.50	1.22474487139159
1.55	1.24498995979887	1.60	1.26491106406735	1.65	1.28452325786651
1.70	1.30384048104053	1.75	1.32287565553230	1.80	1.34164078649987
1.85	1.36014705087354	1.90	1.37840487520902	1.95	1.39642400437689
2.00	1.41421356237310	2.05	1.43178210632764	2.10	1.44913767461894
2.15	1.46628782986152	2.20	1.48323969741913	2.25	1.50000000000000
2.30	1.51657508881031	2.35	1.53297097167559	2.40	1.54919333848297
2.45	1.56524758424985	2.50	1.58113883008419	2.55	1.59687194226713
2.60	1.61245154965971	2.65	1.62788205960997	2.70	1.64316767251550
2.75	1.65831239517770	2.80	1.67332005306815	2.85	1.68819430161341
2.90	1.70293863659264	2.95	1.71755640373177	3.00	1.73205080756888
3.05	1.74642491965730	3.10	1.76068168616590	3.15	1.77482393492988
3.20	1.78885438199983	3.25	1.80277563773199	3.30	1.81659021245849
3.35	1.83030052177231	3.40	1.84390889145858	3.45	1.85741756210067
3.50	1.87082869338697	3.55	1.88414436814168	3.60	1.89736659610103
3.65	1.91049731745428	3.70	1.92353840616713	3.75	1.93649167310371
3.80	1.94935886896179	3.85	1.96214168703486	3.90	1.97484176581315
3.95	1.98746069143518	4.00	2.00000000000000	4.05	2.01246117974981
4.10	2.02484567313166	4.15	2.03715487874634	4.20	2.04939015319192
4.25	2.06155281280883	4.30	2.07364413533277	4.35	2.08566536146142
4.40	2.09761769634030	4.45	2.10950231097290	4.50	2.12132034355964
4.55	2.13307290077015	4.60	2.14476105895272	4.65	2.15638586528478
4.70	2.16794833886788	4.75	2.17944947177034	4.80	2.19089023002066
4.85	2.20227155455452	4.90	2.21359436211787	4.95	2.22485954612870
5.00	2.23606797749979	5.05	2.24722050542442	5.10	2.25831795812724
5.15	2.26936114358204	5.20	2.28035085019828	5.25	2.29128784747792
5.30	2.30217288664427	5.35	2.31300670124408	5.40	2.32379000772445
5.45	2.33452350598575	5.50	2.34520787991172	5.55	2.35584379787795
5.60	2.36643191323985	5.65	2.37697286480094	5.70	2.38746727726266
5.75	2.39791576165636	5.80	2.40831891575846	5.85	2.41867732448957
5.90	2.42899156029822	5.95	2.43926218353009	6.00	2.44948974278318
6.05	2.45967477524977	6.10	2.46981780704569	6.15	2.47991935352745
6.20	2.48997991959775	6.25	2.50000000000000	6.30	2.50998007960223
6.35	2.51992063367083	6.40	2.52982212813470	6.45	2.53968501984006

X	SQRT(X)	X	SQRT(X)	X	SQRT(X)
6.50	2.54950975679639	6.55	2.55929677841395	6.60	2.56904651573303
6.65	2.57875939164553	6.70	2.58843582110896	6.75	2.59807621135332
6.80	2.60768096208106	6.85	2.61725046566048	6.90	2.62678510731274
6.95	2.63628526529281	7.00	2.64575131106459	7.05	2.65518360947035
7.10	2.66458251889485	7.15	2.67394839142419	7.20	2.68328157299975
7.25	2.69258240356725	7.30	2.70185121722126	7.35	2.71108834234519
7.40	2.72029410174709	7.45	2.72946881279124	7.50	2.73861278752583
7.55	2.74772633280682	7.60	2.75680975041804	7.65	2.76586333718787
7.70	2.77488738510232	7.75	2.78388218141501	7.80	2.79284800875379
7.85	2.80178514522438	7.90	2.81069386451104	7.95	2.81957443597434
8.00	2.82842712474619	8.05	2.83725219182222	8.10	2.84604989415154
8.15	2.85482048472404	8.20	2.86356421265527	8.25	2.87228132326901
8.30	2.88097205817759	8.35	2.88963665535998	8.40	2.89827534923789
8.45	2.90688837074973	8.50	2.91547594742265	8.55	2.92403830344269
8.60	2.93257565972304	8.65	2.94108823397055	8.70	2.94957624075053
8.75	2.95803989154981	8.80	2.96647939483827	8.85	2.97489495612870
8.90	2.98328677803526	8.95	2.99165506033032	9.00	3.00000000000000
9.05	3.00832179129827	9.10	3.01662062579967	9.15	3.02489669245084
9.20	3.03315017762062	9.25	3.04138126514911	9.30	3.04959013639538
9.35	3.05777697028413	9.40	3.06594194335118	9.45	3.07408522978788
9.50	3.08220700148449	9.55	3.09030742807249	9.60	3.09838667696593
9.65	3.10644491340181	9.70	3.11448230047949	9.75	3.12249899919920
9.80	3.13049516849971	9.85	3.13847096529504	9.90	3.14642654451046
9.95	3.15436205911750	10.00	3.16227766016838	10.05	3.17017349682947
10.10	3.17804971641414	10.15	3.18590646441480	10.20	3.19374388453426
10.25	3.20156211871643	10.30	3.20936130717624	10.35	3.21714158842908
10.40	3.22490309931942	10.45	3.23264597504892	10.50	3.24037034920393
10.55	3.24807635378234	10.60	3.25576411921994	10.65	3.26343377441614
10.70	3.27108544675923	10.75	3.27871926215100	10.80	3.28633534503100
10.85	3.29393381840012	10.90	3.30151480384384	10.95	3.30907842155486
11.00	3.31662479035540	11.05	3.32415402771893	11.10	3.33166624979154
11.15	3.33916157141280	11.20	3.34664010613630	11.25	3.35410196624969
11.30	3.36154726279432	11.35	3.36897610558460	11.40	3.37638860322683
11.45	3.38378486313773	11.50	3.39116499156263	11.55	3.39852909359329
11.60	3.40587727318528	11.65	3.41320963317520	11.70	3.42052627529741
11.75	3.42782730020052	11.80	3.43511280746353	11.85	3.44238289561170
11.90	3.44963766213207	11.95	3.45687720348872	12.00	3.46410161513776
12.05	3.47131099154196	12.10	3.47850542618522	12.15	3.48568501158668
12.20	3.49284983931460	12.25	3.50000000000000	12.30	3.50713558335004
12.35	3.51425667816112	12.40	3.52136337233180	12.45	3.52845575287547
12.50	3.53553390593274	12.55	3.54259791678367	12.60	3.54964786985977
12.65	3.55668384875575	12.70	3.56370593624109	12.75	3.57071421427143
12.80	3.57770876399966	12.85	3.58468966578699	12.90	3.59165699921360
12.95	3.59861084308932	13.00	3.60555127546399	13.05	3.61247837363769
13.10	3.61939221417077	13.15	3.62629287289375	13.20	3.63318042491699
13.25	3.64005494464026	13.30	3.64691650576209	13.35	3.65376518128902
13.40	3.66060104354463	13.45	3.66742416417845	13.50	3.67423461417477
13.55	3.68103246386119	13.60	3.68781778291716	13.65	3.69459064038223
13.70	3.70135110466435	13.75	3.70809924354783	13.80	3.71483512420134
13.85	3.72155881318568	13.90	3.72827037646145	13.95	3.73496987939662
14.00	3.74165738677394	14.05	3.74833296279826	14.10	3.75499667110372
14.15	3.76164857476081	14.20	3.76828873628336	14.25	3.77491721763538
14.30	3.78153408023781	14.35	3.78813938497516	14.40	3.79473319220206

Die nachfolgende Tabelle kann für die Berechnung von Zylinderfunktionen
für x≧8.0 nützlich sein, da in der Darstellung dieser Funktionen oftmals
der Ausdruck: $\sqrt{2/(\pi \cdot x)}$ vorkommt. Daher sei diese Tabelle auch nur für
einige Argumente x (mit x≧8.0) angegeben. Die Genauigkeit der Werte beläuft sich auf 15 Stellen.

X	SQRT(2/(PI*X))	X	SQRT(2/(PI*X))	X	SQRT(2/(PI*X))
8.00	0.28209479177388	8.05	0.28121735639243	8.10	0.28034805800224
8.15	0.27948677161044	8.20	0.27863337489576	8.25	0.27778774813561
8.30	0.27694977413546	8.35	0.27611933816069	8.40	0.27529632787053
8.45	0.27448063325427	8.50	0.27367214656949	8.55	0.27287076228224
8.60	0.27207637700922	8.65	0.27128888946174	8.70	0.27050820039147
8.75	0.26973421253789	8.80	0.26896683057742	8.85	0.26820596107406
8.90	0.26745151243165	8.95	0.26670339484752	9.00	0.26596152026762
9.05	0.26522580234295	9.10	0.26449615638737	9.15	0.26377249933663
9.20	0.26305474970869	9.25	0.26234282756514	9.30	0.26163665447383
9.35	0.26093615347254	9.40	0.26024124903381	9.45	0.25955186703067
9.50	0.25886793470347	9.55	0.25818938062759	9.60	0.25751613468213
9.65	0.25684812801947	9.70	0.25618529303571	9.75	0.25552756334189
9.80	0.25487487373611	9.85	0.25422716017634	9.90	0.25358435975406
9.95	0.25294641066856	10.00	0.25231325220202	10.05	0.25168482469519
10.10	0.25106106952384	10.15	0.25044192907573	10.20	0.24982734672828
10.25	0.24921726682684	10.30	0.24861163466350	10.35	0.24801039645646
10.40	0.24741349933003	10.45	0.24682089129503	10.50	0.24623252122983
10.55	0.24564833886178	10.60	0.24506829474920	10.65	0.24449234026378
10.70	0.24392042757347	10.75	0.24335250962579	10.80	0.24278854013157
10.85	0.24222847354911	10.90	0.24167226506872	10.95	0.24111987059767
11.00	0.24057124674551	11.05	0.24002635080974	11.10	0.23948514076186
11.15	0.23894757523377	11.20	0.23841361350445	11.25	0.23788321548704
11.30	0.23735634171617	11.35	0.23683295333566	11.40	0.23631301208644
11.45	0.23579648029485	11.50	0.23528332086113	11.55	0.23477349724826
11.60	0.23426697347103	11.65	0.23376371408533	11.70	0.23326368417781
11.75	0.23276684935562	11.80	0.23227317573655	11.85	0.23178262993928
11.90	0.23129517907389	11.95	0.23081079073264	12.00	0.23032943298089
12.05	0.22985107434827	12.10	0.22937568382001	12.15	0.22890323082856
12.20	0.22843368524524	12.25	0.22796701737225	12.30	0.22750319793474
12.35	0.22704219807313	12.40	0.22658398933550	12.45	0.22612854367031
12.50	0.22567583341910	12.55	0.22522583130949	12.60	0.22477851044825
12.65	0.22433384431456	12.70	0.22389180675341	12.75	0.22345237196914
12.80	0.22301551451910	12.85	0.22258120930747	12.90	0.22214943157923
12.95	0.22172015691419	13.00	0.22129336122122	13.05	0.22086902073255
13.10	0.22044711199824	13.15	0.22002761188071	13.20	0.21961049754943
13.25	0.21919574647567	13.30	0.21878333642742	13.35	0.21837324546439
13.40	0.21796545193307	13.45	0.21755993446196	13.50	0.21715667195685
13.55	0.21675564359623	13.60	0.21635682882675	13.65	0.21596020735881
13.70	0.21556575916221	13.75	0.21517346446193	13.80	0.21478330373395
13.85	0.21439525770113	13.90	0.21400930732930	13.95	0.21362543382325
14.00	0.21324361862292	14.05	0.21286384339966	14.10	0.21248609005247
14.15	0.21211034070443	14.20	0.21173657769914	14.25	0.21136478359721
14.30	0.21099494117284	14.35	0.21062703341052	14.40	0.21026104350168
14.45	0.20989695484150	14.50	0.20953475102574	14.55	0.20917441584762
14.60	0.20881593329480	14.65	0.20845928754637	14.70	0.20810446296992

X	SQRT(2/(PI*X))	X	SQRT(2/(PI*X))	X	SQRT(2/(PI*X))
14.75	0.20775144411868	14.80	0.20740021572866	14.85	0.20705076271594
14.90	0.20670307017386	14.95	0.20635712337044	15.00	0.20601290774570
15.05	0.20567040890910	15.10	0.20532961263702	15.15	0.20499050487027
15.20	0.20465307171168	15.25	0.20431729942366	15.30	0.20398317442589
15.35	0.20365068329300	15.40	0.20331981275231	15.45	0.20299054968160
15.50	0.20266288110691	15.55	0.20233679420042	15.60	0.20201227627833
15.65	0.20168931479877	15.70	0.20136789735980	15.75	0.20104801169737
15.80	0.20072964568338	15.85	0.20041278732375	15.90	0.20009742475651
15.95	0.19978354624993	16.00	0.19947114020072	16.05	0.19916019513217
16.10	0.19885069969244	16.15	0.19854264265279	16.20	0.19823601290586
16.25	0.19793079946402	16.30	0.19762699145768	16.35	0.19732457813367
16.40	0.19702354885369	16.45	0.19672389309266	16.50	0.19642560043723
16.55	0.19612866058425	16.60	0.19583306333927	16.65	0.19553879861505
16.70	0.19524585643016	16.75	0.19495422690752	16.80	0.19466390027301
16.85	0.19437486685409	16.90	0.19408711707847	16.95	0.19380064147277
17.00	0.19351543066116	17.05	0.19323147536417	17.10	0.19294876639731
17.15	0.19266729466992	17.20	0.19238705118389	17.25	0.19210802703243
17.30	0.19183021339897	17.35	0.19155360155587	17.40	0.19127818286338
17.45	0.19100394876843	17.50	0.19073089080356	17.55	0.19045900058578
17.60	0.19018826981555	17.65	0.18991869027563	17.70	0.18965025383012
17.75	0.18938295242338	17.80	0.18911677807902	17.85	0.18885172289890
17.90	0.18858777906216	17.95	0.18832493882424	18.00	0.18806319451592
18.05	0.18780253854240	18.10	0.18754296338234	18.15	0.18728446158700
18.20	0.18702702577928	18.25	0.18677064865290	18.30	0.18651532297146
18.35	0.18626104156764	18.40	0.18600779734235	18.45	0.18575558326384
18.50	0.18550439236696	18.55	0.18525421775230	18.60	0.18500505258540
18.65	0.18475689009599	18.70	0.18450972357717	18.75	0.18426354638471
18.80	0.18401835193627	18.85	0.18377413371063	18.90	0.18353088524702
18.95	0.18328860014436	19.00	0.18304727206058	19.05	0.18280689471189
19.10	0.18256746187212	19.15	0.18232896737204	19.20	0.18209140509868
19.25	0.18185476899468	19.30	0.18161905305764	19.35	0.18138425133948
19.40	0.18115035794581	19.45	0.18091736703532	19.50	0.18068527281913
19.55	0.18045406956023	19.60	0.18022375157287	19.65	0.17999431322196
19.70	0.17976574892249	19.75	0.17953805313900	19.80	0.17931122038495
19.85	0.17908524522222	19.90	0.17886012226054	19.95	0.17863584615695
20.00	0.17841241161528	20.05	0.17818981338559	20.10	0.17796804626372
20.15	0.17774710509068	20.20	0.17752698475225	20.25	0.17730768017841
20.30	0.17708918634289	20.35	0.17687149826264	20.40	0.17665461099741
20.45	0.17643851964925	20.50	0.17622321936204	20.55	0.17600870532104
20.60	0.17579497275243	20.65	0.17558201692289	20.70	0.17536983313913
20.75	0.17515841674745	20.80	0.17494776313336	20.85	0.17473786772108
20.90	0.17452872597322	20.95	0.17432033339028	21.00	0.17411268551027
21.05	0.17390577790835	21.10	0.17369960619638	21.15	0.17349416602254
21.20	0.17328945307098	21.25	0.17308546306140	21.30	0.17288219174869
21.35	0.17267963492254	21.40	0.17247778840712	21.45	0.17227664806067
21.50	0.17207620977516	21.55	0.17187646947595	21.60	0.17167742312142
21.65	0.17147906670264	21.70	0.17128139624304	21.75	0.17108440779806
21.80	0.17088809745481	21.85	0.17069246133176	21.90	0.17049749557844
21.95	0.17030319637506	22.00	0.17010955993225	22.05	0.16991658249074
22.10	0.16972426032103	22.15	0.16953258972310	22.20	0.16934156702613
22.25	0.16915118858817	22.30	0.16896145079588	22.35	0.16877235006422
22.40	0.16858388283618	22.45	0.16839604558249	22.50	0.16820883480134

Das unter Beispiel No.4 geschilderte Problem kann mit Hilfe eines Pascal-
Programms z.B. wie folgt gelöst werden:

```
(*****************************************************************)
(*    PROGRAMM:        BERECHNUNG DER QUADRATWURZEL            *)
(*    FUNKTION:        Y = SQRT(X)                            *)
(*    BEREICH:         X > 0.0                                *)
(*    GENAUIGKEIT:     SYSTEMGENAUIGKEIT                      *)
(*    ALGORITHMUS:     ITERATION NACH NEWTON FUER EINFACHE NULLSTELLEN  *)
(*    SPRACHE:         UCSD-PASCAL V4.0; PASCAL               *)
(*****************************************************************)

(********************************)
PROGRAM SQUARE_ROOT(INPUT,OUTPUT);
(********************************)

VAR     X, PRE, SUC  :   REAL;
        DELTA_X      :   REAL;
        X_MIN, X_MAX :   REAL;
        DIFF, EPS    :   REAL;
        I            :   INTEGER;

(*%%%%%%%%%%%*)
PROCEDURE ITER;
(*%%%%%%%%%%%%*)
BEGIN
  SUC:=0.5*(PRE+X/PRE)
END(* OF ITER *);

BEGIN
  EPS:=1.0E-16;
  WRITELN('UNTERE GRENZE (>0) ?');
  READLN(X_MIN);
  WRITELN('OBERE GRENZE ?');
  READLN(X_MAX);
  WRITELN('SCHRITTWEITE ?');
  READLN(DELTA_X);
  X:=X_MIN;
  FOR I:=1 TO TRUNC((X_MAX-X_MIN)/DELTA_X)+1 DO
    BEGIN
      PRE:=TRUNC(SQRT(X)*10000)/10000;
      ITER; DIFF:=ABS(SUC-PRE);
      WHILE ((PRE<>SUC) AND (DIFF>EPS)) DO
        BEGIN
          PRE:=SUC;
          ITER;
          DIFF:=ABS(SUC-PRE)
        END(* OF WHILE *);
      IF (I MOD 3)<>0
        THEN
          WRITE(X,'    ',SUC,'    ')
        ELSE
          WRITELN(X,'   ',SUC);
      X:=X+DELTA_X
    END(* OF FOR I *)
END(* OF SQUARE_ROOT *).
```

Ein Äquivalent zu dem auf der Vorseite angegebenen Pascal-Programm in
der Programmiersprache FORTRAN sei nachfolgend aufgeführt.

```
C ********************************************************************
C       PROGRAMM:       BERECHNUNG DER QUADRATWURZEL
C       FUNKTION:       Y = SQRT(X)
C       BEREICH:        X > 0.0
C       GENAUIGKEIT:    SYSTEMGENAUIGKEIT
C       ALGORITHMUS:    ITERATION NACH NEWTON FUER EINFACHE NULLSTELLEN
C       SPRACHE:        FORTRAN IV, STANDARD-FORTRAN, ASA-FORTRAN
C ********************************************************************
C HAUPTPROGRAMM
C
C EXPLIZITE TYPENVEREINBARUNG
      DOUBLE PRECISION X,XMIN,XMAX,PRE,SUC,DELTAX,DIFF,EPS
      EPS=1.0D-16
C DATENEINGABE
      WRITE(6,1)
    1 FORMAT(1H ,´DATENEINGABE:´)
      WRITE(6,2)
    2 FORMAT(1H ,´UNTERE GRENZE (>0) ?´)
      READ(5,5)XMIN
      WRITE(6,3)
    3 FORMAT(1H ,´OBERE GRENZE ?´)
      READ(5,5)XMAX
      WRITE(6,4)
    4 FORMAT(1H ,´SCHRITTWEITE ?´)
      READ(5,5)DELTAX
    5 FORMAT(F7.4)
C BERECHNUNGEN
      X=XMIN
      M=IDINT((XMAX-XMIN)/DELTAX)+1
      DO 9 I=1,M
C BERECHNUNG DES STARTWERTES (NAEHERUNG DER WURZELFUNKTION)
      PRE=IDINT(SQRT(X)*10000)/10000
      SUC=0.5D0*(PRE+X/PRE)
    6 CONTINUE
      DIFF=DABS(SUC-PRE)
      IF ((PRE.EQ.SUC) OR (DIFF.LE.EPS))GOTO 7
      PRE=SUC
      SUC=0.5D0*(PRE+X/PRE)
      GOTO 6
    7 CONTINUE
      WRITE(6,8)X,SUC
    8 FORMAT(1H ,F7.4,5H      ,F18.15)
      X=X+DELTAX
    9 CONTINUE
      STOP
      END
```

Programmierbeispiel No.5

Problemstellung:

Die trigonometrische Funktion $f(x) = \cos(x)$ soll für einen bestimmten
Argumentenbereich unter Verwendung verschiedener Methoden implementiert
werden. Die für bestimmte Argumente x gewonnenen Funktionswerte sollen
bzgl. der Genauigkeit der verschiedenen Verfahren miteinander verglichen
werden. Folgende Verfahren sollen angewandt werden:

    a)   Approximation durch Tschebyscheff-Polynome

    b)   Verfahren der iterierten linearen Interpolation

    c)   Anwendung verallgemeinerter natürlicher kubischer Splines .

Der Argumentenbereich soll sich auf $0.1 \leq x \leq 0.5$ und die Genauigkeit
auf 14 Stellen beschränken.

Verfahren:

a)   Approximation durch Tschebyscheff-Polynome

Hierbei wird die Cosinus-Funktion mit Hilfe des im Anhang angegebenen
Polynoms implementiert. Die Koeffizienten dieses Polynoms wurden auf die
gleiche Weise entwickelt wie die der Zylinderfunktionen, welche in Kapitel 3 beschrieben sind.
Zunächst werden die Koeffizienten dieses Polynoms auf (14 + 1)-Stellen
gerundet, wie dies bereits vorstehend beschrieben wurde:

Horner-Schema:

```
cos(x) =          + 1.00000000000000 |0|0 0000 E0  +
         + z • ( - 4.93480220054467 |9|3 0896 E0  +
         + z • ( + 4.05871212641676 |8|2 1488 E0  +
         + z • ( - 1.33526276885458 |9|5 9968 E0  +
         + z • ( + 2.35330630358894 |7|6 992  E-1 +
         + z • ( - 2.58068913900224 |7|1 68   E-2 +
         + z • ( + 1.92957430942255 |1|0 4    E-3 +
         + z • ( - 1.04638104920064 |0|0      E-4 +
         + z • ( + 4.30306946351104         E-6  +
         + z • ( - 1.3878921527296          E-7  +
         + z • ( + 3.60433319936            E-9  +
         + z • ( - 7.671382016             E-11  +
         + z • ( + 1.25829120             E-12 ))))))))))))
```

$$\text{mit}\quad z = y^2 = (x/\pi)^2 \,.$$

Dies führt auf das nachfolgend aufgeführte Polynom:

$$
\begin{aligned}
\cos(x) = \ & + 1.0000\ 0000\ 0000\ 00\ \text{E0} && + z \cdot (\ - 4.9348\ 0220\ 0544\ 68\ \text{E0} && + \\
& + z \cdot (\ + 4.0587\ 1212\ 6416\ 77\ \text{E0} && + z \cdot (\ - 1.3352\ 6276\ 8854\ 59\ \text{E0} && + \\
& + z \cdot (\ + 2.3533\ 0630\ 3588\ 95\ \text{E-1} && + z \cdot (\ - 2.5806\ 8913\ 9002\ 25\ \text{E-2} && + \\
& + z \cdot (\ + 1.9295\ 7430\ 9422\ 55\ \text{E-3} && + z \cdot (\ - 1.0463\ 8104\ 9200\ 64\ \text{E-4} && + \\
& + z \cdot (\ + 4.3030\ 6946\ 3511\ 04\ \text{E-6} && + z \cdot (\ - 1.3878\ 9215\ 2729\ 6\ \text{E-7} && + \\
& + z \cdot (\ + 3.6043\ 3319\ 936\ \ \text{E-9} && + z \cdot (\ - 7.6713\ 8201\ 6\ \ \text{E-11} && + \\
& + z \cdot (\ + 1.2582\ 9120\ \ \text{E-12}\ )))))))))))) &&&&
\end{aligned}
$$

$$\text{mit}\quad z = y^2 = (x/\pi)^2 \ .$$

Eine Umsetzung dieses Polynoms in ein Programm der Programmiersprache
BASIC könnte somit die folgende Form besitzen:

```
10 REM   ***************************************************************
20 REM   * PROGRAMM:     BERECHNUNG DER COSINUS-FUNKTION               *
30 REM   * FUNKTION:     COS(X)                                        *
40 REM   * BEREICH:      - PI <= X <= + PI (ERWEITERT FUER ALLE X)     *
50 REM   * GENAUIGKEIT: 14 STELLEN                                     *
60 REM   * ALGORITHMUS: APPROXIMATION NACH TSCHEBYSCHEFF, HORNER-SCHEMA *
70 REM   * SPRACHE:      BASIC                                         *
80 REM   ***************************************************************
90 REM
100 DIM COEFF#(12)
110 REM
120 REM    I N I T I A L I S I E R U N G
130 REM
140 DATA +1.00000000000000D0, -4.93480220054468D0, +4.05871212641677D0
150 DATA -1.33526276885459D0, +2.35330630358895D-1,-2.58068913900225D-2
160 DATA +1.92957430942255D-3, -1.046381049200064D-4, +4.303069463511 04D-6
170 DATA -1.3878921527296D-07, +3.604333193600001D-09, -7.671382016000002D-11
180 DATA +1.25829120D-12
190 DATA 3.14159265358979D0
200 FOR K=0 TO 12
210 READ COEFF#(K)
220 NEXT K
230 READ PI#
240 REM
250 REM   S C H L E I F E N P A R A M E T E R   E I N L E S E N
260 REM
270 INPUT "UNTERE INTERVALLGRENZE";MIN#
280 INPUT "OBERE INTERVALLGRENZE";MAX#
290 INPUT "DELTA";DELTA#
300 REM
310 REM   B E R E C H N U N G E N
320 REM
330 X#=MIN#
340 FOR I=1 TO (INT((MAX#-MIN#)/DELTA#)+1)
350 Y#=X#/PI#
360 IF ABS(Y#)>1# THEN 370 ELSE 390
370 IF Y#>1# THEN Y#=Y#-2#:GOTO 360 ELSE GOTO 380
380 IF Y#<-1# THEN Y#=Y#+2#:GOTO 360
```

```
390 Z#=Y#*Y#
400 GOSUB 470
410 PRINT USING "#.###   ";X#;
420 IF (I MOD 3)<>0 THEN PRINT USING "##.############   ";FUNC#;
430 IF (I MOD 3)=0 THEN PRINT USING "##.############";FUNC#
440 X#=X#+DELTA#
450 NEXT I
460 END
470 REM
480 REM    H O R N E R _ S C H E M A
490 REM
500 FUNC#=COEFF#(12)
510 FOR K=11 TO 0 STEP -1
520 FUNC#=COEFF#(K)+Z#*FUNC#
530 NEXT K
540 RETURN
```

Da das Verfahren der Approximation der Cosinus-Funktion mit Hilfe der
Tschebyscheff-Polynome im Unterschied zu den Interpolationsverfahren
für alle zugelassenen Argumente x der geforderten Genauigkeit der
Funktionswerte genügt, soll die nachfolgende Tabelle angegeben werden,
welche mit o.a. Programm generiert wurde.

X	COS(X)	X	COS(X)	X	COS(X)
0.000	1.00000000000000	0.010	0.99995000041667	0.020	0.99980000666658
0.030	0.99955003374899	0.040	0.99920010666098	0.050	0.99875026039497
0.060	0.99820053993520	0.070	0.99755100025328	0.080	0.99680170630262
0.090	0.99595273301199	0.100	0.99500416527803	0.110	0.99395609795670
0.120	0.99280863585387	0.130	0.99156189371479	0.140	0.99021599621264
0.150	0.98877107793604	0.160	0.98722728337563	0.170	0.98558476690956
0.180	0.98384369278812	0.190	0.98200423511727	0.200	0.98006657784124
0.210	0.97803091472415	0.220	0.97589744933061	0.230	0.97366639500537
0.240	0.97133797485203	0.250	0.96891242171064	0.260	0.96638997813451
0.270	0.96377089636589	0.280	0.96105543831077	0.290	0.95824387551270
0.300	0.95533648912561	0.310	0.95233356988571	0.320	0.94923541808244
0.330	0.94604234352839	0.340	0.94275466552835	0.350	0.93937271284738
0.360	0.93589682367793	0.370	0.93232734560603	0.380	0.92866463557651
0.390	0.92490905985731	0.400	0.92106099400289	0.410	0.91712082281661
0.420	0.91308894031231	0.430	0.90896574967489	0.440	0.90475166321996
0.450	0.90044710235268	0.460	0.89605249752553	0.470	0.89156828819533
0.480	0.88699492277928	0.490	0.88233285861012	0.500	0.87758256189037
0.510	0.87274450764575	0.520	0.86781917967765	0.530	0.86280707051476
0.540	0.85770868136382	0.550	0.85252452205951	0.560	0.84725511101342
0.570	0.84190097516227	0.580	0.83646264991519	0.590	0.83094067910016
0.600	0.82533561490968	0.610	0.81964801784548	0.620	0.81387845666253
0.630	0.80802750831215	0.640	0.80209575788429	0.650	0.79608379854906
0.660	0.78999223149736	0.670	0.78382166588085	0.680	0.77757271875093
0.690	0.77124601499711	0.700	0.76484218728449	0.710	0.75836187599051
0.720	0.75180572914089	0.730	0.74517440234487	0.740	0.73846855872959
0.750	0.73168886887382	0.760	0.72483601074090	0.770	0.71791066961094
0.780	0.71091353801228	0.790	0.70384531565224	0.800	0.69670670934717
0.810	0.68949843295175	0.820	0.68222120728761	0.830	0.67487576007127
0.840	0.66746282584131	0.850	0.65998314588498	0.860	0.65243746816405

```
--------------------------------------------------------------------------
  X         COS(X)              X          COS(X)              X          COS(X)
--------------------------------------------------------------------------

0.870    0.64482654724000    0.880    0.63715114419858    0.890    0.62941202657370
0.900    0.62160996827066    0.910    0.61374574948881    0.920    0.60582015664346
0.930    0.59783398228730    0.940    0.58978802503110    0.950    0.58168308946388
0.960    0.57351998607246    0.970    0.56529953116035    0.980    0.55702254676622
0.990    0.54868986058159    1.000    0.54030230586814    1.010    0.53186072137435
1.020    0.52336595125165    1.030    0.51481884496995    1.040    0.50622025723278
1.050    0.49757104789173    1.060    0.48887208186053    1.070    0.48012422902853
1.080    0.47132836417374    1.090    0.46248536687530    1.100    0.45359612142558
1.110    0.44466151674171    1.120    0.43568244627671    1.130    0.42665980793016
1.140    0.41759450395836    1.150    0.40848744088416    1.160    0.39933952940627
1.170    0.39015168430823    1.180    0.38092482436688    1.190    0.37165987226053
1.200    0.36235775447667    1.210    0.35301940121933    1.220    0.34364574631605
1.230    0.33423772712450    1.240    0.32479628443878    1.250    0.31532236239527
1.260    0.30581690837829    1.270    0.29628087292532    1.280    0.28671520963195
1.290    0.27712087505656    1.300    0.26749882862459    1.310    0.25785003253267
1.320    0.24817545165237    1.330    0.23847605343372    1.340    0.22875280780846
1.350    0.21900668709304    1.360    0.20923866589142    1.370    0.19944972099757
1.380    0.18964083129783    1.390    0.17981297767300    1.400    0.16996714290024
1.410    0.16010431155483    1.420    0.15022546991168    1.430    0.14033160584674
1.440    0.13042370873814    1.450    0.12050276936737    1.460    0.11056977982007
1.470    0.10062573338693    1.480    0.09067162446431    1.490    0.08070844845480
1.500    0.07073720166770    1.510    0.06075888121938    1.520    0.05077448493358
1.530    0.04078501124159    1.540    0.03079145908246    1.550    0.02079482780309
1.560    0.01079611705827    1.570    0.00079632671073    1.580   -0.00920354326881
```

Zu obenstehender Tabelle sei bemerkt, daß diese Funktionswerte bzgl. einer
beabsichtigten Interpolation das gesamte "Spektrum" der Sinus- und Cosinus-
Funktion abdecken, da jedes Argument der beiden genannten Funktionen unter
Berücksichtigung der Periodizität und Phasenbeziehung auf den Bereich
$0 \leq x \leq \pi/2$ zurückgeführt werden kann. (Entsprechende Erläuterungen hierzu
können dem Anhang entnommen werden.)
Die Genauigkeit eines Interpolationsergebnisses ist dabei vom Interpolationsverfahren und den Abständen der Stützstellen abhängig und kann nicht
mehr als 14 Stellen betragen.

Auf den folgenden Seiten sind die Programme für die Implementierung der
Cosinus-Funktion in den Sprachen Pascal und FORTRAN angegeben. Man beachte grundsätzlich, daß die Genauigkeit der einzelnen Implementierungen
von der verwendeten Anlage bzw. vom verwendeten Betriebssystem und der
Implementierung der betreffenden Sprache abhängig sind.

Das zu Beispiel No.5 a) gehörige Programm in der Sprache Pascal:

```
(**********************************************************************)
(*    PROGRAMM:       BERECHNUNG DER COSINUS-FUNKTION                 *)
(*    FUNKTION:       COS(X)                                          *)
(*    BEREICH:        -PI <= X <= +PI (ERWEITERT FUER ALLE X)         *)
(*    GENAUIGKEIT:    14 STELLEN                                      *)
(*    ALGORITHMUS:    APPROXIMATION NACH TSCHEBYSCHEFF, HORNER-SCHEMA *)
(*    SPRACHE:        UCSD-PASCAL ; PASCAL                            *)
(**********************************************************************)

(****************************)
PROGRAM COSINUS(INPUT,OUTPUT);
(****************************)

CONST   PI=3.14159265358979;

TYPE    FELD = ARRAY[ 0..12 ] OF REAL;

VAR     X, Y, Z           :   REAL;
        MIN, MAX, DELTA :   REAL;
        I                 :   INTEGER;
        COEFF             :   FELD;


(*%%%%%%%%%%%%%%%*)
FUNCTION HORNER:REAL;
(*%%%%%%%%%%%%%%%%%%*)

VAR       K:    INTEGER;
          WERT: REAL;
BEGIN
  WERT:=COEFF[12];
  FOR K:=11 DOWNTO 0 DO
    WERT:=COEFF[K]+Z*WERT;
  HORNER:=WERT
END(* OF HORNER *);


BEGIN

  COEFF[00]:=+1.00000000000000E0  ;   COEFF[01]:=-4.93480220054468E0  ;
  COEFF[02]:=+4.05871212641677E0  ;   COEFF[03]:=-1.33526276885459E0  ;
  COEFF[04]:=+2.35330630358895E-1 ;   COEFF[05]:=-2.58068913900225E-2 ;
  COEFF[06]:=+1.92957430942255E-3 ;   COEFF[07]:=-1.04638104920064E-4 ;
  COEFF[08]:=+4.30306946351104E-6 ;   COEFF[09]:=-1.38789215272960E-7 ;
  COEFF[10]:=+3.60433319936000E-9 ;   COEFF[11]:=-7.67138201600000E-11;
  COEFF[12]:=+1.25829120000000E-12;

  WRITELN('DATENEINGABE:');
  WRITELN;
  WRITELN('UNTERE GRENZE DES INTERVALLS ?');
  READLN(MIN);
```

```
    WRITELN('OBERE GRENZE DES INTERVALLS ?');
    READLN(MAX);
    WRITELN('DELTA ?');
    READLN(DELTA);

    X:=MIN;

    FOR I:=1 TO TRUNC((MAX-MIN)/DELTA)+1 DO
      BEGIN
        Y:=X/PI;
        WHILE ABS(Y)>1.0 DO
          IF Y>1.0
            THEN
              Y:=Y-2.0
            ELSE
              Y:=Y+2.0;
        Z:=Y*Y;
        IF ((I MOD 3)<>0)
          THEN
            WRITE(X:4:2,'    ',HORNER:16:14,'
          ELSE
            WRITELN(X:4:2,'    ',HORNER:16:14);
        X:=X+DELTA
      END(* OF FOR *)

END(* OF COSINUS(X) *).
```

Das zu Beispiel No.5 a) gehörige Programm in der Sprache FORTRAN:

```
C *****************************************************************
C PROGRAMM:       BERECHNUNG DER COSINUS-FUNKTION
C FUNKTION:       COS(X)
C BEREICH:        -PI <= X <= +PI (ERWEITERT FUER ALLE X)
C GENAUIGKEIT:    14 STELLEN
C ALGORITHMUS:    APPROXIMATION NACH TSCHEBYSCHEFF, HORNER-SCHEMA
C SPRACHE:        FORTRAN IV, STANDARD-FORTRAN, ASA-FORTRAN
C *****************************************************************
C HAUPTPROGRAMM
C
C EXPLIZITE TYPENDEKLARATION
      DOUBLE PRECISION MIN,MAX,DELTA,X,Y,Z,HELP
      DOUBLE PRECISION COEFF(13)
C INITIALISIERUNG
      DATA (COEFF(I),I=1,13)/+1.00000000000000D0,-4.93480220054468D0,
     1+4.05871212641677D0,-1.33526276885459D0,+2.35330630358895D-1,
     2-2.58068913900225D-2,+1.92957430942255D-3,-1.046381049200064D-4,
     3+4.30306946351104D-6,-1.38789215272960D-7,+3.60433319936000D-9,
     4-7.671382016000000D-11,+1.25829120000000D-12/
      DATA PI/3.14159265358979/
C DATENEINGABE
      WRITE(6,1)
    1 FORMAT(1H ,'DATENEINGABE:')
      WRITE(6,2)
```

```fortran
    2 FORMAT(1H ,'UNTERE GRENZE DES INTERVALLS ?')
      READ(5,5)MIN
      WRITE(6,3)
    3 FORMAT(1H ,'OBERE GRENZE DES INTERVALLS ?')
      READ(5,5)MAX
      WRITE(6,4)
    4 FORMAT(1H ,'DELTA ?')
      READ(5,5)DELTA
    5 FORMAT(F7.4)
C BERECHNUNGEN
      X=MIN
      M=IDINT((MAX-MIN)/DELTA)+1
      DO 10 I=1,M
      Y=X/PI
    6 CONTINUE
      IF (DABS(Y).LE.1.0D0)GOTO 8
      IF (Y.GT.1.0D0)GOTO 7
      Y=Y+2.0D0
      GOTO 6
    7 CONTINUE
      Y=Y-2.0D0
      GOTO 6
    8 CONTINUE
      Z=Y*Y
      HELP=HORNER(Z,COEFF)
      WRITE(6,9)X,HELP
    9 FORMAT(1H ,F7.4,5H      ,F17.14)
      X=X+DELTA
   10 CONTINUE
      STOP
      END
C UNTERPROGRAMM
      DOUBLE PRECISION FUNCTION HORNER(X,COEFF)
      DOUBLE PRECISION COEFF(13),WERT,X
      WERT=COEFF(13)
      K=13
   11 CONTINUE
      K=K-1
      WERT=COEFF(K)+X*WERT
      IF(K.GT.1)GOTO 11
      HORNER=WERT
      RETURN
      END
```

b)   Verfahren der iterierten linearen Interpolation

Gemäß der Beschreibung des Verfahrens der wiederholten (iterierten)
linearen Interpolation in Abschnitt 2.2.1 seien innerhalb dieses Ab-
schnittes die entsprechenden Implementierungen dieses Interpolationsverfahrens in den verschiedenen Programmiersprachen angegeben.
Für die Sprache BASIC wird das folgende Programm vorgestellt:

```
10 REM    ****************************************************************
20 REM    * PROGRAMM:     ITERIERTE LINEARE INTERPOLATION               *
30 REM    * FUNKTION:     COS(X)                                        *
40 REM    * BEREICH:      0.1 <= X <= 0.5                               *
50 REM    * ALGORITHMUS: ITERIERTE LINEARE INTERPOLATION NACH           *
60 REM    *               AITKEN-NEVILLE                                *
70 REM    * SPRACHE:      BASIC                                         *
80 REM    ****************************************************************
90 REM
100 ANZ=4
110 DIM X#(ANZ),Y#(ANZ),ITER#(ANZ,ANZ)
120 REM    I N I T I A L I S I E R U N G
130 REM
140 DATA 0.1D0,0.2D0,0.3D0,0.4D0,0.5D0
150 DATA 0.99500416527803D0,0.98006657784124D0,0.95533648912561D0
160 DATA 0.92106099400289D0,0.87758256189037D0
170 FOR K=0 TO ANZ
180 READ X#(K)
190 NEXT K
200 FOR K=0 TO ANZ
210 READ Y#(K)
220 NEXT
230 REM
240 REM   S C H L E I F E N P A R A M E T E R
250 REM
260 PRINT "ARGUMENT FUER ";X#(O);" - ";X#(ANZ);" EINGEBEN !"
270 INPUT "UNTERE GRENZE";MIN#
280 INPUT "OBERE GRENZE";MAX#
290 INPUT "DELTA";DELTA#
300 J=INT((MAX#-MIN#)/DELTA#)+1
310 ARG#=MIN#
320 FOR JJ=1 TO J
330 REM
340 REM   B E R E C H N U N G E N
350 REM
360 FOR K=0 TO ANZ-1
370 ITER#(1,K)=(Y#(K)*(ARG#-X#(K+1))-Y#(K+1)*(ARG#-X#(K)))/(X#(K)-X#(K+1))
380 NEXT K
390 FOR M=2 TO ANZ
400 NM=ANZ-M
410 FOR K=0 TO NM
420 ITER#(M,K)=(ITER#(M-1,K)*(ARG#-X#(K+M))-ITER#(M-1,K+1)*(ARG#-X#(K)))
430 ITER#(M,K)=ITER#(M,K)/(X#(K)-X#(K+M))
440 NEXT K
```

```
450 NEXT M
460 PRINT USING "##.######    ";ARG#;
470 PRINT USING "##.############";ITER#(ANZ,0)
480 ARG#=ARG#+DELTA#
490 NEXT JJ
500 END
```

Die Funktionswerte, die durch dieses Programm generiert werden können,
seien an dieser Stelle nicht angegeben. Sie sollen vielmehr in einer ge-
sonderten Tabelle aufgeführt werden, welche einen Vergleich der Funktionswerte aller hier genannten Verfahren ermöglicht. Dieser Vergleich wird
gegen Ende des Beispiels No. 5 unter dem Titel "Auswertung" angestellt.
Nachfolgend seien für das Verfahren der iterierten linearen Interpolation
die entsprechenden Programme in den Sprachen Pascal und FORTRAN angegeben. -

Die angeführten Programme können auch für Interpolationen beliebiger
Funktionen verwendet werden, sofern diese durch mindestens 3 Stützstellen
(Wertepaare: (x_i,y_i)) innerhalb des Wertebereichs des verwendeten Systems "beschrieben" werden können. Hierbei müssen in dem verwendeten Programm bei Bedarf lediglich die Größe "ANZ" geändert und die gewünschten
Stützstellen (Anzahl: ANZ + 1) an entsprechender Stelle in das Programm
eingefügt werden.
Die Indizierung der Feldelemente erfolgt grundsätzlich vom kleinsten ver-
einbarten Index an aufwärts. Man beachte weiterhin, daß die Abszissenwerte
(x_i) in aufsteigender Reihenfolge, d.h. $x_i < x_{i+1}$, vereinbart werden
müssen, da andernfalls die korrekte Abarbeitung der Implementierung des Algorithmus nicht gewährleistet ist.

Implementierung des Verfahrens der iterierten linearen Interpolation in
der Programmiersprache Pascal:

```
(*****************************************************************)
(*    PROGRAMM:      FUNKTIONSWERTE DER COSINUS-FUNKTION         *)
(*    FUNKTION:      Y = COS(X)                                  *)
(*    BEREICH:       0.1 <= X <= 0.5                             *)
(*    ALGORITHMUS:   ITERIERTE LIN. INTERPOL. NACH AITKEN-NEVILLE *)
(*    SPRACHE:       UCSD-PASCAL V4.0; PASCAL                    *)
(*****************************************************************)

(******************************)
PROGRAM REP_LIN_INT(INPUT,OUTPUT);
(******************************)

CONST    ANZ=4;

TYPE     INDEX = 0 .. ANZ;
```

```
VAR     X, Y              : ARRAY[ INDEX ] OF REAL;
        ITER              : ARRAY[ INDEX , INDEX ] OF REAL;
        ARG, MIN, MAX, DELTA : REAL;
        K, M, N, NM, J    : INTEGER;

BEGIN
        (* I N I T I A L I S I E R U N G *)

  N:=ANZ;

  X[00]:=0.10000000000000;        Y[00]:=0.99500416527803;
  X[01]:=0.20000000000000;        Y[01]:=0.98006657784124;
  X[02]:=0.30000000000000;        Y[02]:=0.95533648912561;
  X[03]:=0.40000000000000;        Y[03]:=0.92106099400289;
  X[04]:=0.50000000000000;        Y[04]:=0.87758256189037;

        (* B E R E C H N U N G E N *)

  WRITE('EINGABE DER SCHLEIFENPARAMETER FUER DAS INTERVALL: ');
  WRITELN(X[00],' - ',X[N]);
  WRITELN('UNTERE GRENZE ?');
  READLN(MIN);
  WRITELN('OBERE GRENZE ?');
  READLN(MAX);
  WRITELN('DELTA ?');
  READLN(DELTA);
  ARG:=MIN;
  FOR J:=1 TO TRUNC((MAX-MIN)/DELTA)+1 DO
    BEGIN
      FOR K:=0 TO (N-1) DO
        ITER[1,K]:=(Y[K]*(ARG-X[K+1])-Y[K+1]*(ARG-X[K]))/(X[K]-X[K+1]);
      FOR M:=2 TO N DO
        BEGIN
          NM:=N-M;
          FOR K:=0 TO NM DO
            ITER[M,K]:=(ITER[M-1,K]*(ARG-X[K+M])-ITER[M-1,K+1]*(ARG-X[K]))/
                       (X[K]-X[K+M])
        END(* OF FOR: M *);
      WRITELN('X= ',ARG,'   Y= ',ITER[N,0]);
      ARG:=ARG+DELTA;
    END(* OF FOR: J *)
END(* OF REP_LIN_INT *).
```

Implementierung des Verfahrens der iterierten linearen Interpolation in
der Programmiersprache FORTRAN:

```
C ****************************************************************
C PROGRAMM:      FUNKTIONSWERTE DER COSINUS-FUNKTION
C FUNKTION:      COS(X)
C BEREICH:       0.1 <= X <= 0.5
C ALGORITHMUS:   ITERIERTE LIN. INTERPOL. NACH AITKEN-NEVILLE
C SPRACHE:       FORTRAN IV, STANDARD-FORTRAN, ASA-FORTRAN
C ****************************************************************
```

```fortran
C HAUPTPROGRAMM
C
C EXPLIZITE TYPENDEKLARATION
      DOUBLE PRECISION MIN,MAX,DELTA,ARG
C
C BEI AENDERUNG DER ANZAHL DER STUETZSTELLEN MUESSEN AUCH DIE
C DIMENSIONEN DER FELDER GEAENDERT WERDEN
C
      DOUBLE PRECISION X(5),Y(5),ITER(5,5)
C
C INITIALISIERUNG
C
      DATA (X(I),I=1,5)/0.10D0,0.20D0,0.30D0,0.40D0,0.50D0/
      DATA (Y(I),I=1,5)/0.99500416527803D0,0.98006657784124D0,
     10.95533648912561D0,0.92106099400289D0,0.87758256189037D0/
      N=4
C
C DATENEINGABE
C
      WRITE(6,1)
    1 FORMAT(1H ,'DATENEINGABE FUER DAS INTERVALL:')
      WRITE(6,2)X(1),X(N+1)
    2 FORMAT(1H ,F7.4,' - ',F7.4)
      WRITE(6,3)
    3 FORMAT(1H ,'UNTERE GRENZE DES INTERVALLS ?')
      READ(5,6)MIN
      WRITE(6,4)
    4 FORMAT(1H ,'OBERE GRENZE DES INTERVALLS ?')
      READ(5,6)MAX
      WRITE(6,5)
    5 FORMAT(1H ,'DELTA ?')
      READ(5,6)DELTA
    6 FORMAT(F7.4)
C
C BERECHNUNGEN
C
      ARG=MIN
      JJ=IDINT((MAX-MIN)/DELTA)+1
      DO 10 J=1,JJ
      DO 7 K=1,N
    7 ITER(1,K)=(Y(K)*(ARG-X(K+1))-Y(K+1)*(ARG-X(K)))/(X(K)-X(K+1))
      DO 8 M=2,N
      NM=N+1-M
      DO 8 K=1,NM
      ITER(M,K)=(ITER(M-1,K)*(ARG-X(K+M))-ITER(M-1,K+1)*(ARG-X(K)))
      ITER(M,K)=ITER(M,K)/(X(K)-X(K+M))
    8 CONTINUE
      WRITE(6,9)ARG,ITER(N,1)
    9 FORMAT(1H ,F7.4,5H      ,F17.14)
      ARG=ARG+DELTA
   10 CONTINUE
      STOP
      END
```

c)   Anwendung verallgemeinerter natürlicher kubischer Splines

Eine Implementierung der Anwendung verallgemeinerter natürlicher kubischer
Spline-Funktionen mit Hilfe der Programmiersprachen BASIC, FORTRAN oder
Pascal kann den nachfolgenden Seiten entnommen werden.
Hierzu sei bemerkt, daß das in Abschnitt 2.2.2 beschriebene Gleichungs-
system mit Hilfe des Gaußschen Algorithmus für tridiagonale Matrizen gelöst wurde. Eine ausführliche Beschreibung dieses Verfahrens kann u.a. [13]
entnommen werden.

Für die Auswertung der Funktionswerte, die durch diese Implementierung gewonnen werden können, gilt das gleiche wie für Abschnitt b), d.h. die
Resultate der verschiedenen Verfahren werden im anschließenden Abschnitt
einander gegenübergestellt.

Implementierung der Anwendung verallgemeinerter natürlicher kubischer
Splines in der Sprache BASIC:

```
10 REM   ****************************************************************
20 REM   * PROGRAMM:     FUNKTIONSWERTE DER COSINUS-FUNKTION            *
30 REM   * FUNKTION:     COS(X)                                         *
40 REM   * BEREICH:      0.1 <= X <= 0.5                                *
50 REM   * ALGORITHMUS: VERALLG. NAT. KUBISCHE SPLINES                  *
60 REM   * SPRACHE:      BASIC                                          *
70 REM   ****************************************************************
80 REM
90 ANZ=4
100 DIM X#(ANZ),Y#(ANZ),B#(ANZ),C#(ANZ),D#(ANZ)
110 DIM AVECTOR#(ANZ),GVECTOR#(ANZ),HVECTOR#(ANZ)
120 DIM GAMMAVECTOR#(ANZ)
130 REM   I N I T I A L I S I E R U N G
140 REM
150 DATA 0.1D0,0.2D0,0.3D0,0.4D0,0.5D0
160 DATA 0.99500416527803D0,0.98006657784124D0,0.95533648912561D0
170 DATA 0.92106099400289D0,0.87758256189037D0
180 FOR K=0 TO ANZ
190 READ X#(K)
200 NEXT K
210 FOR K=0 TO ANZ
220 READ Y#(K)
230 NEXT
240 N=ANZ
250 REM
260 REM  2. ABLEITUNG DER FUNKTION F(X) = COS(X) FUER XO UND XN
270 REM
280 C#(0)=-.5#*Y#(0)
290 C#(N)=-.5#*Y#(N)
300 REM
310 REM    V E K T O R E N  B E L E G E N
320 REM   GAUSS´SCHER ALGORITHMUS FUER TRIDIAGONALE MATRIZEN
330 REM
```

```
340 HVECTOR#(0)=X#(1)-X#(0)
350 FOR I=1 TO (N-1)
360 HVECTOR#(I)=X#(I+1)-X#(I)
370 AVECTOR#(I)=(Y#(I+1)-Y#(I))/HVECTOR#(I)-(Y#(I)-Y#(I-1))/HVECTOR#(I-1)
380 AVECTOR#(I)=3#*AVECTOR#(I)
390 NEXT I
400 AVECTOR#(1)=AVECTOR#(1)-HVECTOR#(0)*C#(0)
410 AVECTOR#(N-1)=AVECTOR#(N-1)-HVECTOR#(N-1)*C#(N)
420 ALPHA#=2#*(HVECTOR#(0)+HVECTOR#(1))
430 GVECTOR#(1)=AVECTOR#(1)/ALPHA#
440 GAMMAVECTOR#(1)=HVECTOR#(1)/ALPHA#
450 FOR I=2 TO (N-2)
460 ALPHA#=2#*(HVECTOR#(I-1)+HVECTOR#(I))-HVECTOR#(I-1)*GAMMAVECTOR#(I-1)
470 GAMMAVECTOR#(I)=HVECTOR#(I)/ALPHA#
480 GVECTOR#(I)=(AVECTOR#(I)-HVECTOR#(I-1)*GVECTOR#(I-1))/ALPHA#
490 NEXT I
500 GVECTOR#(N-1)=AVECTOR#(N-1)-HVECTOR#(N-2)*GVECTOR#(N-2)
510 HELP#=2#*(HVECTOR#(N-2)+HVECTOR#(N-1))-HVECTOR#(N-2)*GAMMAVECTOR#(N-2)
520 GVECTOR#(N-1)=GVECTOR#(N-1)/HELP#
530 C#(N-1)=GVECTOR#(N-1)
540 FOR I=(N-2) TO 1 STEP -1
550 C#(I)=GVECTOR#(I)-GAMMAVECTOR#(I)*C#(I+1)
560 NEXT I
570 FOR I=0 TO (N-1)
580 B#(I)=(Y#(I+1)-Y#(I))/HVECTOR#(I)-(C#(I+1)+2#*C#(I))*HVECTOR#(I)/3#
590 D#(I)=(C#(I+1)-C#(I))/(3#*HVECTOR#(I))
600 NEXT I
610 REM
620 REM    S C H L E I F E N P A R A M E T E R
630 PRINT "PARAMETEREINGABE:"
640 PRINT "EINGABE DES ARGUMENTES FUER DAS INTERVALL:"
650 PRINT X#(0);" - ";X#(N)
660 INPUT "UNTERE GRENZE";MIN#
670 INPUT "OBERE GRENZE";MAX#
680 INPUT "DELTA";DELTA#
690 ARG#=MIN#
700 FOR I=1 TO INT((MAX#-MIN#)/DELTA#)+1
710 REM
720 REM    B I N A E R E S  S U C H E N
730 REM    FUER AUFSTEIGEND SORTIERTE FELDER
740 AA=0
750 BB=N
760 IF AA>BB THEN GOTO 810
770 REM  "Ö" = DIV
780 IND=(AA+BB)Ö2
790 IF ARG#>=X#(IND) THEN AA=IND+1 ELSE BB=IND-1
800 GOTO 760
810 REM
820 REM    B E R E C H N U N G  D E S  F U N K T I O N S W E R T E S
830 DIFF#=ARG#-X#(BB)
840 VALUE#=Y#(BB)+DIFF#*(B#(BB)+DIFF#*(C#(BB)+DIFF#*D#(BB)))
850 PRINT USING "##.####";ARG#;
860 PRINT "    ";
870 PRINT USING "##.#############";VALUE#
880 ARG#=ARG#+DELTA#
890 NEXT I
900 END
```

Implementierung der Anwendung verallgemeinerter natürlicher kubischer
Splines in der Sprache Pascal:

```pascal
(*************************************************************)
(*    PROGRAMM:      FUNKTIONSWERTE DER COSINUS-FUNKTION   *)
(*    FUNKTION:      Y = COS(X)                            *)
(*    BEREICH:       0.1 <= X <= 0.5                       *)
(*    ALGORITHMUS:   VERALLG. NAT. KUBISCHE. SPLINES       *)
(*    SPRACHE:       UCSD-PASCAL V4.0; PASCAL              *)
(*************************************************************)

(***********************************)
PROGRAM CUBIC_SPLINES(INPUT,OUTPUT);
(***********************************)

CONST   ANZ=4;

TYPE    FELD = ARRAY[ 0..ANZ ] OF REAL;

VAR     X, Y                        : FELD;
        B, C, D                     : FELD;
        A_VECTOR, G_VECTOR, H_VECTOR : FELD;
        GAMMA_VECTOR                : FELD;
        ALPHA, DIFF, ARG, VALUE     : REAL;
        MIN, MAX, DELTA             : REAL;
        I, N, AA, BB, IND           : INTEGER;

BEGIN
        (* I N I T I A L I S I E R E N *)

  N:=ANZ;
  X[00]:=0.100000000000000;        Y[00]:=0.99500416527803;
  X[01]:=0.200000000000000;        Y[01]:=0.98006657784124;
  X[02]:=0.300000000000000;        Y[02]:=0.95533648912561;
  X[03]:=0.400000000000000;        Y[03]:=0.92106099400289;
  X[04]:=0.500000000000000;        Y[04]:=0.87758256189037;
  C[0]:=-0.5*Y[0];    (* C[0] = 0.5 * D2F(X)/DX2 = -COS(X), FUER X=0.10 *)
  C[N]:=-0.5*Y[N];    (* C[N] = 0.5 * D2F(X)/DX2 = -COS(X), FUER X=0.50 *)

        (*          V E K T O R E N   B E L E G E N          *)
        (* GAUSS'SCHER ALGORITHMUS FUER TRIDIAGONALE MATRIZEN *)
  H_VECTOR[0]:=X[1]-X[0];

  FOR I:=1 TO (N-1) DO
    BEGIN
      H_VECTOR[I]:=X[I+1]-X[I];
      A_VECTOR[I]:=3.0*((Y[I+1]-Y[I])/H_VECTOR[I]-(Y[I]-Y[I-1])/
                    H_VECTOR[I-1])
    END(* OF FOR: I *);

  A_VECTOR[1]:=A_VECTOR[1]-H_VECTOR[0]*C[0];
  A_VECTOR[N-1]:=A_VECTOR[N-1]-H_VECTOR[N-1]*C[N];
  ALPHA:=2.0*(H_VECTOR[0]+H_VECTOR[1]);
  G_VECTOR[1]:=A_VECTOR[1]/ALPHA;
```

```
   GAMMA_VECTOR[1]:=H_VECTOR[1]/ALPHA;

   FOR I:=2 TO (N-2) DO
     BEGIN
       ALPHA:=2.0*(H_VECTOR[I-1]+H_VECTOR[I])-H_VECTOR[I-1]*
                 GAMMA_VECTOR[I-1];
       GAMMA_VECTOR[I]:=H_VECTOR[I]/ALPHA;
       G_VECTOR[I]:=(A_VECTOR[I]-H_VECTOR[I-1]*G_VECTOR[I-1])/ALPHA
     END(* OF FOR: I *);
   G_VECTOR[N-1]:=(A_VECTOR[N-1]-H_VECTOR[N-2]*G_VECTOR[N-2])/(2.0*
                 (H_VECTOR[N-2]+H_VECTOR[N-1])-H_VECTOR[N-2]*
                 GAMMA_VECTOR[N-2]);
   C[N-1]:=G_VECTOR[N-1];
   FOR I:=(N-2) DOWNTO 1 DO
     C[I]:=G_VECTOR[I]-GAMMA_VECTOR[I]*C[I+1];

   FOR I:=0 TO (N-1) DO
     BEGIN
       B[I]:=(Y[I+1]-Y[I])/H_VECTOR[I]-(C[I+1]+2.0*C[I])*H_VECTOR[I]/3.0;
       D[I]:=(C[I+1]-C[I])/(3.0*H_VECTOR[I])
     END(* OF FOR: I *);

   WRITELN('PARAMETEREINGABE:');
   WRITE('EINGABE DES ARGUMENTES FUER DAS INTERVALL:   ');
   WRITELN(X[0],' - ',X[N]);
   WRITELN('UNTERE GRENZE ?');
   READLN(MIN);
   WRITELN('OBERE GRENZE ?');
   READLN(MAX);
   WRITELN('DELTA');
   READLN(DELTA);
   ARG:=MIN;

   FOR I:=1 TO TRUNC((MAX-MIN)/DELTA)+1 DO
     BEGIN

     (* B I N A E R E S   S U C H E N     *)
     (* FUER AUFSTEIGEND SORTIERTE FELDER *)
       AA:=0;
       BB:=N;
       WHILE AA<=BB DO
         BEGIN
           IND:=(AA+BB) DIV 2;
           IF ARG>=X[IND]
             THEN
               AA:=IND+1
             ELSE
               BB:=IND-1
         END(* OF WHILE *);
       (* B E R E C H N U N G   D E S   F U N K T I O N S W E R T E S *)
       DIFF:=ARG-X[BB];
       VALUE:=Y[BB]+DIFF*(B[BB]+DIFF*(C[BB]+DIFF*D[BB]));
       WRITELN('X= ',ARG,'   Y= ',VALUE);
       ARG:=ARG+DELTA
     END(* OF FOR: I *)
END(* OF CUBIC_SPLINES *).
```

Implementierung der Anwendung verallgemeinerter natürlicher kubischer
Splines in der Sprache FORTRAN:

```
C ****************************************************************
C PROGRAMM:       FUNKTIONSWERTE DER COSINUS-FUNKTION
C FUNKTION:       COS(X)
C BEREICH:        0.1 <= X <= 0.5
C ALGORITHMUS:    VERALLG. NAT. KUBISCHE SPLINES
C SPRACHE:        FORTRAN IV, STANDARD-FORTRAN, ASA-FORTRAN
C ****************************************************************
C HAUPTPROGRAMM
C
C EXPLIZITE TYPENDEKLARATION
      DOUBLE PRECISION MIN,MAX,DELTA,ALPHA,DIFF,ARG,VALUE,HELP
C
      DOUBLE PRECISION X(5),Y(5),AVEC(5),GVEC(5),HVEC(5),GAMMA(5)
      DOUBLE PRECISION B(5),C(5),D(5)
      INTEGER AA,BB
C
C INITIALISIERUNG
C
      DATA (X(I),I=1,5)/0.10D0,0.20D0,0.30D0,0.40D0,0.50D0/
      DATA (Y(I),I=1,5)/0.99500416527803D0,0.98006657784124D0,
     10.95533648912561D0,0.92106099400289D0,0.87758256189037D0/
      N=4
C
C 2. ABLEITUNG DER FUNKTION  F(X) = COS(X)  FUER X1 UND XN+1
C
      C(1)=-0.5D0*Y(1)
      C(N+1)=-0.5D0*Y(N+1)
C
C V E K T O R E N   B E L E G E N
C GAUSS´SCHER ALGORITHMUS FUER TRIDIAGONALE MATRIZEN
C
      HVEC(1)=X(2)-X(1)
      DO 1 I=1,N-1
      HVEC(I+1)=X(I+2)-X(I+1)
      AVEC(I)=3.0D0*((Y(I+2)-Y(I+1))/HVEC(I+1)-(Y(I+1)-Y(I))/HVEC(I))
    1 CONTINUE
      AVEC(1)=AVEC(1)-HVEC(1)*C(1)
      AVEC(N-1)=AVEC(N-1)-HVEC(N)*C(N+1)
      ALPHA=2.0D0*(HVEC(1)+HVEC(2))
      GVEC(1)=AVEC(1)/ALPHA
      GAMMA(1)=HVEC(2)/ALPHA
      DO 2 I=2,N-2
      ALPHA=2.0*(HVEC(I)+HVEC(I+1))-HVEC(I)*GAMMA(I-1)
      GAMMA(I)=HVEC(I+1)/ALPHA
      GVEC(I)=(AVEC(I)-HVEC(I)*GVEC(I-1))/ALPHA
    2 CONTINUE
      GVEC(N-1)=AVEC(N-1)-HVEC(N-1)*GVEC(N-2)
      HELP=2.0D0*(HVEC(N-1)+HVEC(N))-HVEC(N-1)*GAMMA(N-2)
      GVEC(N-1)=GVEC(N-1)/HELP
      C(N)=GVEC(N-1)
      I=N-2
```

```
      3 CONTINUE
        C(I+1)=GVEC(I)-GAMMA(I)*C(I+2)
        I=I-1
        IF (I.GE.1)GOTO 3
        DO 4 I=1,N
        B(I)=(Y(I+1)-Y(I))/HVEC(I)-(C(I+1)+2.0D0*C(I))*HVEC(I)/3.0D0
        D(I)=(C(I+1)-C(I))/(3.0D0*HVEC(I))
      4 CONTINUE
C
C DATENEINGABE
C
        WRITE(6,5)
      5 FORMAT(1H ,´DATENEINGABE FUER DAS INTERVALL:´)
        WRITE(6,6)X(1),X(N+1)
      6 FORMAT(1H ,F7.4,´  -  ´,F7.4)
        WRITE(6,7)
      7 FORMAT(1H ,´UNTERE GRENZE DES INTERVALLS ?´)
        READ(5,10)MIN
        WRITE(6,8)
      8 FORMAT(1H ,´OBERE GRENZE DES INTERVALLS ?´)
        READ(5,10)MAX
        WRITE(6,9)
      9 FORMAT(1H ,´DELTA ?´)
        READ(5,10)DELTA
     10 FORMAT(F7.4)
C
C BERECHNUNGEN
C
        ARG=MIN
        II=IDINT((MAX-MIN)/DELTA)+1
        DO 14 I=1,II
C BINAERES SUCHEN FUER AUFSTEIGEND SORTIERTE FELDER
        AA=1
        NN=N+1
     11 CONTINUE
        IF (AA.GT.BB)GOTO 12
        IND=(AA+BB)/2
        IF (ARG.GE.X(IND))AA=IND+1
        IF (ARG.LT.X(IND))BB=IND-1
        GOTO 11
     12 CONTINUE
C FUNKTIONSWERT BERECHNEN
        DIFF=ARG-X(BB)
        VALUE=Y(BB)+DIFF*(B(BB)+DIFF*(C(BB)+DIFF*D(BB)))
        WRITE(6,13)ARG,VALUE
     13 FORMAT(1H ,F7.4,5H        ,F17.14)
        ARG=ARG+DELTA
     14 CONTINUE
        STOP
        END
```

Auswertung:

Die Gegenüberstellung der Ergebnisse der unterschiedlichen Berechnungsverfahren erfolgt wie untenstehend beschrieben:

Ausgehend von dem Verfahren der Approximation durch Tschebyscheff-
Polynome werden (n+1) Stützstellen mit einer Mindestgenauigkeit von
14 Stellen generiert. Diese Stützstellen stellen die Eingangsparameter
(Wertepaare (x_i, y_i)) für die beiden Interpolationsverfahren dar.
Für beliebige Argumente x (mit $x_0 \leq x \leq x_n$) können somit die folgen-
den Größen berechnet werden:

$$y_1: \quad y_1 = \cos(x)' \qquad \text{durch Tschebyscheff-Polynome,}$$

$$y_2: \quad y_2 = \cos(x)'' \qquad \text{durch iterierte lineare Interpolation,}$$

$$y_3: \quad y_3 = \cos(x)''' \qquad \text{durch verallgemeinerte nat. kubische Spline-Funktionen,}$$

$$\varepsilon_1: \quad y_1 - y_2 \qquad \text{absoluter Fehler der Funktionswerte der iterierten linearen Interpolation gegenüber der Tschebyscheff-Approximation,}$$

$$\varepsilon_2: \quad y_1 - y_3 \qquad \text{absoluter Fehler der Funktionswerte der Anwendung verallgemeinerter nat. kubischer Spline-Funktionen gegenüber der Tschebyscheff-Approximation,}$$

$$\Delta\varepsilon: \quad y_2 - y_3 \qquad \text{absoluter Fehler der beiden Interpolationsverfahren untereinander.}$$

Hierbei stellen die Funktionswerte y_1 die Referenzwerte für die Auswertung dar. Für diese Referenzwerte wird ein absoluter Fehler von $5 \cdot 10^{-15}$
gegenüber dem wahren Wert der trigonometrischen Funktion $f(x) = \cos(x)$
angenommen.
Im folgenden werden vier Tabellen vorgestellt, welche für unterschiedliche
Anzahlen von Stützstellen die oben beschriebenen Größen wiedergeben.

Das Programm, das für diese Tabellengenerierung verwendet wurde, ist am
Schluß dieses Programmierbeispiels angeführt.

```
VERGLEICH DER VERSCHIEDENEN BERECHNUNGSVERFAHREN FUER   5   STUETZSTELLEN IM BEREICH    0.1000  -  0.5000
```

X	Y1	Y2	Y3	EPS1	EPS2	DEPS
0.1000	0.99500416527803	0.99500416527803	0.99500416527803	0.0000D+00	0.0000D+00	0.0000D+00
0.1125	0.99367854637930	0.99367859685450	0.99367826216842	-5.0475D-08	2.8421D-07	3.3469D-07
0.1250	0.99219766722933	0.99219774255514	0.99219716085635	-7.5326D-08	5.0637D-07	5.8170D-07
0.1375	0.99056175921248	0.99056184049672	0.99056113254021	-8.1284D-08	6.2667D-07	7.0796D-07
0.1500	0.98877107793604	0.98877115208079	0.98877044841835	-7.4145D-08	6.2952D-07	7.0366D-07
0.1625	0.98682590319033	0.98682596199371	0.98682537968915	-5.8803D-08	5.2350D-07	5.8230D-07
0.1750	0.98472653890493	0.98472657820665	0.98472619755099	-3.9302D-08	3.4135D-07	3.8066D-07
0.1875	0.98247331310126	0.98247333197558	0.98247317320223	-1.8874D-08	1.3990D-07	1.5877D-07
0.2000	0.98006657784124	0.98006657784124	0.98006657784124	0.0000D+00	0.0000D+00	0.0000D+00
0.2125	0.97750670917238	0.97750669362922	0.97750671916407	1.5543D-08	-9.9917D-09	-2.5535D-08
0.2250	0.97479410706894	0.97479408044988	0.97479405085745	2.6619D-08	5.6211D-08	2.9592D-08
0.2375	0.97192919536949	0.97192916269838	0.97192906310577	3.2671D-08	1.3226D-07	9.9593D-08
0.2500	0.96891242171064	0.96891238805471	0.96891224609344	3.3656D-08	1.7562D-07	1.4196D-07
0.2625	0.96574425745715	0.96574422748362	0.96574409000486	2.9974D-08	1.6745D-07	1.3748D-07
0.2750	0.96242519762824	0.96242517523469	0.96242508502442	2.2394D-08	1.1260D-07	9.0210D-08
0.2875	0.95895576082024	0.95895574884229	0.95895572133654	1.1978D-08	3.9484D-08	2.7506D-08
0.3000	0.95533648912561	0.95533648912561	0.95533648912561	0.0000D+00	0.0000D+00	0.0000D+00
0.3125	0.95156794804817	0.95156796018860	0.95156790749646	-1.2140D-08	4.0552D-08	5.2692D-08
0.3250	0.94765072641482	0.94765074942006	0.94765061123573	-2.3005D-08	1.1518D-07	1.3818D-07
0.3375	0.94358543628345	0.94358546749355	0.94358526405045	-3.1210D-08	1.7223D-07	2.0344D-07
0.3500	0.93937271284738	0.93937274836746	0.93937252964769	-3.5520D-08	1.8320D-07	2.1872D-07
0.3625	0.93501321433608	0.93501324928497	0.93501307173450	-3.4949D-08	1.4260D-07	1.7755D-07
0.3750	0.93050762191231	0.93050765077405	0.93050755401793	-2.8862D-08	6.7894D-08	9.6756D-08
0.3875	0.92585663956574	0.92585665664750	0.92585664020504	-1.7082D-08	-6.3930D-10	1.6442D-08
0.4000	0.92106099400289	0.92106099400289	0.92106099400289	0.0000D+00	0.0000D+00	0.0000D+00
0.4125	0.91612143453361	0.91612141322260	0.91612131321749	2.1311D-08	1.2132D-07	1.0001D-07
0.4250	0.91103873295403	0.91103868797383	0.91103843205074	4.4980D-08	3.0090D-07	2.5592D-07
0.4375	0.90581368342594	0.90581361520857	0.90581321880351	6.8217D-08	4.6462D-07	3.9641D-07
0.4500	0.90044710235268	0.90044701516359	0.90044654177666	8.7189D-08	5.6058D-07	4.7339D-07
0.4625	0.89493982825163	0.89493973136049	0.89493926927106	9.6891D-08	5.5898D-07	4.6209D-07
0.4750	0.88929272162317	0.88929263060566	0.88929226958756	9.1018D-08	4.5204D-07	3.6102D-07
0.4875	0.88350666481621	0.88350660299029	0.88350641102705	6.1826D-08	2.5379D-07	1.9196D-07
0.5000	0.87758256189037	0.87758256189037	0.87758256189037	0.0000D+00	0.0000D+00	0.0000D+00

```
VERGLEICH DER VERSCHIEDENEN BERECHNUNGSVERFAHREN FUER   9  STUETZSTELLEN IM BEREICH   0.1000  -  0.5000
```

X	Y1	Y2	Y3	EPS1	EPS2	DEPS
0.1000	0.99500416527803	0.99500416527803	0.99500416527803	0.0000D+00	0.0000D+00	0.0000D+00
0.1125	0.99367854637930	0.99367854637930	0.99367851438841	-7.2164D-15	3.1991D-08	3.1991D-08
0.1250	0.99219766722933	0.99219766722934	0.99219762736011	-5.9119D-15	3.9869D-08	3.9869D-08
0.1375	0.99056175921248	0.99056175921248	0.99056173745527	-2.7339D-15	2.1757D-08	2.1757D-08
0.1500	0.98877107793604	0.98877107793604	0.98877107793604	0.0000D+00	0.0000D+00	0.0000D+00
0.1625	0.98682590319033	0.98682590319033	0.98682590032836	1.0131D-15	2.8620D-09	2.8620D-09
0.1750	0.98472653890493	0.98472653890493	0.98472652921338	1.1935D-15	9.6916D-09	9.6916D-09
0.1875	0.98247331310126	0.98247331310125	0.98247330743602	4.5797D-16	5.6652D-09	5.6652D-09
0.2000	0.98006657784124	0.98006657784124	0.98006657784124	0.0000D+00	0.0000D+00	0.0000D+00
0.2125	0.97750670917238	0.97750670917238	0.97750669864154	-5.9674D-16	1.0531D-08	1.0531D-08
0.2250	0.97479410706894	0.97479410706894	0.97479408951967	-4.4409D-16	1.7549D-08	1.7549D-08
0.2375	0.97192919536949	0.97192919536949	0.97192918552593	-4.3021D-16	9.8436D-09	9.8436D-09
0.2500	0.96891242171064	0.96891242171064	0.96891242171064	0.0000D+00	0.0000D+00	0.0000D+00
0.2625	0.96574425745715	0.96574425745715	0.96574424905983	1.9429D-16	8.3973D-09	8.3973D-09
0.2750	0.96242519762824	0.96242519762824	0.96242518230234	2.4980D-16	1.5326D-08	1.5326D-08
0.2875	0.95895576082024	0.95895576082024	0.95895575210274	1.6653D-16	8.7175D-09	8.7175D-09
0.3000	0.95533648912561	0.95533648912561	0.95533648912561	0.0000D+00	0.0000D+00	0.0000D+00
0.3125	0.95156794804817	0.95156794804817	0.95156793950603	-2.6368D-16	8.5421D-09	8.5421D-09
0.3250	0.94765072641482	0.94765072641482	0.94765071126128	-3.6082D-16	1.5154D-08	1.5154D-08
0.3375	0.94358543628345	0.94358543628345	0.94358542787913	-2.4980D-16	8.4043D-09	8.4043D-09
0.3500	0.93937271284738	0.93937271284738	0.93937271284738	0.0000D+00	0.0000D+00	0.0000D+00
0.3625	0.93501321433608	0.93501321433608	0.93501320509168	2.6368D-16	9.2444D-09	9.2444D-09
0.3750	0.93050762191231	0.93050762191231	0.93050760528908	4.8572D-16	1.6623D-08	1.6623D-08
0.3875	0.92585663956574	0.92585663956574	0.92585662955451	4.0246D-16	1.0011D-08	1.0011D-08
0.4000	0.92106099400289	0.92106099400289	0.92106099400289	0.0000D+00	0.0000D+00	0.0000D+00
0.4125	0.91612143453361	0.91612143453361	0.91612142922456	-7.3552D-16	5.3090D-09	5.3090D-09
0.4250	0.91103873295403	0.91103873295404	0.91103872371170	-1.3461D-15	9.2423D-09	9.2423D-09
0.4375	0.90581368342594	0.90581368342594	0.90581368043187	-1.3184D-15	2.9941D-09	2.9941D-09
0.4500	0.90044710235268	0.90044710235268	0.90044710235268	0.0000D+00	0.0000D+00	0.0000D+00
0.4625	0.89493982825163	0.89493982825163	0.89493980901196	2.8727D-15	1.9240D-08	1.9240D-08
0.4750	0.88929272162317	0.88929272162316	0.88929268622860	6.6336D-15	3.5395D-08	3.5395D-08
0.4875	0.88350666481621	0.88350666481621	0.88350663639169	8.1740D-15	2.8425D-08	2.8425D-08
0.5000	0.87758256189037	0.87758256189037	0.87758256189037	0.0000D+00	0.0000D+00	0.0000D+00

```
VERGLEICH DER VERSCHIEDENEN BERECHNUNGSVERFAHREN FUER   17   STUETZSTELLEN IM BEREICH   0.1000  -  0.5000
```

X	Y1	Y2	Y3	EPS1	EPS2	DEPS
0.1000	0.99500416527803	0.99500416527803	0.99500416527803	0.0000D+00	0.0000D+00	0.0000D+00
0.1125	0.99367854637930	0.99367854637930	0.99367854388637	-2.9143D-15	2.4929D-09	2.4929D-09
0.1250	0.99219766722933	0.99219766722933	0.99219766722933	0.0000D+00	0.0000D+00	0.0000D+00
0.1375	0.99056175921248	0.99056175921248	0.99056175860176	0.0000D+00	6.1072D-10	6.1072D-10
0.1500	0.98877107793604	0.98877107793604	0.98877107793604	0.0000D+00	0.0000D+00	0.0000D+00
0.1625	0.98682590319033	0.98682590319033	0.98682590207992	-3.3307D-16	1.1104D-09	1.1104D-09
0.1750	0.98472653890493	0.98472653890493	0.98472653890493	0.0000D+00	0.0000D+00	0.0000D+00
0.1875	0.98247331310126	0.98247331310126	0.98247331213019	-2.7756D-16	9.7107D-10	9.7107D-10
0.2000	0.98006657784124	0.98006657784124	0.98006657784124	0.0000D+00	0.0000D+00	0.0000D+00
0.2125	0.97750670917238	0.97750670917238	0.97750670817022	-4.1633D-16	1.0022D-09	1.0022D-09
0.2250	0.97479410706894	0.97479410706894	0.97479410706894	0.0000D+00	0.0000D+00	0.0000D+00
0.2375	0.97192919536949	0.97192919536949	0.97192919438268	-4.3021D-16	9.8681D-10	9.8681D-10
0.2500	0.96891242171064	0.96891242171064	0.96891242171064	0.0000D+00	0.0000D+00	0.0000D+00
0.2625	0.96574425745715	0.96574425745715	0.96574425647406	0.0000D+00	9.8310D-10	9.8310D-10
0.2750	0.96242519762824	0.96242519762824	0.96242519762824	0.0000D+00	0.0000D+00	0.0000D+00
0.2875	0.95895576082024	0.95895576082024	0.95895575984470	0.0000D+00	9.7554D-10	9.7554D-10
0.3000	0.95533648912561	0.95533648912561	0.95533648912561	0.0000D+00	0.0000D+00	0.0000D+00
0.3125	0.95156794804817	0.95156794804817	0.95156794708013	0.0000D+00	9.6805D-10	9.6805D-10
0.3250	0.94765072641482	0.94765072641482	0.94765072641482	0.0000D+00	0.0000D+00	0.0000D+00
0.3375	0.94358543628345	0.94358543628345	0.94358543532296	0.0000D+00	9.6049D-10	9.6049D-10
0.3500	0.93937271284738	0.93937271284738	0.93937271284738	0.0000D+00	0.0000D+00	0.0000D+00
0.3625	0.93501321433608	0.93501321433608	0.93501321338659	0.0000D+00	9.4949D-10	9.4949D-10
0.3750	0.93050762191231	0.93050762191231	0.93050762191231	0.0000D+00	0.0000D+00	0.0000D+00
0.3875	0.92585663956574	0.92585663956574	0.92585663861703	0.0000D+00	9.4871D-10	9.4871D-10
0.4000	0.92106099400289	0.92106099400289	0.92106099400289	0.0000D+00	0.0000D+00	0.0000D+00
0.4125	0.91612143453361	0.91612143453361	0.91612143362668	0.0000D+00	9.0693D-10	9.0693D-10
0.4250	0.91103873295403	0.91103873295403	0.91103873295403	0.0000D+00	0.0000D+00	0.0000D+00
0.4375	0.90581368342594	0.90581368342594	0.90581368241051	-1.2490D-16	1.0154D-09	1.0154D-09
0.4500	0.90044710235268	0.90044710235268	0.90044710235268	0.0000D+00	0.0000D+00	0.0000D+00
0.4625	0.89493982825163	0.89493982825163	0.89493982769133	0.0000D+00	5.6030D-10	5.6030D-10
0.4750	0.88929272162317	0.88929272162317	0.88929272162317	-1.5266D-16	0.0000D+00	1.3878D-16
0.4875	0.88350666481621	0.88350666481621	0.88350666261026	-4.0246D-16	2.2060D-09	2.2060D-09
0.5000	0.87758256189037	0.87758256189037	0.87758256189037	-5.2736D-16	0.0000D+00	5.4123D-16

```
VERGLEICH DER VERSCHIEDENEN BERECHNUNGSVERFAHREN FUER   33   STUETZSTELLEN IM BEREICH   0.1000  -   0.5000
```

X	Y1	Y2	Y3	EPS1	EPS2	DEPS
0.1000	0.99500416527803	0.99500416527803	0.99500416527803	0.0000D+00	0.0000D+00	0.0000D+00
0.1125	0.99367854637930	0.99367854637930	0.99367854637930	-2.3592D-16	0.0000D+00	2.3592D-16
0.1250	0.99219766722933	0.99219766722933	0.99219766722933	1.5266D-16	0.0000D+00	-1.5266D-16
0.1375	0.99056175921248	0.99056175921248	0.99056175921248	-2.2204D-16	0.0000D+00	2.2204D-16
0.1500	0.98877107793604	0.98877107793604	0.98877107793604	1.2490D-16	0.0000D+00	-1.2490D-16
0.1625	0.98682590319033	0.98682590319033	0.98682590319033	-1.9429D-16	0.0000D+00	1.9429D-16
0.1750	0.98472653890493	0.98472653890493	0.98472653890493	0.0000D+00	0.0000D+00	0.0000D+00
0.1875	0.98247331310126	0.98247331310126	0.98247331310126	-3.6082D-16	0.0000D+00	3.6082D-16
0.2000	0.98006657784124	0.98006657784124	0.98006657784124	2.3592D-16	0.0000D+00	-2.3592D-16
0.2125	0.97750670917238	0.97750670917238	0.97750670917238	-4.3021D-16	0.0000D+00	4.3021D-16
0.2250	0.97479410706894	0.97479410706894	0.97479410706894	2.0817D-16	0.0000D+00	-2.0817D-16
0.2375	0.97192919536949	0.97192919536949	0.97192919536949	-5.1348D-16	0.0000D+00	5.1348D-16
0.2500	0.96891242171064	0.96891242171065	0.96891242171064	-1.1102D-16	0.0000D+00	1.1102D-16
0.2625	0.96574425745715	0.96574425745715	0.96574425745715	-1.6653D-16	0.0000D+00	1.6653D-16
0.2750	0.96242519762824	0.96242519762824	0.96242519762824	-1.2490D-16	0.0000D+00	1.2490D-16
0.2875	0.95895576082024	0.95895576082024	0.95895576082024	-1.3878D-16	0.0000D+00	1.3878D-16
0.3000	0.95533648912561	0.95533648912561	0.95533648912561	-1.5266D-16	0.0000D+00	1.5266D-16
0.3125	0.95156794804817	0.95156794804817	0.95156794804817	0.0000D+00	0.0000D+00	0.0000D+00
0.3250	0.94765072641482	0.94765072641482	0.94765072641482	-1.1102D-16	0.0000D+00	1.1102D-16
0.3375	0.94358543628345	0.94358543628345	0.94358543628345	0.0000D+00	0.0000D+00	0.0000D+00
0.3500	0.93937271284738	0.93937271284738	0.93937271284738	0.0000D+00	0.0000D+00	0.0000D+00
0.3625	0.93501321433608	0.93501321433608	0.93501321433608	0.0000D+00	0.0000D+00	0.0000D+00
0.3750	0.93050762191231	0.93050762191231	0.93050762191231	0.0000D+00	0.0000D+00	0.0000D+00
0.3875	0.92585663956574	0.92585663956574	0.92585663956574	0.0000D+00	0.0000D+00	0.0000D+00
0.4000	0.92106099400289	0.92106099400289	0.92106099400289	0.0000D+00	0.0000D+00	0.0000D+00
0.4125	0.91612143453361	0.91612143453361	0.91612143453361	0.0000D+00	0.0000D+00	0.0000D+00
0.4250	0.91103873295403	0.91103873295403	0.91103873295403	0.0000D+00	0.0000D+00	0.0000D+00
0.4375	0.90581368342594	0.90581368342594	0.90581368342594	0.0000D+00	0.0000D+00	0.0000D+00
0.4500	0.90044710235268	0.90044710235268	0.90044710235268	0.0000D+00	0.0000D+00	0.0000D+00
0.4625	0.89493982825163	0.89493982825163	0.89493982825163	0.0000D+00	0.0000D+00	0.0000D+00
0.4750	0.88929272162317	0.88929272162317	0.88929272162317	0.0000D+00	0.0000D+00	0.0000D+00
0.4875	0.88350666481621	0.88350666481621	0.88350666481621	0.0000D+00	0.0000D+00	0.0000D+00
0.5000	0.87758256189037	0.87758256189037	0.87758256189037	0.0000D+00	0.0000D+00	0.0000D+00

Die angegebenen Tabellen spiegeln einen Sachverhalt, welcher graphisch
wie folgt dargestellt werden kann:

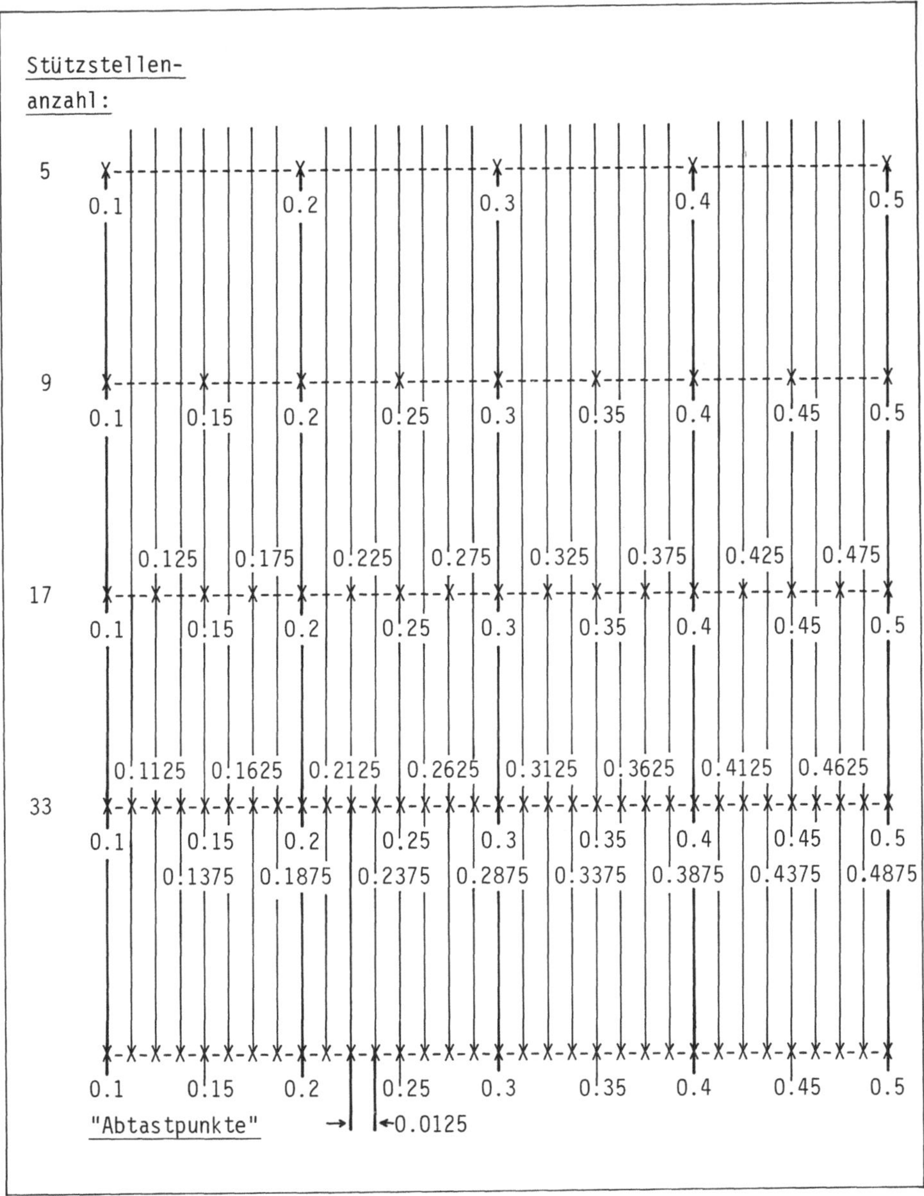

Fig.5.2   Graphische Darstellung der Stützstellen und "Abtastpunkte"

Aus den generierten Tabellen können u.a. folgende Eigenschaften bzgl. der beiden Interpolationsverfahren abgelesen werden:

Die Anwendung der beiden Interpolationsverfahren auf 5 und 9 Stützstellen liefert für die Eingabe der Abszissenwerte $x = x_i$ (mit $0 \leq i \leq n$) jeweils die exakten Ordinaten y_i . Dies ist für das Verfahren der iterierten linearen Interpolation bzgl. einer Anwendung auf 17 und 33 Stützstellen zumindest nicht für alle Ordinaten der Fall. Für dieses Verhalten sind die Eigenschaften des verwendeten Algorithmus in Verbindung mit der endlichen Genauigkeit des verwendeten Systems (hier ca. 16.55 Stellen) verantwortlich.

Betrachtet man die Gleichung, welche im Rahmen der Anwendung verallgemeinerter natürlicher kubischer Spline-Funktionen letztlich den gesuchten Funktionswert bestimmt,

$$y_i = a_i + (x-x_i)\cdot(b_i + (x-x_i)\cdot(c_i + (x-x_i)\cdot d_i)) \; ,$$

so wird die "Filterwirkung" dieses Algorithmus deutlich. Diese Gleichung liefert für den Fall, daß $x = x_i$ hinreichend exakt dargestellt werden kann, sofort $y_i = a_i$. Somit ist das Interpolationsergebnis hinsichtlich zur Eingabe gelangter $x = x_i$ (mit $0 \leq i \leq n$) unabhängig von vorhergehenden evtl. mit Fehlern behafteten Berechnungen. Bei dem Verfahren der iterierten linearen Interpolation hingegen hängt das Interpolationsergebnis in erster Linie von einer Gleichung ab, welche rekursiven Charakter besitzt. Ist somit ein Zwischenergebnis mit einem bestimmten Fehler behaftet, so pflanzt sich dieser Fehler mit der Anzahl der Iterationsschritte und der gegebenen Rechenvorschrift des Algorithmus entsprechend fort. Dies kommt insbesondere für den Bereich der Systemauflösung zum Tragen.

Zum anderen wird aufgrund der Ergebnisse der Tabellen deutlich, daß nicht unbedingt das aufwendigere Verfahren auch das genauere sein muß. Hierzu muß allerdings ausdrücklich betont werden, daß das Ergebnis der Anwendung eines speziellen Interpolationsverfahrens stark vom gestellten Problem, d.h. von der zu beschreibenden Funktion, abhängig ist. In angeführtem Beispiel wurde ja lediglich eine rechtsgekrümmte Kurve (mit fallendem und konvexem Graphen) in einem relativ kleinen Bereich ohne Änderung des Krümmungsverhaltens behandelt. Es leuchtet sicherlich ein, daß die Anwendung der genannten Interpolationsverfahren auf eine Funktion mit mehreren Maxima und Wendestellen ein anderes Verhalten der einzelnen Interpolationsergebnisse zeigt.

An dem vorgestellten Beispiel wird deutlich, auf welch vielfältige Art
und Weise die Untersuchung eines speziellen Berechnungsverfahrens angestellt werden kann.
Es stellen sich bei Verwendung eines Interpolationsverfahrens zur
Beschreibung einer bestimmten Funktion grundsätzlich die Fragen nach
der Anzahl der zu verwendenden Stützstellen und deren Abständen untereinander. Diese Abstände müssen keineswegs äquidistant sein, wie dies
in vorgeführtem Beispiel angenommen wurde.
Die Festlegung dieser Eigenschaften beeinflussen direkt die im Grunde
wichtigsten Forderungen an die Abarbeitung eines Algorithmus, nämlich

     .)   hohe Geschwindigkeit

     .)   hohe Genauigkeit

     .)   geringer Speicherplatzbedarf .

In praxi sind die Forderungen nach Schnelligkeit und geringem Speicherplatzbedarf meistens einander entgegengesetzt. -

Abschließend sei das Programm aufgeführt, mit welchem die o.a. Tabellen
dieses Programmierbeispiels generiert wurden. Es ist in der Programmiersprache BASIC implementiert.

```
10 REM   ****************************************************************
20 REM   * PROGRAMM:     VERGLEICH DER RESULTATE VERSCHIEDENER        *
30 REM   *               BERECHNUNGSVERFAHREN                         *
40 REM   * FUNKTION:     COS(X)                                       *
50 REM   * BEREICH:      < JE NACH STUETZSTELLENWAHL >                *
60 REM   * ALGORITHMEN:  APPROXIMATION DURCH TSCHEBYSCHEFF-POLYNOME   *
70 REM   *               ITERIERTE LINEARE INTERPOLATION             *
80 REM   *               VERALLG. NAT. KUB. SPLINE-FUNKTIONEN        *
90 REM   * SPRACHE:      BASIC                                       *
100 REM  ****************************************************************
110 REM    H A U P T P R O G R A M M
120 DIM COEFF#(12)
130 REM    I N I T I A L I S I E R U N G
140 REM
150 DATA +1.00000000000000D0, -4.93480220054468D0, +4.05871212641677D0
160 DATA -1.33526276885459D0, +2.35330630358895D-1,-2.58068913900225D-2
170 DATA +1.92957430942255D-3, -1.046381049200064D-4, +4.30306946351104D-6
180 DATA -1.3878921527296D-07, +3.604333193600001D-09, -7.671382016000002D-11
190 DATA +1.25829120D-12
200 DATA 3.14159265358979D0
210 FOR K=0 TO 12
220 READ COEFF#(K)
230 NEXT K
240 READ PI#
250 REM
260 REM    D A T E N E I N G A B E
```

```
270 REM
280 PRINT "DATENEINGABE:"
290 PRINT
300 INPUT "ANZAHL DER STUETZSTELLEN";ANZ
310 ANZ=ANZ-1
320 N=ANZ
330 DIM X#(ANZ),Y#(ANZ),ITER#(ANZ,ANZ),B#(ANZ),C#(ANZ),D#(ANZ)
340 DIM AVEC#(ANZ),GVEC#(ANZ),HVEC#(ANZ),GAMMAVEC#(ANZ)
350 INPUT "UNTERE INTERVALLGRENZE";X#(O)
360 INPUT "OBERE INTERVALLGRENZE";X#(N)
370 REM
380 REM   ERMITTLUNG DER STUETZSTELLEN ZWISCHEN  XO  UND  XN
390 REM   MIT HILFE DER APPROXIMATION DURCH TSCHEBYSCHEFF-POLYNOME
400 DELTA#=(X#(N)-X#(O))/ANZ
410 ARG#=X#(O)
420 FOR I=O TO ANZ
430 X#(I)=ARG#
440 HH#=X#(I)/PI#
450 GOSUB 1410
460 GOSUB 1330
470 Y#(I)=FUNC#
480 ARG#=ARG#+DELTA#
490 NEXT I
500 REM
510 REM   ERMITTLUNG UND WICHTUNG DER 2. ABLEITUNG DER FUNKTION
520 REM   F(X) = COS(X)  AN DEN STELLEN  XO  UND  XN
530 REM
540 C#(O)=-.5#*Y#(O)
550 C#(N)=-.5#*Y#(N)
560 REM
570 REM    V E K T O R E N  B E L E G E N
580 REM    GAUSS'SCHER ALGORITHMUS FUER TRIDIAGONALE MATRIZEN
590 REM    FUER DAS VERFAHREN DER ANWENDUNG KUBISCHER SPLINES
600 REM
610 HVEC#(O)=X#(1)-X#(O)
620 FOR I=1 TO (N-1)
630 HVEC#(I)=X#(I+1)-X#(I)
640 AVEC#(I)=3#*((Y#(I+1)-Y#(I))/HVEC#(I)-(Y#(I)-Y#(I-1))/HVEC#(I-1))
650 NEXT I
660 AVEC#(1)=AVEC#(1)-HVEC#(O)*C#(O)
670 AVEC#(N-1)=AVEC#(N-1)-HVEC#(N-1)*C#(N)
680 ALPHA#=2#*(HVEC#(O)+HVEC#(1))
690 GVEC#(1)=AVEC#(1)/ALPHA#
700 GAMMAVEC#(1)=HVEC#(1)/ALPHA#
710 FOR I=2 TO (N-2)
720 ALPHA#=2#*(HVEC#(I-1)+HVEC#(I))-HVEC#(I-1)*GAMMAVEC#(I-1)
730 GAMMAVEC#(I)=HVEC#(I)/ALPHA#
740 GVEC#(I)=(AVEC#(I)-HVEC#(I-1)*GVEC#(I-1))/ALPHA#
750 NEXT I
760 GVEC#(N-1)=AVEC#(N-1)-HVEC#(N-2)*GVEC#(N-2)
770 HELP#=2#*(HVEC#(N-2)+HVEC#(N-1))-HVEC#(N-2)*GAMMAVEC#(N-2)
780 GVEC#(N-1)=GVEC#(N-1)/HELP#
790 C#(N-1)=GVEC#(N-1)
800 FOR I=(N-2) TO 1 STEP -1
810 C#(I)=GVEC#(I)-GAMMAVEC#(I)*C#(I+1)
820 NEXT I
830 FOR I=O TO (N-1)
```

```
840 REM
850 B#(I)=(Y#(I+1)-Y#(I))/HVEC#(I)-(C#(I+1)+2#*C#(I))*HVEC#(I)/3#
860 D#(I)=(C#(I+1)-C#(I))/(3#*HVEC#(I))
870 NEXT I
880 REM
890 REM     S C H L E I F E N P A R A M E T E R
900 REM
910 INPUT "UNTERE GRENZE";MIN#
920 INPUT "OBERE GRENZE";MAX#
930 INPUT "SCHRITTWEITE";DELTA#
940 ARG#=MIN#
950 GOSUB 1580
960 REM
970 REM  B E R E C H N U N G E N   D E R   F U N K T I O N S -
980 REM  W E R T E   D U R C H   D I E   V E R S C H I E D E N E N
990 REM  V E R F A H R E N
1000 FOR I=1 TO INT((MAX#-MIN#)/DELTA#)+1
1010 REM  TSCHEBYSCHEFF-APPROXIMATION
1020 HH#=ARG#/PI#
1030 GOSUB 1410
1040 GOSUB 1330
1050 Y1#=FUNC#
1060 REM  ITERIERTE INTERPOLATION
1070 FOR K=0 TO (ANZ-1)
1080 ITER#(1,K)=(Y#(K)*(ARG#-X#(K+1))-Y#(K+1)*(ARG#-X#(K)))/(X#(K)-X#(K+1))
1090 NEXT K
1100 FOR M=2 TO ANZ
1110 NM=ANZ-M
1120 FOR K=0 TO NM
1130 ITER#(M,K)=(ITER#(M-1,K)*(ARG#-X#(K+M))-ITER#(M-1,K+1)*(ARG#-X#(K)))
1140 ITER#(M,K)=ITER#(M,K)/(X#(K)-X#(K+M))
1150 NEXT K
1160 NEXT M
1170 Y2#=ITER#(ANZ,0)
1180 REM  KUBISCHE SPLINES
1190 GOSUB 1490
1200 DIFF#=ARG#-X#(BB)
1210 Y3#=Y#(BB)+DIFF#*(B#(BB)+DIFF#*(C#(BB)+DIFF#*D#(BB)))
1220 EPS1#=Y1#-Y2#
1230 EPS2#=Y1#-Y3#
1240 DELTAEPS#=Y2#-Y3#
1250 REM DATENAUSGABE
1260 GOSUB 1820
1270 REM  ARGUMENT HOCHSETZEN
1280 ARG#=ARG#+DELTA#
1290 NEXT I
1300 END
1310 REM     U N T E R P R O G R A M M E
1320 REM ***********************
1330 REM  HORNER-SCHEMA
1340 REM
1350 FUNC#=COEFF#(12)
1360 FOR K=11 TO 0 STEP -1
1370 FUNC#=COEFF#(K)+Z#*FUNC#
1380 NEXT K
1390 RETURN
1400 REM ***********************
```

```
1410 REM   ARGUMENT ANPASSEN
1420 REM
1430 IF ABS(HH#)>1# THEN 1440 ELSE 1460
1440 IF HH#>1# THEN HH#=HH#-2#: GOTO 1430 ELSE GOTO 1450
1450 IF HH#<-1# THEN HH#=HH#+2#:GOTO 1430
1460 Z#=HH#*HH#
1470 RETURN
1480 REM ***********************
1490 REM   BINAERES SUCHEN
1500 REM
1510 AA=0
1520 BB=N
1530 IF AA>BB THEN RETURN
1540 IND=(AA+BB)Ö2
1550 IF ARG#>=X#(IND) THEN AA=IND+1 ELSE BB=IND-1
1560 GOTO 1530
1570 REM ***********************
1580 REM   HEADER AUSGEBEN
1590 REM
1600 LPRINT
1610 GOSUB 1740
1620 LPRINT "     VERGLEICH DER VERSCHIEDENEN ";
1630 LPRINT "BERECHNUNGSVERFAHREN FUER  ";(N+1);" STUETZSTELLEN";
1640 LPRINT " IM BEREICH    ";
1650 LPRINT USING "##.####";X#(O);
1660 LPRINT "  -  ";
1670 LPRINT USING "##.####";X#(N)
1680 GOSUB 1740
1690 LPRINT "     X           Y1                   Y2                  Y3";
1700 LPRINT "                 EPS1             EPS2           DEPS"
1710 GOSUB 1740
1720 RETURN
1730 REM ***********************
1740 REM HEADLINE
1750 REM
1760 LPRINT "   ";
1770 FOR KK=1 TO 115
1780 LPRINT "-";
1790 NEXT KK
1800 LPRINT
1810 RETURN
1820 REM ***********************
1830 REM DATA OUTPUT
1840 REM
1850 IF ABS(EPS1#)<1D-16 THEN EPS1#=0#
1860 IF ABS(EPS2#)<1D-16 THEN EPS2#=0#
1870 IF ABS(DELTAEPS#)<1D-16 THEN DELTAEPS#=0#
1880 LPRINT "   ";
1890 LPRINT USING "##.####    ";ARG#;
1900 LPRINT USING "##.############   ";Y1#;
1910 LPRINT USING "##.############   ";Y2#;
1920 LPRINT USING "##.############    ";Y3#;
1930 LPRINT USING "##.####^^^^         ";EPS1#;
1940 LPRINT USING "##.####^^^^         ";EPS2#;
1950 LPRINT USING "##.####^^^^";DELTAEPS#
1960 RETURN
```

Programmierbeispiel No. 6

Problemstellung:

Die einfache Besselfunktion $J_0(x)$ soll für den Argumentenbereich
$-8.0 \leq x \leq +8.0$ mit einer Genauigkeit von 5 Stellen auf einem
programmierbaren Taschenrechner TI-58/59 implementiert werden.

Verfahren:

Zunächst erhöht man die geforderte Genauigkeit um eine Stelle, um
auftretenden Rundungs- und Abschneidefehlern entgegenzuwirken.
Anschließend werden die Koeffizienten des in Kapitel 3.2.1 angegebenen
Polynoms für die einfache Besselfunktion nullter Ordnung gemäß Programmier-
beispiel No. 1 in Exponentialdarstellung auf die 6. Stelle gerundet.
Dies führt auf das unter Verwendung des Horner-Schemas zu implementierende
Polynom

$$
\begin{aligned}
J_0(x) = \quad & + 1.00000 \; E0 \; + z \cdot (- 1.60000 \; E1 \; + \\
& + z \cdot (+ 6.40000 \; E1 \; + z \cdot (- 1.13778 \; E2 \; + \\
& + z \cdot (+ 1.13778 \; E2 \; + z \cdot (- 7.28178 \; E1 \; + \\
& + z \cdot (+ 3.23635 \; E1 \; + z \cdot (- 1.05677 \; E1 \; + \\
& + z \cdot (+ 2.64191 \; E0 \; + z \cdot (- 5.21860 \; E\text{-}1 \; + \\
& + z \cdot (+ 8.34975 \; E\text{-}2 \; + z \cdot (- 1.10410 \; E\text{-}2 \; + \\
& + z \cdot (+ 1.22676 \; E\text{-}3 \; + z \cdot (- 1.16126 \; E\text{-}4 \; + \\
& + z \cdot (+ 9.46596 \; E\text{-}6 \; + z \cdot (- 6.65441 \; E\text{-}7 \; + \\
& + z \cdot (+ 3.86547 \; E\text{-}8 \; + z \cdot (- 1.46029 \; E\text{-}9 \;)))))))))))))))))))
\end{aligned}
$$

$$\text{mit} \quad z = y^2, \; y = 0.125 \cdot x \;.$$

Die Umsetzung dieses Polynoms in die Sprache des genannten Systems
liefert das nachfolgend aufgeführte Programm. Hierzu ist zu bemerken,
daß in Speicher "STO 01" der Startwert und in Speicher "STO 02" die
Schrittweite vor Benutzung des Programmes eingegeben werden müssen. Das
Programm kann dann durch die Eingabe des Labels "A" gestartet werden.

000	76	LBL	008	02	2	016	04	4	024	52	+/-
001	11	A	009	05	5	017	06	6	025	65	x
002	43	RCL	010	95	=	018	00	0	026	43	RCL
003	01	01	011	33	X2	019	02	2	027	00	00
004	99	PRT	012	42	STO	020	09	9	028	85	+
005	65	x	013	00	00	021	94	+/-	029	03	3
006	93	.	014	01	1	022	52	EE	030	93	.
007	01	1	015	93	.	023	09	9	031	08	8

032	06	6	087	00	00	142	95	=	197	03	3
033	05	5	088	85	+	143	65	x	198	93	.
034	04	4	089	01	1	144	43	RCL	199	07	7
035	07	7	090	93	.	145	00	00	200	07	7
036	52	EE	091	02	2	146	85	+	201	08	8
037	08	8	092	02	2	147	02	2	202	95	=
038	94	+/−	093	06	6	148	93	.	203	65	x
039	95	=	094	07	7	149	06	6	204	43	RCL
040	65	x	095	06	6	150	04	4	205	00	00
041	43	RCL	096	52	EE	151	01	1	206	75	−
042	00	00	097	03	3	152	09	9	207	01	1
043	75	−	098	94	+/−	153	01	1	208	01	1
044	06	6	099	95	=	154	95	=	209	03	3
045	93	.	100	65	x	155	65	x	210	93	.
046	06	6	101	43	RCL	156	43	RCL	211	07	7
047	05	5	102	00	00	157	00	00	212	07	7
048	04	4	103	75	−	158	75	−	213	08	8
049	04	4	104	01	1	159	01	1	214	95	=
050	01	1	105	93	.	160	00	0	215	65	x
051	52	EE	106	01	1	161	93	.	216	43	RCL
052	07	7	107	00	0	162	05	5	217	00	00
053	94	+/−	108	04	4	163	06	6	218	85	+
054	95	=	109	01	1	164	07	7	219	06	6
055	65	x	110	52	EE	165	07	7	220	04	4
056	43	RCL	111	02	2	166	95	=	221	95	=
057	00	00	112	94	+/−	167	65	x	222	65	x
058	85	+	113	95	=	168	43	RCL	223	43	RCL
059	09	9	114	65	x	169	00	00	224	00	00
060	93	.	115	43	RCL	170	85	+	225	75	−
061	04	4	116	00	00	171	03	3	226	01	1
062	06	6	117	85	+	172	02	2	227	06	6
063	05	5	118	08	8	173	93	.	228	95	=
064	09	9	119	93	.	174	03	3	229	65	x
065	06	6	120	03	3	175	06	6	230	43	RCL
066	52	EE	121	04	4	176	03	3	231	00	00
067	06	6	122	09	9	177	05	5	232	85	+
068	94	+/−	123	07	7	178	95	=	233	01	1
069	95	=	124	05	5	179	65	x	234	95	=
070	65	x	125	52	EE	180	43	RCL	235	99	PRT
071	43	RCL	126	02	2	181	00	00	236	43	RCL
072	00	00	127	94	+/−	182	75	−	237	02	02
073	75	−	128	95	=	183	07	7	238	44	SUM
074	01	1	129	65	x	184	02	2	239	01	01
075	93	.	130	43	RCL	185	93	.	240	11	A
076	01	1	131	00	00	186	08	8			
077	06	6	132	75	−	187	01	1			
078	01	1	133	05	5	188	07	7			
079	02	2	134	93	.	189	08	8			
080	06	6	135	02	2	190	95	=			
081	52	EE	136	01	1	191	65	x			
082	04	4	137	08	8	192	43	RCL			
083	94	+/−	138	06	6	193	00	00			
084	95	=	139	52	EE	194	85	+			
085	65	x	140	01	1	195	01	1			
086	43	RCL	141	94	+/−	196	01	1			

Programmierbeispiel No. 7
____

An dieser Stelle soll ein Beispiel vorgeführt werden, welches sich mit
der Implementierung einer Zylinderfunktion in Maschinensprache befaßt.
Hierbei wird davon ausgegangen, daß die verwendete CPU nicht über eine
"floating point" bzw. "fix point" Darstellung verfügt und somit der gesamte Rechnungsgang mit Hilfe der skalierten Integer-Rechnung durchgeführt werden muß.

Problemstellung:
____

Die einfache Besselfunktion $J_0(x)$ soll für den Argumentenbereich
$-8.0 \leq x \leq +8.0$ mit Hilfe der skalierten Integer-Rechnung unter Verwendung des Horner-Schemas für eine Z-8002-CPU implementiert werden.

Verfahren:
____

In Hinblick auf ein besseres Verständnis des Beispiels sollen zunächst einige grundlegende Eigenschaften des genannten Prozessors
dargelegt werden.
Die genannte CPU verfügt über 16 Register zu 16 Bit, welche in den
nachfolgend aufgeführten Einheiten angesprochen werden können:

	Byte	8 Bit,
	Wort	16 Bit,
	Doppelwort	32 Bit
und	Vierfachwort	64 Bit .

Die Registerstruktur und die Bezeichnung der unterschiedlichen Einheiten
können der Fig. 5.3 auf der folgenden Seite entnommen werden.

Hierbei können von den ersten 8 Registern R0 - R7 jeweils das höher-
und niederwertige Byte separat durch die Verwendung der mnemotechnischen
Abkürzungen "RH" bzw. " RL" angesprochen werden. Der Zusammenschluß
von zwei 16-Bit-Registern zu einem Doppelwort wird durch "RR" gekenn-
zeichnet. Das Doppelwort (32 Bit) ist die größte Einheit, die für eine
der arithmetischen Operationen (ADD, SUB, MULT, DIV) zugelassen ist, da
insbesondere eine Anwendung des "MULT-" bzw. "DIV-" Befehls auf 32-Bit-
Operanden ein 64-Bit-Wort als Ergebnis zur Folge hat. Für die weitere
Verarbeitung muß dieses Resultat zumindest einer Wortlängenreduktion von
64 auf 32 Bit unterzogen werden.

RR0	R0	7	RH0	0	7	RL0	0
	R1	7	RH1	0	7	RL1	0
RR2	R2	7	RH2	0	7	RL2	0
	R3	7	RH3	0	7	RL3	0
RR4	R4	7	RH4	0	7	RL4	0
	R5	7	RH5	0	7	RL5	0
RR6	R6	7	RH6	0	7	RL6	0
	R7	7	RH7	0	7	RL7	0
RR8	R8	15					0
	R9	15					0
RR10	R10	15					0
	R11	15					0
RR12	R12	15					0
	R13	15					0
RR14	R14	15					0
	R15	15	STACK POINTER				0

(RQ0, RQ4, RQ8, RQ12)

Fig. 5.3   Registerstruktur und -mnemonik der CPU Z-8002

Dem Register R15 kommt die Aufgabe des "stack pointer" zu. Es dient
zur Rettung von Statusinformationen, falls eine systembedingte Unter-
brechung erfolgt, bzw. der Abspeicherung von Rücksprungadressen im
Falle von Unterprogrammaufrufen. Man sollte dieses Register daher für
Berechnungen nicht benutzen.
Die interne Darstellung von Werten erfolgt unabhängig von der Länge der-
selben in der Zweierkomplementdarstellung (ZKD).
Ausführliche Informationen bzgl. der Eigenschaften des Z-8002 können
z.B. dem Werk "Z8000, CPU Technical Manual" der Firma Zilog entnommen
werden.

Wie bereits erwähnt, kann die genannte CPU lediglich ganzzahlige Größen
verarbeiten, welche als Zweierkomplement interpretiert werden. Um der For-
derung nach maximal erreichbarer Genauigkeit nachzukommen, muß für die
anfallenden Berechnungen der für die skalierte Darstellung einer Größe
zur Verfügung stehende Zahlenbereich so gut wie möglich genutzt werden.
Zu diesem Zweck ist es erforderlich, den Funktionswertebereich der Berechnungen bzgl. einer notwendigen Skalierung zu ermitteln und die Skalierung daraufhin derart zu bestimmen, daß eine optimale Nutzung des zur
Verfügung stehenden Wertebereichs möglich ist. Wie man dies bewerkstel-
ligen kann, sei dem Leser aus Gründen der besseren Übersicht zunächst

für ein allgemein gegebenes Polynom schrittweise vorgeführt.
Die daraus gewonnenen Ergebnisse werden darauffolgend direkt auf das
in Abschnitt 3.2.1 angegebene Polynom für die einfache Besselfunktion
nullter Ordnung $J_0(x)$ angewandt.

Gegeben sei das Polynom der Form

$$f(x) = \sum_{k=0}^{n} a_k \cdot x^k = a_0 + x \cdot (a_1 + x \cdot (a_2 + \ldots + x \cdot (a_{n-1} + x \cdot a_n)) \ldots))).$$

Der Wertebereich der Funktion $f(x)$ wird hierbei durch den Wertebereich der
Koeffizienten a_k, die Potenzen x^k des Argumentes x für das Intervall
$a \leq x \leq b$ und die gegebene Rechenvorschrift eindeutig festgelegt. Eine
Möglichkeit, den zunächst "offenen" Wertebereich der Funktion $f(x)$ einzu-
dämmen, bietet eine Normierung der Koeffizienten a_k. Hierzu werden alle
Koeffizienten a_k durch die Größe "N" mit

$$N := \{ \text{Max} | a_k | \} \qquad \text{für} \quad 0 \leq k \leq n$$

derart gewichtet, daß gilt

$$0 \leq | a_k/N | \leq 1 \qquad \text{für } 0 \leq k \leq n$$

und somit

$$f(x)/N = a_0/N + x \cdot (a_1/N + x \cdot (a_2/N + \ldots + x \cdot (a_{n-1}/N + x \cdot a_n/N)) \ldots))).$$

Eine "elementare Zelle" der Funktion $f(x)$, dargestellt durch das Horner-
Schema, bildet für $k = n$ der Ausdruck $(a_{n-1} + x \cdot a_n)$.
Aufgrund der vorgenommenen Normierung gilt daher für $k = n$

$$(a_{n-1}/N + x \cdot a_n/N) \leq (1 + |x|) .$$

Dies bedeutet für den Fall, daß $0 \leq |x| \leq 1$, daß

$$(a_{n-1}/N + x \cdot a_n/N) \leq (1 + |x|) \leq 2 .$$

Gelingt es also, das Argument x auf einen Bereich $0 \leq |x| \leq 1$ abzu-
bilden, so kann der Ausdruck $f(x)/N$ allenfalls den Wert

$$\text{Max}\{f(x)/N\} = 1 + 1 \cdot (1+1 \cdot (1 + \ldots 1 \cdot (1 + 1 \cdot 1)) \ldots)))$$

bzw.

$$\text{Max}\{f(x)/N\} = n + 1$$

annehmen.

Für eine Integer-Darstellung des Ausdruckes $f(x)/N$ durch ein 32-Bit-Doppelwort unter Benutzung eines Skalierungsfaktors "F" gilt somit die folgende Relation (in ZKD):

$$\{ f(x)/N \} \cdot F \leq 2^{32-1}-1$$

bzw.

$$F \leq 2^{31}-1 \ / \ \{ f(x)/N \} = 2^{31}-1 \ / \ (n + 1) \ .$$

Diese Skalierung kann für alle Polynome der Form $f(x) = \sum\limits_{k=0}^{m} b_k \cdot x^k$

mit $0 \leq | b_k | \leq 1$ und $0 \leq | x^k | \leq 1$, $0 \leq k \leq m$, angewendet werden. Somit gilt

$$\{f(x)/N\} \cdot F = \sum\limits_{k=0}^{n} a_k/N \cdot x^k \cdot F = a_0/N \cdot F + a_1/N \cdot F \cdot x + a_2/N \cdot F \cdot x^2 + \ldots + a_n/N \cdot F \cdot x^n =$$

$$= a_k/N \cdot F + x \cdot (a_1/N \cdot F + x \cdot (a_2/N \cdot F + \ldots + x \cdot (a_{n-1}/N \cdot F + x \cdot a_n/N \cdot F)) \ldots))) \ .$$

<u>Praktische Anwendung auf das Polynom f(x) = Jo(x):</u>

Zunächst wird das in Abschnitt 3.2.1 angegebene Polynom für die Funktion $J_0(x)$ im Horner-Schema bzgl. seiner Koeffizienten betrachtet.

$$
\begin{aligned}
J_0(x) = \quad & + \ \ 1.0000\ 0000\ 0000\ 0000\ 0000 \ + \\
+ z \cdot (& - \ 15.9999\ 9999\ 9999\ 9999\ 9926 \ + \\
+ z \cdot (& + \ 63.9999\ 9999\ 9999\ 9998\ 1384 \ + \\
+ z \cdot (& -113.7777\ 7777\ 7777\ 7680\ 3072 \ + \\
+ z \cdot (& +113.7777\ 7777\ 7777\ 5415\ 9104 \ + \\
+ z \cdot (& - \ 72.8177\ 7777\ 7774\ 4721\ 7152 \ + \\
+ z \cdot (& + \ 32.3634\ 5679\ 0093\ 6320\ 8192 \ + \\
+ z \cdot (& - \ 10.5676\ 5935\ 9855\ 0912\ 2048 \ + \\
+ z \cdot (& + \ \ 2.6419\ 1483\ 9184\ 2683\ 2896 \ + \\
+ z \cdot (& - \ \ 0.5218\ 5971\ 8766\ 4478\ 2080 \ + \\
+ z \cdot (& + \ \ 0.0834\ 9754\ 8725\ 8997\ 5552 \ + \\
+ z \cdot (& - \ \ 0.0110\ 4098\ 6505\ 8110\ 6688 \ + \\
+ z \cdot (& + \ \ 0.0012\ 2675\ 9833\ 3240\ 9344 \ + \\
+ z \cdot (& - \ \ 0.0001\ 1612\ 5510\ 1189\ 3248 \ + \\
+ z \cdot (& + \ \ 0.0000\ 0946\ 5958\ 9387\ 0592 \ + \\
+ z \cdot (& - \ \ 0.0000\ 0066\ 5440\ 7580\ 0576 \ + \\
+ z \cdot (& + \ \ 0.0000\ 0003\ 8654\ 7056\ 6400 \ + \\
+ z \cdot (& - \ \ 0.0000\ 0000\ 1460\ 2888\ 8064 \quad))))))))))))))))) \\
& \text{mit} \quad z = y^2, \ y = 0.125 \cdot x \ .
\end{aligned}
$$

Hieraus wird ersichtlich, daß die Koeffizienten a_k $(0 \leq k \leq 17)$ nicht
der Bedingung $0 \leq |b_k| \leq 1$ genügen und daher normiert werden müssen.
Die Normierende "N" kann aus $\{ a_k \}$ mit

$$N := \{ \text{Max} | a_k | \} , \quad 0 \leq k \leq 17 ,$$

sofort zu

$$N = 113.7777\ 7777\ 7777\ 7680\ 3072$$

bestimmt werden.

Das angegebene Polynom besitzt Gültigkeit für den Bereich $-8.0 \leq x \leq 8.0$.
Mit $z = y^2 = (0.125 \cdot x)^2$ gilt daher $0 \leq |z| \leq 1$, so daß die allgemein
beschriebene Skalierung auf das gegebene Polynom in der Form

$$\{ J_0(z)/N \} \cdot F = \sum_{k=0}^{17} a_k/N \cdot z^k \cdot F$$

angewendet werden darf.

Eine Normierung der einzelnen Koeffizienten a_k durch die Normierende "N"
sollte an dieser Stelle noch nicht durchgeführt werden, da durch die Skalierung die Genauigkeit der Implementierung festgelegt wird und daher an
dieser Stelle noch nicht abzusehen ist, wie viele Stellen der Polynom-
Koeffizienten überhaupt benötigt werden. Es ist also wenig sinnvoll, vorab
die Quotienten 20-stelliger Operanden zu bestimmen, wenn im Endeffekt evtl.
weit weniger genaue normierte Koeffizienten benötigt werden (- dies auch in
Hinsicht auf praktisch zur Verfügung stehende "Werkzeuge", denn welcher
Taschenrechner z.B. verfügt schon über eine Genauigkeit von 20 Stellen ?).

Aus genanntem Grunde sollte daher erst der Skalierungsfaktor "F" mit
Hilfe der Gleichung

$$F \leq 2^{31}-1 \ / \ \{ \ f(x)/N \ \} = 2^{31}-1 \ / \ \{ \ J_0(z)/N \ \} = 2^{31}-1 \ / \ (n + 1)$$

bestimmt werden. Dieser Faktor läßt sich leicht aus dem für die Funktion
$J_0(z)$ gegebenen Polynom zu

$$F \leq 2^{31}-1 \ / \ (n + 1) = 2^{31}-1 \ / \ (17 + 1) = 2^{31}-1 \ / \ 18 \approx 1.193 \cdot 10^8$$

ermitteln.

Grundsätzlich sollte ein Skalierungsfaktor derart beschaffen sein, daß
sein Wert durch einen Ausdruck ganzzahliger Potenzen zur Basis "2" darstellbar ist. Mit $\ln\{ 1.193E8 \} \ / \ \ln\{ 2 \}$ ergibt sich daher aus obiger
Relation

$$F \leq 2^{26.83} \ .$$

Es bietet sich für diesen Fall an, den Skalierungsfaktor auf den
Wert F = 2^{26} festzusetzen.

Betrachtet man nun abermals den elementaren Ausdruck des Rechenschemas

$$(a_{k-1}/N \cdot F + z \cdot a_k/N \cdot F) \, ,$$

so wird deutlich, daß der Skalierungsfaktor bzgl. des Terms

$$\{ \, z \cdot a_k/N \, \} \cdot F$$

und der damit verbundenen Multiplikation "verteilt" werden muß, da der
Wertebereich sowohl für $|a_k/N|$ als auch für $|z|$ in unskalierter Form zu
$0 \leq |..| \leq 1$ festgelegt wurde. Für den Fall der Skalierung nur eines Operanden würde dies dazu führen, daß der zweite Operand "unsichtbar" bliebe -
das Resultat der Multiplikation also "0" wäre, da die verwendete CPU grundsätzlich nur ganzzahlige Größen darstellen kann.

Mit der Operation der Multiplikation ist ein weiterer Sachverhalt verbunden, welcher an nachfolgendem Beispiel aufgezeigt werden soll:

Multipliziert man auf Assemblerebene zwei Operanden "A" und "B" miteinander, so wird das Ergebnis dieser Operation einem Registerbereich mit der
doppelten Bit-Länge der einzelnen Operanden zugewiesen.
Dies bedeutet für den Fall, daß z.B.

$$A := a \cdot F_1 \quad \text{und} \quad B := b \cdot F_2$$

- wobei die Größen F_1 und F_2 entsprechende ganzzahlige Skalierungsfaktoren
und a und b reellwertige Größen repräsentieren -, daß für eine Operanden-
länge von 32 Bit das Resultat der Multiplikation

$$A \cdot B := a \cdot b \cdot F_1 \cdot F_2$$

einem 64 Bit langen Registerbereich zugewiesen wird. Um dieses Ergebnis
im Rahmen laufender Berechnungen weiterverarbeiten zu können, ist eine
Wortlängenreduktion von 64 auf 32 Bit unumgänglich. Dies bedeutet, daß
dieses Ergebnis (Zwischenergebnis für laufende Berechnungen) implizit
mit einem Faktor 2^{32} reskaliert wird, was für das Resultat des o.a.
Beispiels bedeutet, daß

$$A \cdot B \, / \, 2^{32} = a \cdot b \cdot F^1 \cdot F^2 \, / \, 2^{32}$$

auf ein 32-Bit-Register abgebildet wird.

Um den Ausdruck $(a_k/N \cdot F \cdot z)$ demnach überhaupt darstellen zu können,
m u ß eine Überführung dieses Terms in ein Äquivalent der Form

$$(a_k/N \cdot F \cdot z) = (\ \{a_k/N\} \cdot F_1 \cdot \{z\} \cdot F_2 \ )$$

erfolgen.
Eine Aufspaltung des Skalierungsfaktors "F" in der Form $F = F_1 \cdot F_2$
ist grundsätzlich korrekt, bedeutet jedoch für den allgemeinen Verlauf
der Rechnung eine Einbuße an Genauigkeit, da der zur Verfügung stehende
Wertebereich nicht voll ausgeschöpft wird und daher das Resultat der
gesamten Berechnungen durch diesen grundsätzlichen Fehler und die daraus
resultierende Fehlerfortpflanzung im Grunde unbrauchbar wird. (Zum anderen sollten die Polynom-Koeffizienten "off-line" normiert und skaliert
werden, u.a. um Rechenzeit einzusparen.)

Aufgrund der Tatsache, daß das Argument x sowie die Koeffizienten der
Funktion in normierter Darstellung in einer ganz bestimmten Form bzw.
Skalierung zur Eingabe gelangen müssen, ist es sinnvoll, eine Implemen-
tierung in der folgenden Form zu realisieren:

.)   Die Polynom-Koeffizienten a_k werden mit Hilfe der ermittelten
     Normierenden "N" off-line auf $0 \leq |a_k/N| \leq 1$ normiert. Für
     die Normierung müssen aufgrund der für diesen Fall festgesetzten
     Größe $N = 2^{26} \leq 6.71 \cdot 10^7$ mindestens 9 Stellen der Polynom-Koef-
     fizienten berücksichtigt werden. Aufgrund von Abschneidefehlern
     von durchzuführenden Multiplikationen bzw. Divisionen sollte diese
     Genauigkeit - wie bereits an anderer Stelle erwähnt - um 1 Stelle
     erhöht werden. Daher sollten 10 Stellen der Koeffizienten zur Ein-
     gabe gelangen.
     Für die Normierung und Skalierung dieser Koeffizienten werden die
     Originalkoeffizienten zunächst auf die 10. Stelle gerundet.
     Anschließend werden die gerundeten Werte mit Hilfe der ebenfalls
     gerundeten Normierenden $N = 113.7777\ 77778$ normiert und mit
     $F = 2^{26} = 67108864$ multipliziert.
     Die Ergebnisse der genannten Schritte sind in der nachfolgenden
     Tabelle aufgeführt.

v	gerund. Koeff.	norm. Koeff.	norm. Skalierung	Hex.-Darst.(ZKD)
0	+ 1.0000 00000	+ 0.00878 90625	+ 0000589824	00 09 00 00
1	- 16.0000 00000	- 0.14062 50000	- 0009437184	FF 70 00 00
2	+ 64.0000 00000	+ 0.56250 00000	+ 0037748736	02 40 00 00
3	-113.7777 77778	- 1.00000 00000	- 0067108864	FC 00 00 00
4	+113.7777 77778	+ 1.00000 00000	+ 0067108864	04 00 00 00
5	- 72.8177 77778	- 0.64000 00000	- 0042949673	FD 70 A3 D7
6	+ 32.3634 56790	+ 0.28444 44444	+ 0019088744	01 23 45 68
7	- 10.5676 59360	- 0.09287 98187	- 0006233059	FF A0 E4 1D
8	+ 2.6419 14839	+ 0.02321 99547	+ 0001558265	00 17 C6 F9
9	- 0.5218 59719	- 0.00458 66577	- 0000307805	FF FB 4D A3
10	+ 0.0834 97549	+ 0.00073 38652	+ 0000049249	00 00 C0 61
11	- 0.0110 40987	- 0.00009 70399	- 0000006512	FF FF E6 90
12	+ 0.0012 26760	+ 0.00001 07821	+ 0000000724	00 00 02 D4
13	- 0.0001 16126	- 0.00000 10206	- 0000000068	FF FF FF BC
14	+ 0.0000 09466	+ 0.00000 00832	+ 0000000006	00 00 00 06
15	- 0.0000 00665	- 0.00000 00058	- 0000000000	00 00 00 00
16	+ 0.0000 00039	+ 0.00000 00003	+ 0000000000	00 00 00 00
17	- 0.0000 00001	- 0.00000 00000	- 0000000000	00 00 00 00

Tabelle 5.1   Überführung der Polynom-Koeffizienten in die normierte
                und skalierte Darstellung mit der Skalierung $F = 2^{26}$

Aus den angegebenen Tabellenwerten wird ersichtlich, daß eine Implementierung der Koeffizienten a_{15} - a_{17} ausbleiben kann, da diese durch
die Normierung und Skalierung nicht mehr von Null verschieden darstellbar
sind. Aufgrund dieser Erkenntnis müssen die bisher durchgeführten Rechnungen von Anfang an wiederholt werden, da nun nicht mehr - wie in obiger
Tabelle vorausgesetzt - 18 Koeffizienten a_k ($0 \leq k \leq 17$) , sondern
nur noch 15 Koeffizienten ($0 \leq k \leq 14$) für eine Darstellung der einfachen Besselfunktion $J_0(x)$ implementiert werden müssen. Dies bedeutet nämlich, daß der Betrag des Maximalwertes für den Summenausdruck (n+1) = 18
(bisher bestehender Wert) nun nur noch (14 + 1) = 15 beträgt und daher
eine Skalierung der Polynom-Koeffizienten mit $F_1 = 2^{27}$ vorgenommen werden
kann, denn auch durch diesen neuen um den Faktor 2 größeren Skalierungsfaktor bleiben die normierten Koeffizienten a_{15} - a_{17} "unsichtbar".
Die Modifikation der Skalierung hat eine Steigerung der bisher erzielten
Genauigkeit (und Auflösung) zur Folge.

In der Praxis wird man sicherlich nicht erst eine relativ aufwendige
Tabelle wie Tab. 5.1 erstellen, um im nachhinein festzustellen, daß
man diese Tabelle gar nicht verwerten kann. Man wird vielmehr vom
betragsmäßig kleinsten normierten Koeffizienten $|a_k/N|$ mit

$$0 \leq |a_k/N| \leq 1, \ 0 \leq k \leq n \ ,$$

und

$$N = \{ \ \text{Max} \ |a_k| \ \}$$

ausgehen und an diesen Werten feststellen, wieviel Koeffizienten überhaupt implementiert werden müssen. Nach ihrer Anzahl richtet sich ja
die betragsmäßig größte darzustellende ganze Zahl und damit der größt-
mögliche Skalierungsfaktor.

Nachstehende Tabelle bezieht sich nun auf die o.a. Bemerkungen und gibt
u.a. die normierten und skalierten Koeffizienten der einfachen Besselfunktion mit einer Skalierung von $F = 2^{27}$ an.

v	gerund. Koeff.	norm. Koeff.	norm. Skalierung	Hex.-Darst.(ZKD)
0	+ 1.0000 00000	+ 0.00878 90625	+ 0001179648	00 12 00 00
1	- 16.0000 00000	- 0.14062 50000	- 0018874368	FE E0 00 00
2	+ 64.0000 00000	+ 0.56250 00000	+ 0075497472	04 80 00 00
3	-113.7777 77778	- 1.00000 00000	- 0134217728	F8 00 00 00
4	+113.7777 77778	+ 1.00000 00000	+ 0134217728	08 00 00 00
5	- 72.8177 77778	- 0.64000 00000	- 0085899346	FA E1 47 AE
6	+ 32.3634 56790	+ 0.28444 44444	+ 0038177487	02 46 8A CF
7	- 10.5676 59360	- 0.09287 98187	- 0012466118	FF 41 C8 3A
8	+ 2.6419 14839	+ 0.02321 99547	+ 0003116530	00 2F 8D F2
9	- 0.5218 59719	- 0.00458 66577	- 0000615611	FF F6 9B 45
10	+ 0.0834 97549	+ 0.00073 38652	+ 0000098498	00 01 80 C2
11	- 0.0110 40987	- 0.00009 70399	- 0000013024	FF FF CD 20
12	+ 0.0012 26760	+ 0.00001 07821	+ 0000001447	00 00 05 A7
13	- 0.0001 16126	- 0.00000 10206	- 0000000137	FF FF FF 77
14	+ 0.0000 09466	+ 0.00000 00832	+ 0000000011	00 00 00 0B
15	- 0.0000 00665	- 0.00000 00058	- 0000000000	00 00 00 00
16	+ 0.0000 00039	+ 0.00000 00003	+ 0000000000	00 00 00 00
17	- 0.0000 00001	- 0.00000 00000	- 0000000000	00 00 00 00

Tabelle 5.2   Überführung der Polynom-Koeffizienten in die normierte
               und skalierte Darstellung mit der Skalierung $F = 2^{27}$

Die weiteren Betrachtungen stützen sich auf das Ergebnis dieser Tabelle
bzw. den verwendeten Skalierungsfaktor $F = 2^{27}$.

.)   Das Argument x der Funktion $J_0(x)$ wird mit der Skalierung
$F_1 = 2^{27}$ zur Eingabe gebracht, da $|x| \leq 8.0$ und $|x| \cdot F_1 \leq 2^{31}-1$
erfüllt sein müssen.

On-line wird dieser skalierte Eingangswert $x \cdot F_1$ der folgenden
Prozedur unterzogen:

Da sich das Argument z der Darstellung der einfachen Besselfunktion $J_0(x)$ durch das Horner-Schema zu $z = y^2 = (0.125 \cdot x)^2 =$
$= x^2 / 64$ errechnet, wird der Eingangsparameter $x \cdot F_1$ zunächst quadriert.

Die Multiplikation des Ausdruckes $x \cdot F_1 \cdot x \cdot F_1$ mit einer anschließend erforderlichen Wortlängenreduktion auf Doppelwortlänge
(32 Bit) würde den folgenden Ausdruck liefern:

$$x \cdot x \cdot F_1 \cdot F_1 / 2^{32} = x \cdot x \cdot 2^{27} \cdot 2^{27} / 2^{32} = x \cdot x \cdot 2^{54} / 2^{32} =$$
$$= x \cdot x \cdot 2^{22} \; .$$

Hierdurch würden gegenüber der Skalierung des Eingangswertes 5
binäre Stellen verlorengehen, was einer Reduktion des LSB-Wertes
von etwa $7.45 \cdot 10^{-9}$ auf ca. $2.4 \cdot 10^{-7}$ entsprechen würde.

Da der Ausdruck $x \cdot x \cdot 2^{54} \cdot 2^2 \leq 2^{63}-1$ ist, kann für die 64-Bit-
Darstellung eine nochmalige Skalierung durch den Faktor 2^2 erfolgen.
Diese zusätzliche Skalierung muß jedoch vor der notwendigen Wortlängenreduktion durch den entsprechenden "shift-left" Befehl erfolgen. Somit wird das Quadrat des skalierten Eingangswertes $x \cdot F_1$
zu

$$x \cdot x \cdot F_1 \cdot F_1 \cdot 2^2 / 2^{32} = x \cdot x \cdot 2^{54} \cdot 2^2 / 2^{32} = x \cdot x \cdot 2^{24}$$
berechnet.

Mit den folgenden Überlegungen wird der Ausdruck $z = y^2 = (x/8)^2$
schließlich in die skalierte Form ohne Rechnung überführt:
Ausgehend von $x \cdot x \cdot 2^{24}$ kann eine Division mit dem Divisor "8"
durch Überführung des genannten Ausdruckes in

$$(x \cdot x/8) \cdot 2^{24} \cdot 2^3 = (x \cdot x/8) \cdot 2^{27}$$

erfolgen, da ein Wert dieser Darstellung die Größe $2^{31}-1$ nicht
übersteigt. Hierdurch wird erreicht, daß unter anderem eine "zeit-
raubende" Division eingespart und die aktuelle Genauigkeit bei-
behalten wird. Da $(x/8 \cdot x/8) \cdot 2^{27} \cdot 2^3 < 2^{31}-1$, kann diese Methode

ein zweites Mal angewandt werden, so daß sich schließlich für die
skalierte Größe z der Ausdruck

$$(x \cdot x/8/8) \cdot 2^{30} = (x/8)^2 \cdot 2^{30} = y^2 \cdot 2^{30} = z \cdot 2^{30} < 2^{31} - 1$$

ergibt.

Damit sind die Voraussetzungen für die Abarbeitung der Summe

$$J_0(x) = \sum_{k=0}^{n} a_k \cdot z^k$$

innerhalb einer Schleife geschaffen.
Es gilt daher, eine Vorschrift für die Errechnung des elementaren
Ausdrucks $(a_{k-1}/N \cdot F_1 + a_k/N \cdot F_1 \cdot z \cdot F_2) \rightarrow (a_{k-1}/N + b_k) \cdot F_1$
zu finden und diese dann in die Schleife einzuarbeiten.

Mit $0 \leq |a_k/N| \leq 1$ und $0 \leq |z| \leq 1$ gilt, daß

$$a_k/N \cdot F_1 \cdot z \cdot F_2 / 2^{32} = a_k/N \cdot z \cdot F_1 \cdot F_2 / 2^{32} \leq F_1 \cdot F_2 / 2^{32} .$$

Somit ist

$$a_k/N \cdot 2^{27} \cdot z \cdot 2^{30} / 2^{32} = a_k/N \cdot z \cdot 2^{25} .$$

Dieser Ausdruck muß vor Verknüpfung mit einem auf 2^{27} skalierten
und normierten Koeffizienten der Skalierung 2^{27} angepaßt werden.
Um auch hier die erreichte Genauigkeit beizubehalten, sollte die
Anpassung vor der Wortlängenreduktion von 64 auf 32 Bit durchgeführt werden, d.h. der Ausdruck

$$a_k/N \cdot z \cdot 2^{57}$$

wird mit Hilfe einer Linksshift-Operation von 2 Bit auf den Wert

$$a_k/N \cdot z \cdot 2^{59}$$

gebracht, so daß die Wortlängenreduktion von 32 Bit auf den Ausdruck

$$a_k/N \cdot z \cdot 2^{27}$$

führt, welcher direkt in die Summenformel eingearbeitet werden kann
und somit auf den Teilausdruck der Summe

$$(a_{k-1}/N \cdot 2^{27} + a_k/N \cdot z \cdot 2^{27}) = (a_{k-1}/N + a_k/N \cdot z) \cdot 2^{27} =$$
$$= (a_{k-1}/N + b_k) \cdot 2^{27}$$

führt.

Die gesamte Summe wird dann unter Anwendung des Horner-Schemas,
von der innersten Klammerebene ausgehend,abgearbeitet und liefert
schließlich das Ergebnis

$$J_0(x)/N \cdot 2^{27} = \{ \sum_{k=0}^{n} a_k/N \cdot z^k \} \cdot 2^{27} \ .$$

An dieser Stelle sei das Programm in Z-8002-Assemblersprache zu den oben
angeführten Vorbemerkungen angegeben.
Dieses Programm bezieht sich ausschließlich auf die Errechnung der skalierten und normierten Funktionswerte, welche von der aufrufenden Prozedur
entsprechend verarbeitet werden müssen.

```
!*********************************************************************************
!MODUL ZUR BERECHNUNG DER FUNKTIONSWERTE DER EINFACHEN BESSELFUNKTION JO(X)
!MODUL: "BESSEL"
!Z-8002-ASSEMBLER
!*********************************************************************************
!
!VEREINBARUNG DES EIN- UND AUSGANGSPARAMETERS:
!
!INPUT:   "X * 2**27"
!OUTPUT:  "JO(X)/N * 2**27
!
          UNSEG
          FORMLN 60

          INTERN  BESSEL
          EXTERN  INPUT,  OUTPUT

          RSECT PROM

COEFF:    LVAL    %00120000          !KOEFFIZIENT: AO/N  * 2**27
          LVAL    %FEE00000          !KOEFFIZIENT: A1/N  * 2**27
          LVAL    %04800000          !KOEFFIZIENT: A2/N  * 2**27
          LVAL    %F8000000          !KOEFFIZIENT: A3/N  * 2**27
          LVAL    %08000000          !KOEFFIZIENT: A4/N  * 2**27
          LVAL    %FAE147AE          !KOEFFIZIENT: A5/N  * 2**27
          LVAL    %02468ACF          !KOEFFIZIENT: A6/N  * 2**27
          LVAL    %FF41C83A          !KOEFFIZIENT: A7/N  * 2**27
          LVAL    %002F8DF2          !KOEFFIZIENT: A8/N  * 2**27
          LVAL    %FFF69B45          !KOEFFIZIENT: A9/N  * 2**27
          LVAL    %000180C2          !KOEFFIZIENT: A10/N * 2**27
          LVAL    %FFFFCD20          !KOEFFIZIENT: A11/N * 2**27
          LVAL    %000005A7          !KOEFFIZIENT: A12/N * 2**27
          LVAL    %FFFFFF77          !KOEFFIZIENT: A13/N * 2**27
          LVAL    %0000000B          !KOEFFIZIENT: A14/N * 2**27

!**********  ENTRY POINT  **********
BESSEL:

     LD       R14,#56               !OFFSET ZU  A14/N * 2**27
                                    !
```

```
!*********************************************************************
!             BERECHNUNG VON  (X**2) * 2**24
!*********************************************************************
                                               !
      LDL     RR10,INPUT                       !LADE X * 2**27 NACH RR10
      MULTL   RQ8,RR10                         !(X**2) * 2**54 NACH RQ8
      CALL    SHIFT                            !(X**2) * 2**24 NACH RR8
                                               ! = Z * 2**30 NACH RR8
                                               !
!*********************************************************************
!    BERECHNUNG VON  Z * 2**30 = Y**2 * 2**30 = (X/8)**2 * 2**30
!*********************************************************************
!* AUSGEHEND VON  RR8 = X**2 * 2**24  KANN DIESER WERT DERART GEDEUTET
!* WERDEN, DASS   RR8 = (X/8)*X * 2**27  UND WEITERHIN
!*               RR8 = (X/8)*(X/8) * 2**30 IST. SOMIT LIEGT IN RR8  O H N E
!* RECHNUNG DIE GROESSE, WELCHE ALS  Z * 2**30  ZU INTERPRETIEREN IST.
!*********************************************************************
                                               !
      LDL     RRO,RR8                          !LADE  Z * 2**30 NACH RRO
      LDL     RR10,COEFF(R14)                  !LADE  A14/N * 2**27
      DEC     R14,#4                           !OFFSET DEKREMENTIEREN AUF 52
      MULTL   RQ8,RRO                          !A14/N * Z * 2**57 NACH RQ8
      CALL    SHIFT                            !A14/N * Z * 2**27 NACH RR8
      LDL     RR6,COEFF(R14)                   !A13/N * 2**27 NACH RR6
      ADDL    RR8,RR6                          !(A13/N + A14/N * Z) * 2**27
                                               ! NACH RR8
      LDL     RR2,RR8                          !LADE  (A13/N + A14/N * Z) *
                                               ! * 2**27  NACH RR2
      DEC     R14,#4                           !R14 = 52-4 = 48
                                               ! OFFSET ZU "COEFF:" AUF A12/N
WHILE:
      CP      R14,#0                           !WHILE OFFSET > O DO
      JR      LT,ENDWHILE                      !
         !*********************************************************************
         !  BERECHNUNG DER  BK * 2**27 * Z * 2**30  UND·SUMMATION NACH RR2
         !*********************************************************************
                                               !
      LDL     RR10,RR2                         !BK * 2**27 NACH RR10
      MULTL   RQ8,RRO                          !(BK * Z) * 2**57 NACH RQ8
      CALL    SHIFT                            !(BK * Z) * 2**27 NACH RR8
      LDL     RR6,COEFF(R14)                   !AK-1/N * 2**27 NACH RR6
      ADDL    RR8,RR6                          !(AK-1/N + BK*Z)*2**27 NACH RR8
      LDL     RR2,RR8                          !LADE (AK-1/N+BK*Z) * 2**27
                                               ! NACH RR2
      DEC     R14,#4                           !OFFSET:=OFFSET-#4
                                               !
      JR      WHILE                            !
ENDWHILE:
                                               !
!*********************************************************************
!             SUMME:   JO(X)/N * 2**27  IN RR2
!*********************************************************************
                                               !
      LDL     OUTPUT,RR2                       !LADE JO(X)/N * 2**27
                                               ! NACH "OUTPUT"
      RET
```

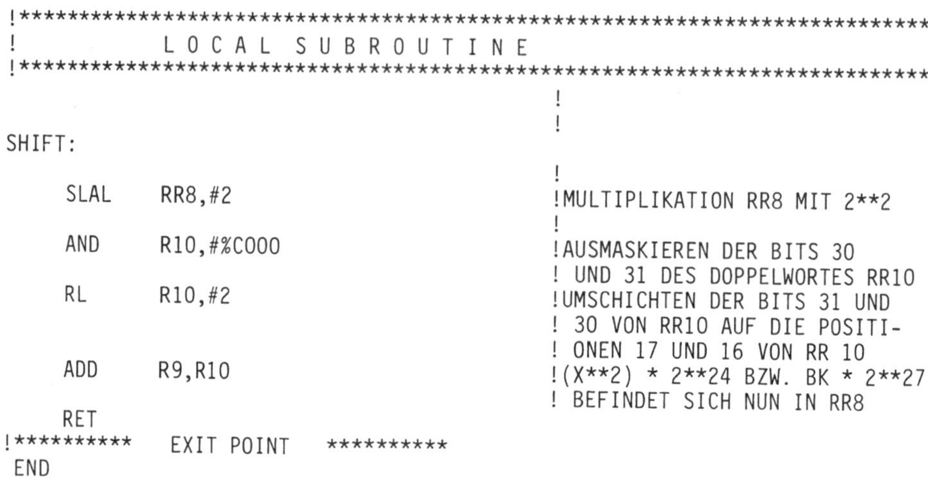

Anbei sei erwähnt, daß die Überprüfung dieses Assembler-Moduls auf korrekte Funktion - gegenüber allen anderen aufgeführten Beispielen -
nicht so ohne weiteres möglich ist. Im Grunde müßte die angeführte
Prozedur neben einer entsprechenden Programmumgebung (aufrufender Teil,
Systemumgebung) auf der der CPU entsprechenden Hardware implementiert bzw.
integriert werden. Ein Assembler-Modul auf diese Weise auf seine einwand-
freie Funktion hin überprüfen zu wollen, wäre mit großem Aufwand verbunden, da grundsätzlich davon ausgegangen werden sollte, daß in einem solchen Programmteil syntaktische bzw. semantische Fehler enthalten sind.
Für eine Überprüfung eines solchen Programmteiles bietet sich daher die
Benutzung eines Simulators an, welcher auf dem zur Verfügung stehenden
Entwicklungssystem die der Programmsyntax entsprechende CPU auf Soft-
ware-Ebene nachempfinden kann.

Auf der nachfolgenden Seite befindet sich eine Tabelle, die das Ergebnis
einer solchen Simulation wiedergibt.

Die untenstehende Tabelle gibt die Daten wieder, die für die Simulation
des beschriebenen Moduls zur Ein- und Ausgabe gelangt sind. Dieser
Tabelle kann auch der absolute Fehler der Näherung entnommen werden.

IN_dez	IN_skal_hex	OUT_skal_hex	OUT_dez	Fehler
0.00	00 00 00 00	00 12 00 00	+ 1.0000 00000	0.00 E0
+ 0.50	04 00 00 00	00 10 E4 78	+ 0.9384 69781	+ 2.70 E-8
- 0.50	FC 00 00 00	00 10 E4 78	+ 0.9384 69781	+ 2.70 E-8
+ 1.00	08 00 00 00	00 0D C6 07	+ 0.7651 96906	+ 7.80 E-7
- 1.00	F8 00 00 00	00 0D C6 07	+ 0.7651 96906	+ 7.80 E-7
+ 1.50	0C 00 00 00	00 09 36 80	+ 0.5118 27257	+ 4.15 E-7
- 1.50	F4 00 00 00	00 09 36 80	+ 0.5118 27257	+ 4.15 E-7
+ 2.00	10 00 00 00	00 04 07 B0	+ 0.2238 90516	+ 2.63 E-7
- 2.00	F0 00 00 00	00 04 07 B0	+ 0.2238 90516	+ 2.63 E-7
+ 2.50	14 00 00 00	FF FF 21 0C	- 0.0483 83925	+ 1.48 E-7
- 2.50	EC 00 00 00	FF FF 21 0C	- 0.0483 83925	+ 1.48 E-7
+ 3.00	18 00 00 00	FF FB 51 AE	- 0.2600 52151	+ 1.97 E-7
- 3.00	E8 00 00 00	FF FB 51 AE	- 0.2600 52151	+ 1.97 E-7
+ 3.50	1C 00 00 00	FF F9 28 5E	- 0.3801 28649	+ 9.09 E-7
- 3.50	E4 00 00 00	FF F9 28 5E	- 0.3801 28649	+ 9.09 E-7
+ 4.00	20 00 00 00	FF F8 D9 EF	- 0.3971 49828	+ 1.80 E-8
- 4.00	E0 00 00 00	FF F8 D9 EF	- 0.3971 49828	+ 1.80 E-8
+ 4.50	24 00 00 00	FF FA 3A F0	- 0.3205 43077	+ 5.69 E-7
- 4.50	DC 00 00 00	FF FA 3A F0	- 0.3205 43077	+ 5.69 E-7
+ 5.00	28 00 00 00	FF FC CD A2	- 0.1775 97046	+ 2.74 E-7
- 5.00	D8 00 00 00	FF FC CD A2	- 0.1775 97046	+ 2.74 E-7
+ 5.50	2C 00 00 00	FF FF E0 76	- 0.0068 44415	+ 5.45 E-7
- 5.50	D4 00 00 00	FF FF E0 76	- 0.0068 44415	+ 5.45 E-7
+ 6.00	30 00 00 00	00 02 B6 2B	+ 0.1506 44090	+ 1.17 E-6
- 6.00	D0 00 00 00	00 02 B6 2B	+ 0.1506 44090	+ 1.17 E-6
+ 6.50	34 00 00 00	00 04 AE 83	+ 0.2600 93689	+ 9.17 E-7
- 6.50	CC 00 00 00	00 04 AE 83	+ 0.2600 93689	+ 9.17 E-7
+ 7.00	38 00 00 00	00 05 66 C2	+ 0.3000 77650	+ 1.62 E-6
- 7.00	C8 00 00 00	00 05 66 C2	+ 0.3000 77650	+ 1.62 E-6
+ 7.50	3C 00 00 00	00 04 CB 48	+ 0.2663 37077	+ 2.58 E-6
- 7.50	C4 00 00 00	00 04 CB 48	+ 0.2663 37077	+ 2.58 E-6
+ 8.00	40 00 00 00	00 03 16 F9	+ 0.1716 52052	- 1.25 E-6
- 8.00	C0 00 00 00	00 03 16 F9	+ 0.1716 52052	- 1.25 E-6

Tabelle 5.3   Simulationsdaten und absoluter Fehler für die
Integer-Rechnung der einfachen Besselfunktion $J_0(x)$

Anhang

A.1 Formelsammlung

A.1.1 Einige Differentialgleichungen, deren Lösungen auf Zylinderfunktionen führen

Im folgenden stehen $C_\nu(z)$ und $C^*_\nu(z)$ für eine der Funktionen $J_\nu(z)$, $Y_\nu(z)$, $H_\nu^{[1]}(z)$ oder $H_\nu^{[2]}(z)$ oder auch für eine beliebige Linearkombination dieser Funktionen mit konstanten, vom Index ν unabhängigen Koeffizienten. Hierbei dient $C^*_\nu(z)$ der Unterscheidung solcher Funktionen. Die Größen ν, μ und z sind beliebig komplex. α, β, γ, λ, q und p müssen von ν bzw. μ unabhängig sein. Weiterhin bedeuten

$$w = w(z),$$
$$w' = \partial w(z)/\partial z,$$
$$w'' = \partial^2 w(z)/\partial z^2,$$
$$w''' = \partial^3 w(z)/\partial z^3$$
$$\text{und} \quad w'''' = \partial^4 w(z)/\partial z^4 .$$

1) $\quad w'' + \dfrac{1-2\cdot\alpha}{z} \cdot w' + \left[(\beta\cdot\gamma\cdot z^{\gamma-1})^2 + \dfrac{\alpha^2-\nu^2\cdot\gamma^2}{z^2} \right] \cdot w = 0$

$$w = z^\alpha\cdot C_\nu(\beta\cdot z^\gamma)$$

2) $\quad w'' + \left[(\beta\cdot\gamma\cdot z^{\gamma-1})^2 - \dfrac{4\cdot\nu^2\cdot\gamma^2-1}{4\cdot z^2} \right] \cdot w = 0$

$$w = \sqrt{z}\cdot C_\nu(\beta\cdot z^\gamma)$$

3) $\quad w'' + \left(\beta^2 - \dfrac{4\cdot\nu^2-1}{4\cdot z^2}\right) \cdot w = 0$

$$w = \sqrt{z}\cdot C_\nu(\beta\cdot z)$$

4) $\quad w'' + \lambda^2\cdot z^{p-2} \cdot w = 0$

$$w = \sqrt{z}\cdot C_{1/p}(2\cdot\lambda\cdot z^{p/2}/p)$$

5) $\quad w'' + (\lambda^2\cdot\exp(2\cdot z)-\nu^2) \cdot w = 0$

$$w = C_\nu(\lambda\cdot\exp(z))$$

6) $\quad w'' + \dfrac{1-2\cdot\alpha}{z}\cdot w' + (\beta^2 + \dfrac{\alpha^2-\nu^2}{z^2})\cdot w = 0$

$$w = z^{\alpha}\cdot C_{\nu}(\beta\cdot z)$$

7) $\quad w'' + \dfrac{1}{z}\cdot w' + \left[\ (\beta\cdot\gamma\cdot z^{\gamma-1})^2 - (\dfrac{\nu\cdot\gamma}{z})^2\ \right]\cdot w = 0$

$$w = C_{\nu}(\beta\cdot z^{\gamma})$$

8) $\quad w'' + \dfrac{1}{z}\cdot w' + (\beta^2 - \dfrac{\nu^2}{z^2})\cdot w = 0$

$$w = C_{\nu}(\beta\cdot z)$$

9) $\quad w'' + \dfrac{1}{z}\cdot w' - (1 - \dfrac{\nu^2}{z^2})\cdot w = 0$

$$w = C_{\nu}(z)$$

10) $\quad w'' + \dfrac{1}{z}\cdot w' - (1 + \dfrac{\nu^2}{z^2})\cdot w = 0$

$$w = C_{\nu}(j\cdot z)$$

11) $\quad w'' + \dfrac{1}{z}\cdot w' + (j - \dfrac{\nu^2}{z^2})\cdot w = 0$

$$w = C_{\nu}(z\cdot\sqrt{j})$$

12) $\quad w'' + \dfrac{1}{z}\cdot w' - (j + \dfrac{\nu^2}{z^2})\cdot w = 0$

$$w = C_{\nu}(z\cdot\sqrt{-j})$$

13) $\quad w'' + \dfrac{1}{z}\cdot w' - \left[\ \dfrac{1}{z} + (\dfrac{\nu}{2\cdot z})^2\ \right]\cdot w = 0$

$$w = C_{\nu}(2\cdot j\cdot\sqrt{z})$$

14) $\quad z^2\cdot(z^2-\nu^2)\cdot w'' + z\cdot(z^2-3\cdot\nu^2)\cdot w' + \left[\ (z^2-\nu^2)^2 - (z^2+\nu^2)\ \right]\cdot w = 0$

$$w = C'_{\nu}(z)$$

15) $\quad w'' + \dfrac{1}{z} \cdot w' + m \cdot \exp(j \cdot \mu) \cdot w = 0$

$$w = C_0(\sqrt{m} \cdot z \cdot \exp(j \cdot \mu/2)$$

16) $\quad w'' + (m \cdot \exp(j \cdot \mu) + \dfrac{1}{4 \cdot z^2}) \cdot w = 0$

$$w = \sqrt{z} \cdot C_0(\sqrt{m} \cdot z \cdot \exp(j \cdot \mu/2)$$

17) $\quad w'' + b \cdot z^m \cdot w = 0$

$$w = \sqrt{z} \cdot C_{1/(m+2)}\left(\dfrac{2 \cdot \sqrt{b}}{m+2} \cdot z^{((m+2)/2)}\right)$$

18) $\quad w'' + b \cdot z \cdot w = 0$

$$w = \sqrt{z} \cdot C_{1/3}\left(\dfrac{2 \cdot \sqrt{b}}{3} \cdot z \cdot \sqrt{z}\right)$$

19) $\quad w'' + b \cdot z^2 \cdot w = 0$

$$w = \sqrt{z} \cdot C_{1/4}\left(\dfrac{\sqrt{b}}{2} \cdot z^2\right)$$

20) $\quad w'' + \left(\dfrac{1-2 \cdot \alpha}{z} - 2 \cdot \beta \cdot \gamma \cdot j \cdot z^{\gamma-1}\right) \cdot w' + \left[\dfrac{\alpha^2 - \nu^2 \cdot \gamma^2}{z^2} - \beta \cdot \gamma \cdot (\gamma - 2 \cdot \alpha) \cdot j \cdot z^{\gamma-2}\right] \cdot w = 0$

$$w = z^{\alpha} \cdot \exp(\pm j \cdot \beta \cdot z^{\gamma}) \cdot C_{\nu}(\beta \cdot z^{\gamma})$$

21) $\quad w'' + \left(\dfrac{1}{z} - 2 \cdot j\right) \cdot w' - \left(\dfrac{\nu^2}{z^2} + \dfrac{j}{z}\right) \cdot w = 0$

$$w = \exp(\pm j \cdot z) \cdot C_{\nu}(z)$$

22) $\quad w'' + w' + \dfrac{1/4 - \nu^2}{z^2} \cdot w = 0$

$$w = \sqrt{z} \cdot \exp(-z/2) \cdot C_{\nu}(j \cdot z/2)$$

23) $\quad w'' + (\frac{2 \cdot \nu + 1}{z} - k) \cdot w' - \frac{2 \cdot \nu + 1}{2 \cdot z} \cdot k \cdot w = 0$

$$w = \frac{\exp(k \cdot z/2)}{z^\nu} \cdot C_\nu(j \cdot k \cdot z/2)$$

24) $\quad w'' + (\frac{1}{z} - 2 \cdot \tan(z)) \cdot w' - (\frac{\nu^2}{z^2} + \frac{\tan(z)}{z}) \cdot w = 0$

$$w = \frac{1}{\cos(z)} \cdot C_\nu(z)$$

25) $\quad w'' + (\frac{1}{z} + 2 \cdot \cot(z)) \cdot w' - (\frac{\nu^2}{z^2} - \frac{\cot(z)}{z}) \cdot w = 0$

$$w = \frac{1}{\sin(z)} \cdot C_\nu(z)$$

26) $\quad w'' + (\frac{1}{z} - 2 \cdot u) \cdot w' + (1 - \frac{\nu^2}{z^2} + u^2 - u' - \frac{u}{z}) \cdot w = 0$

$$w = \exp(\int u \cdot dz) \cdot C_\nu(z)$$

27) $\quad w''' + \frac{3}{z} \cdot w'' + (4 + \frac{1 - 4 \cdot \nu^2}{z^2}) \cdot w' + \frac{4}{z} \cdot w = 0$

$$w = A \cdot [J_\nu(z)]^2 + B \cdot J_\nu(z) \cdot Y_\nu(z) + C \cdot [Y_\nu(z)]^2 \equiv Q_\nu(z)$$

28) $\quad w''' + \frac{3 \cdot (1 - \alpha)}{z} \cdot w'' + (\frac{1 - 4 \cdot \nu^2 \cdot \gamma^2 + 3 \cdot \alpha \cdot (\alpha - 1)}{z^2} + 4 \cdot \beta^2 \cdot \gamma^2 \cdot z^{2 \cdot \gamma - 2}) \cdot w' +$

$\quad + (\frac{\alpha \cdot (4 \cdot \nu^2 \cdot \gamma^2 - \alpha^2)}{z^3} + 4 \cdot \beta^2 \cdot \gamma^2 \cdot (\gamma - \alpha) \cdot z^{2 \cdot \gamma - 3}) \cdot w = 0$

$$w = z^\alpha \cdot Q_\nu(\beta \cdot z^\gamma)$$

29) $\quad w''' + z^{2 \cdot \gamma - 2} \cdot w' + (\gamma - 1) \cdot z^{2 \cdot \gamma - 3} \cdot w = 0$

$$w = z \cdot Q_{(1/2 \cdot \gamma)}(z^\gamma / (2 \cdot \gamma))$$

30) $w'''' + \dfrac{4-2\cdot\nu}{z} \cdot w''' + \dfrac{(\nu-1)\cdot(\nu-2)}{z^2} \cdot w'' - \dfrac{b^4}{16\cdot z^2} \cdot w = 0$

$$w = z^{\nu/2}\cdot\left[C_\nu(b\cdot\sqrt{z})+C^*_\nu(j\cdot b\cdot\sqrt{z})\right]$$

31) $w'''' + \dfrac{4\cdot\nu-2}{\nu\cdot z} \cdot w''' + \dfrac{(\nu-1)\cdot(2\cdot\nu-1)}{\nu^2\cdot z^2} \cdot w'' - \dfrac{b^4}{16\cdot\nu^4}\cdot z^{2/\nu-4} \cdot w = 0$

$$w = \sqrt{z}\cdot\left[C_\nu(b\cdot z^{1/(2\cdot\nu)})+C^*_\nu(j\cdot b\cdot z^{1/(2\cdot\nu)})\right]$$

32) $w'''' + \dfrac{6}{z} \cdot w''' + \left(4+\dfrac{7-2\cdot\nu^2-2\cdot\mu^2}{z^2}\right) \cdot w'' - \left(\dfrac{16}{z}+\dfrac{1-2\cdot\nu^2-2\cdot\mu^2}{z^3}\right) \cdot w' +$

$$+ \left(\dfrac{8}{z^2}+\dfrac{(\nu^2-\mu^2)^2}{z^4}\right) \cdot w = 0$$

$$w = C_\nu(z)\cdot C^*_\nu(z)$$

Die oben angegebenen Gleichungen wurden ausnahmslos [1] und [37] entnommen.

A.1.2 Integrale von Zylinderfunktionen

Für die in diesem Abschnitt verwendeten Formelzeichen gelten die unter
A.1.1 getroffenen Vereinbarungen entsprechend.

1) $\quad \int J_\nu(z) \cdot dz = 2 \cdot \sum\limits_{k=0}^{\infty} J_{\nu+2\cdot k+1}(z)$

2) $\quad \int z^{\nu+1} \cdot C_\nu(z) \cdot dz = z^{\nu+1} \cdot C_{\nu+1}(z)$

3) $\quad \int z^{-\nu+1} \cdot C_\nu(z) \cdot dz = -z^{-\nu+1} \cdot C_{\nu-1}(z)$

4) $\quad \int C_1(z) \cdot dz = -C_0(z)$

5) $\quad \int z \cdot C_0(z) \cdot dz = z \cdot C_1(z)$

6) $\quad \int \left[(\alpha^2-\beta^2)\cdot z - \dfrac{\mu^2-\nu^2}{z} \right] \cdot C_\mu(\alpha\cdot z) \cdot C^*_\nu(\beta\cdot z) \cdot dz =$

$\quad = \beta\cdot z\cdot C_\mu(\alpha\cdot z)\cdot C^*_{\nu-1}(\beta\cdot z) - \alpha\cdot z\cdot C_{\mu-1}(\alpha\cdot z)\cdot C^*_\nu(\beta\cdot z) + (\mu-\nu)\cdot C_\mu(\alpha\cdot z)\cdot C^*_\nu(\beta\cdot z)$

7) $\quad \int z \cdot C_\mu(\alpha\cdot z) \cdot C^*_\mu(\beta\cdot z) \cdot dz =$

$$= \frac{\beta\cdot z\cdot C_\mu(\alpha\cdot z)\cdot C^*_{\mu-1}(\beta\cdot z) - \alpha\cdot z\cdot C_{\mu-1}(\alpha\cdot z)\cdot C^*_\mu(\beta\cdot z)}{\alpha^2 - \beta^2}$$

8) $\quad \int z \cdot \left[C_\mu(\alpha\cdot z) \right]^2 \cdot dz = \dfrac{z^2}{2} \cdot \left\{ \left[C_\mu(\alpha\cdot z) \right]^2 - C_{\mu-1}(\alpha\cdot z)\cdot C_{\mu+1}(\alpha\cdot z) \right\}$

9) $\quad \int \dfrac{1}{z} \cdot C_\mu(\alpha\cdot z) \cdot C^*_\nu(\alpha\cdot z) \cdot dz =$

$$= \alpha\cdot z \cdot \frac{C_{\mu-1}(\alpha\cdot z)\cdot C^*_\nu(\alpha\cdot z) - C_\mu(\alpha\cdot z)\cdot C^*_{\nu-1}(\alpha\cdot z)}{\mu^2 - \nu^2} - \frac{C_\mu(\alpha\cdot z)\cdot C^*_\nu(\alpha\cdot z)}{\mu + \nu}$$

A.1.3 Verschiedene Gleichungen, die Zylinderfunktionen betreffen

Im folgenden steht $C_\nu(z)$ für eine der Funktionen $J_\nu(z)$, $Y_\nu(z)$, $H_\nu^{[1]}(z)$ oder $H_\nu^{[2]}(z)$ oder auch für eine beliebige Linearkombination dieser Funktionen mit konstanten, vom Index ν unabhängigen Koeffizienten. Die Größen ν und z sind hierbei beliebig komplex. Entsprechendes gilt für die Größe $L_\nu(z)$, welche für $I_\nu(z)$, $\exp(j\cdot\nu\cdot\pi)\cdot K_\nu(z)$ oder eine beliebige Linearkombinationen dieser Funktionen mit konstanten, vom Index ν unabhängigen Koeffizienten stehen kann.

$$1)\quad \left\{ \frac{1}{z}\cdot\frac{d}{dz} \right\}^k \left[\; z^\nu\cdot C_\nu(z)\; \right] \;=\; z^{\nu-k}\cdot C_{\nu-k}(z)\;,$$
$$\text{für}\quad k = 0,\; 1,\; 2,\; \ldots\; .$$

$$2)\quad \left\{ \frac{1}{z}\cdot\frac{d}{dz} \right\}^k \left[\; z^{-\nu}\cdot C_\nu(z)\; \right] \;=\; (-1)^k\cdot z^{-\nu-k}\cdot C_{\nu+k}(z)\;,$$
$$\text{für}\quad k = 0,\; 1,\; 2,\; \ldots\; .$$

$$3)\quad C_\nu^{(k)}(z) = 1/(2k)\cdot\left[\; C_{\nu-k}(z) - (k,1)\cdot C_{\nu-k+2}(z) + \right.$$
$$\left. +\; (k,2)\cdot C_{\nu-k+4}(z) - \ldots + (-1)^k\cdot C_{\nu+k}(z)\; \right]\;,$$
$$\text{für}\quad k = 0,\; 1,\; 2,\; \ldots\; .$$

$$4)\quad p_\nu = J_\nu(a)\;\cdot\; Y_\nu(b)\; -\; J_\nu(b)\;\cdot\; Y_\nu(a)$$
$$q_\nu = J_\nu(a)\;\cdot\; Y_\nu{}'(b)\; -\; J_\nu{}'(b)\;\cdot\; Y_\nu(a)$$
$$r_\nu = J_\nu{}'(a)\;\cdot\; Y_\nu(b)\; -\; J_\nu(b)\;\cdot\; Y_\nu{}'(a)$$
$$s_\nu = J_\nu{}'(a)\;\cdot\; Y_\nu{}'(b)\; -\; J_\nu{}'(b)\;\cdot\; Y_\nu{}'(a)$$

$$p_{\nu+1} - p_{\nu-1} = -2\cdot\nu\cdot q_\nu/a - 2\cdot\nu\cdot r_\nu/b$$

$$q_{\nu+1} + r_\nu = \nu\cdot p_\nu/a - (\nu+1)\cdot p_{\nu+1}/b$$

$$r_{\nu+1} + q_\nu = \nu\cdot p_\nu/b - (\nu+1)\cdot p_{\nu+1}/a$$

$$s_\nu = p_{\nu+1}/2 + p_{\nu-1}/2 - \nu^2\cdot p_\nu/(a\cdot b)$$

$$p_\nu\cdot s_\nu - q_\nu\cdot r_\nu = 4/(\pi^2\cdot a\, b)$$

5) $\quad \left\{ \dfrac{1}{z} \cdot \dfrac{d}{dz} \right\}^k \left[\, z^\nu \cdot L_\nu(z) \,\right] \; = \; z^{\nu-k} \cdot L_{\nu-k}(z) \; ,$

$$\text{für } \; k = 0, 1, 2, \ldots \; .$$

6) $\quad \left\{ \dfrac{1}{z} \cdot \dfrac{d}{dz} \right\}^k \left[\, z^{-\nu} \cdot L_\nu(z) \,\right] \; = \; z^{-\nu-k} \cdot L_{\nu+k}(z) \; ,$

$$\text{für } \; k = 0, 1, 2, \ldots \; .$$

7) $\quad L_\nu^{(k)}(z) = 1/(2k) \cdot \left[\, L_{\nu-k}(z) - (k,1) \cdot L_{\nu-k+2}(z) + \right.$

$$\left. + (k,2) \cdot L_{\nu-k+4}(z) + \ldots + L_{\nu+k}(z) \;, \; \text{für } \; k = 0, 1, 2, \ldots \; . \right.$$

8) $\quad J_\nu(z \cdot \exp\{j \cdot m \cdot \pi\}) = \exp\{j \cdot m \cdot \nu \cdot \pi\} \cdot J_\nu(z)$

9) $\quad Y_\nu(z \cdot \exp\{j \cdot m \cdot \pi\}) = \exp\{-j \cdot m \cdot \nu \cdot \pi\} \cdot Y_\nu(z) + j \cdot 2 \cdot \sin\{m \cdot \nu \cdot \pi\} \cdot \cot\{\nu \cdot \pi\} \cdot J_\nu(z)$

10) $\quad \sin\{\nu \cdot \pi\} \cdot H_\nu^{[1]}(z \cdot \exp\{j \cdot m \cdot \pi\}) =$

$$= -\sin\{(m-1) \cdot \nu \cdot \pi\} \cdot H_\nu^{[1]}(z) - \exp\{-j \cdot \nu \cdot \pi\} \cdot \sin\{m \cdot \nu \cdot \pi\} \cdot H_\nu^{[2]}(z)$$

11) $\quad \sin\{\nu \cdot \pi\} \cdot H_\nu^{[2]}(z \cdot \exp\{j \cdot m \cdot \pi\}) =$

$$= +\sin\{(m+1) \cdot \nu \cdot \pi\} \cdot H_\nu^{[2]}(z) + \exp\{+j \cdot \nu \cdot \pi\} \cdot \sin\{m \cdot \nu \cdot \pi\} \cdot H_\nu^{[1]}(z)$$

12) $\quad H_\nu^{[1]}(z \cdot \exp\{+j \cdot \pi\}) = -\exp\{-j \cdot \nu \cdot \pi\} \cdot H_\nu^{[2]}(z)$

13) $\quad H_\nu^{[2]}(z \cdot \exp\{-j \cdot \pi\}) = -\exp\{+j \cdot \nu \cdot \pi\} \cdot H_\nu^{[1]}(z)$

14) $\quad I_\nu(z \cdot \exp\{j \cdot m \cdot \pi\}) = \exp\{j \cdot m \cdot \nu \cdot \pi\} \cdot I_\nu(z)$

15) $\quad K_\nu(z \cdot \exp\{j \cdot m \cdot \pi\}) = \exp\{-j \cdot m \cdot \nu \cdot \pi\} \cdot K_\nu(z) - j \cdot \pi \cdot \sin\{m \cdot \nu \cdot \pi\} \cdot \operatorname{cosec}\{\nu \cdot \pi\} \cdot I_\nu(z)$

Die obenstehenden Gleichungen wurden [1] entnommen.

A.1.4 Transformationen von Zylinderfunktionen

__Laplace-Transformierte:__

$f(t)$	$F(s)$
1) $\displaystyle\int_0^\infty J_0(2\cdot\sqrt{t\cdot\tau})\cdot f(\tau)\cdot d\tau$	$\dfrac{1}{s}\cdot F(1/s)$
2) $\displaystyle\int_0^\infty J_0(2\cdot\sqrt{(t-\tau)\cdot\tau})\cdot f(\tau)\cdot d\tau$	$\dfrac{1}{s}\cdot F(s+1/s)$
3) $\exp(-a\cdot t)\cdot f(t)+b\cdot\exp(-a\cdot t)\cdot\displaystyle\int_0^t f(\sqrt{t^2-r^2})\cdot I_1(b\cdot r)\cdot dr$	$F(\sqrt{(s+a)^2-b^2})$
4) $t^\nu\cdot J_\nu(a\cdot t),\ \mathrm{Re}\{\nu\}>-0.5$	$\dfrac{(2\cdot a)^\nu\cdot\Gamma(\nu+0.5)}{\sqrt{\pi}\cdot(s^2+a^2)^{\nu+1/2}}$
5) $a\cdot\exp(-a\cdot t)\cdot\left[I_0(a\cdot t)+I_1(a\cdot t)\right]$	$\dfrac{\sqrt{s+2\cdot a}}{\sqrt{s}}-1$
6) $\exp(-0.5\cdot(a+b)\cdot t)\cdot I_0(0.5\cdot(a-b)\cdot t)$	$\dfrac{1}{\sqrt{s+a}\cdot\sqrt{s+b}}$
7) $\sqrt{\pi}\cdot(t/(a-b))^{k-0.5}\cdot\exp(-0.5\cdot(a+b)\cdot t)\cdot I_{k-0.5}(0.5\cdot(a-b)\cdot t)$	$\dfrac{\Gamma(k)}{(s+a)^k\cdot(s+b)^k}\ ,\quad k>0$
8) $t\cdot\exp(-0.5\cdot(a+b)\cdot t)\cdot\left[I_0((a-b)\cdot t/2)+I_1((a-b)\cdot t/2)\right]$	$\dfrac{1}{(s+a)^{1/2}\cdot(s+b)^{3/2}}$
9) $\dfrac{1}{t}\cdot\exp(-a\cdot t)\cdot I_1(a\cdot t)$	$\dfrac{\sqrt{s+2\cdot a}-\sqrt{s}}{\sqrt{s+2\cdot a}+\sqrt{s}}$

$f(t)$	$F(s)$

10) $\quad \dfrac{k}{t} \cdot \exp(-0.5 \cdot (a+b) \cdot t) \cdot I_k((a-b) \cdot t/2)$

$\qquad\qquad\qquad\qquad\qquad \dfrac{(a-b)^k}{(\sqrt{s+a} + \sqrt{s+b})^{2 \cdot k}} \;,\quad k>0$

11) $\quad \dfrac{1}{a^\nu} \cdot \exp(-0.5 \cdot a \cdot t) \cdot I_\nu(a \cdot t/2)$ $\qquad \dfrac{(\sqrt{s+a} + \sqrt{s})^{-2 \cdot \nu}}{\sqrt{s} \cdot \sqrt{s+a}} \;,\; \nu>-1$

12) $\quad J_0(a \cdot t)$ $\qquad\qquad\qquad \dfrac{1}{\sqrt{s^2+a^2}}$

13) $\quad a^\nu \cdot J_\nu(a \cdot t)$ $\qquad\qquad \dfrac{(\sqrt{s^2+a^2} - s)^\nu}{\sqrt{s^2 + a^2}} \;,\; \nu>-1$

14) $\quad \dfrac{\sqrt{\pi}}{\Gamma(k)} \cdot (\dfrac{t}{2 \cdot a})^{k-1/2} \cdot J_{k-1/2}(a \cdot t)$ $\qquad \dfrac{1}{(s^2+a^2)^k} \;,\quad k>0$

15) $\quad \dfrac{k \cdot a^k}{t} \cdot J_k(a \cdot t)$ $\qquad\qquad (\sqrt{s^2+a^2} - s)^k \;,\quad k>0$

16) $\quad a^\nu \cdot I_\nu(a \cdot t)$ $\qquad\qquad \dfrac{(s - \sqrt{s^2-a^2})^\nu}{\sqrt{s^2-a^2}} \;,\; \nu>-1$

17) $\quad \dfrac{\sqrt{\pi}}{\Gamma(k)} \cdot (\dfrac{t}{2 \cdot a})^{k-1/2} \cdot I_{k-1/2}(a \cdot t)$ $\qquad \dfrac{1}{(s^2-a^2)^k} \;,\; k>0$

18) $\quad J_0(2 \cdot \sqrt{k \cdot t})$ $\qquad\qquad \dfrac{1}{s} \cdot \exp(-k/s)$

19) $\quad (\dfrac{t}{k})^{(\mu-1)/2} \cdot J_{\mu-1}(2 \cdot \sqrt{k \cdot t})$ $\qquad \dfrac{1}{s^\mu} \cdot \exp(-k/s) \;,\; \mu>0$

20) $\quad (\dfrac{t}{k})^{(\mu-1)/2} \cdot I_{\mu-1}(2 \cdot \sqrt{k \cdot t})$ $\qquad \dfrac{1}{s^\mu} \cdot \exp(+k/s) \;,\; \mu>0$

$f(t)$	$F(s)$

21) $\exp(-0.5 \cdot a \cdot t) \cdot I_0(0.5 \cdot a \cdot \sqrt{t^2 - k^2}) \cdot \sigma(t-k)$ $\dfrac{\exp(-k \cdot \sqrt{s \cdot (s+a)})}{\sqrt{s \cdot (s+a)}}$, $k \geq 0$

22) $J_0(a \cdot \sqrt{t^2 - k^2}) \cdot \sigma(t-k)$ $\dfrac{\exp(-k \cdot \sqrt{s^2 + a^2})}{\sqrt{s^2 + a^2}}$, $k \geq 0$

23) $I_0(a \cdot \sqrt{t^2 - k^2}) \cdot \sigma(t-k)$ $\dfrac{\exp(-k \cdot \sqrt{s^2 - a^2})}{\sqrt{s^2 - a^2}}$, $k \geq 0$

24) $J_0(a \cdot \sqrt{t^2 + 2 \cdot k \cdot t})$ $\dfrac{\exp(-k \cdot (\sqrt{s^2 + a^2} - s))}{\sqrt{s^2 + a^2}}$, $k \geq 0$

25) $\dfrac{a \cdot k}{\sqrt{t^2 - k^2}} \cdot J_1(a \cdot \sqrt{t^2 - k^2}) \cdot \sigma(t-k)$ $\exp(-k \cdot s) - \exp(-k \cdot \sqrt{s^2 + a^2})$, $k > 0$

26) $\dfrac{a \cdot k}{\sqrt{t^2 - k^2}} \cdot I_1(a \cdot \sqrt{t^2 - k^2}) \cdot \sigma(t-k)$ $\exp(-k \cdot \sqrt{s^2 - a^2}) - \exp(-k \cdot s)$, $k > 0$

27) $\left(\dfrac{t-k}{t+k}\right)^{\nu/2} \cdot J_\nu(a \cdot \sqrt{t^2 - k^2}) \cdot \sigma(t-k)$ $\dfrac{a^\nu \cdot \exp(-k \cdot \sqrt{s^2 + a^2})}{\sqrt{s^2 + a^2} \cdot (\sqrt{s^2 + a^2} + s)^\nu}$, $\nu > -1$, $k \geq 0$

28) $\sqrt{d/a} \cdot x \cdot \exp(-(0.5 \cdot b/a)) \cdot \dfrac{I_1(\sqrt{d/a} \cdot \sqrt{t^2 - a \cdot x^2})}{\sqrt{t^2 - a \cdot x^2}}$, für $t \geq \sqrt{a \cdot x}$,

$$0 \text{ sonst}$$

$$\exp(-x \cdot \sqrt{a \cdot s^2 + b \cdot s + c}) - \exp(-(0.5 \cdot b/\sqrt{a}) \cdot x) \cdot \exp(-\sqrt{a} \cdot x \cdot s)$$

29) $\dfrac{1}{\sqrt{t^2 - k^2}} \cdot \sigma(t-k)$ $K_0(k \cdot s)$, $k > 0$

30) $\dfrac{1}{2 \cdot t} \cdot \exp\left(-\dfrac{k^2}{4 \cdot t}\right)$ $K_0(k \cdot \sqrt{s})$, $k > 0$

31) $\dfrac{1}{k} \cdot \sqrt{t \cdot (t + 2 \cdot k)}$ $\dfrac{1}{s} \cdot \exp(k \cdot s) \cdot K_1(k \cdot s)$, $k > 0$

$f(t)$	$F(s)$
32) $\dfrac{1}{k} \cdot \exp\!\left(-\dfrac{k^2}{4\cdot t}\right)$	$\dfrac{1}{\sqrt{s}} \cdot K_1(k\cdot\sqrt{s})\ ,\quad k>0$
33) $\dfrac{2}{\sqrt{\pi\cdot t}} \cdot K_0(2\cdot\sqrt{2\cdot k\cdot t})$	$\dfrac{1}{\sqrt{s}} \cdot \exp(k/s) \cdot K_0(k/s),\ k>0$
34) $\dfrac{1}{\sqrt{t\cdot(2\cdot k-t)}} \cdot [\sigma(t)-\sigma(t-2\cdot k)]$	$\pi \cdot \exp(-k\cdot s) \cdot I_0(k\cdot s)\ ,\quad k>0$
35) $\dfrac{k-t}{\pi\cdot k\cdot\sqrt{t\cdot(2\cdot k-t)}} \cdot [\sigma(t)-\sigma(t-2\cdot k)]$	$\exp(-k\cdot s) \cdot I_1(k\cdot s)\ ,\quad k>0$

Die oben angeführten Gleichungen wurden [1] und [8] entnommen.

A.2 Mathematischer Anhang

A.2.1 Umgang mit komplexen Größen

.)   Eine komplexe Zahl setzt sich grundsätzlich aus einem Real- und
     einem Imaginärteil zusammen zu

$$z = x + j \cdot y \ ,$$

wobei x und y reelle Größen darstellen.

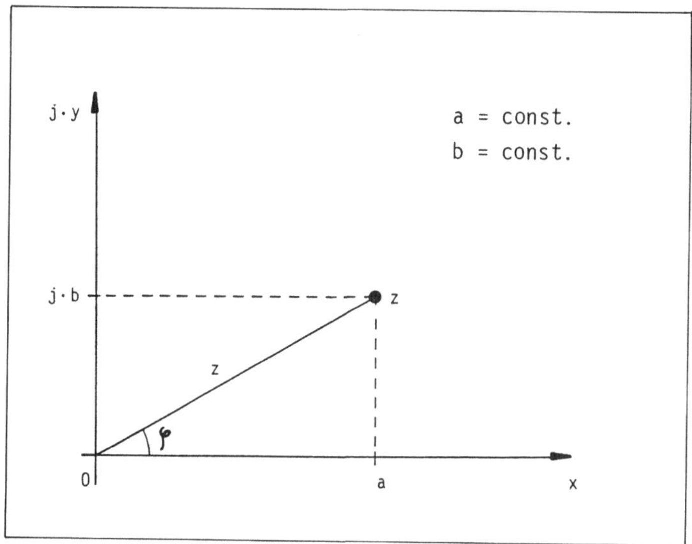

Fig. A.2.1.1   Die komplexe Veränderliche z = x + j·y
                in der Gaußschen Ebene (s-Ebene)

Es gelten

$$z = x + j \cdot y \ = \ Re\{z\} + j \cdot Im\{z\} \ = \ |z| \cdot exp(j \cdot \varphi)$$

$$|z| \ = \ \sqrt{Re^2\{z\} + Im^2\{z\}} \ = \ \sqrt{x^2 + y^2}$$

$$\varphi \ = \ arctan[\ Im\{z\} \ / \ Re\{z\} \ ] \ = \ arctan[\ y \ / \ x \ ]$$

$$exp\{j \cdot \varphi\} \ = \ cos\{\varphi\} + j \cdot sin\{\varphi\}$$

Somit kann auch geschrieben werden

$$z = x + j \cdot y \; = \; |z| \cdot \exp\{j \cdot \varphi\} =$$
$$= \; |z| \cdot [\; \cos\{\varphi\} + j \cdot \sin\{\varphi\} \;] =$$
$$= \; |z| \cdot \cos\{\varphi\} + j \cdot |z| \cdot \sin\{\varphi\} =$$
$$= \; \sqrt{x^2 + y^2} \cdot \cos\{\varphi\} \; + \; j \cdot \sqrt{x^2 + y^2} \cdot \sin\{\varphi\} =$$
$$= \; \mathrm{Re}\{z\} \; + \; j \cdot \; \mathrm{Im}\{z\} \; .$$

Umgekehrt gelten bzgl. $\exp\{j \cdot \varphi\}$

$$\cos\{\varphi\} = \frac{1}{2} \cdot [\; \exp\{+j \cdot \varphi\} + \exp\{-j \cdot \varphi\} \;]$$

und

$$\sin\{\varphi\} = \frac{1}{2 \cdot j} \cdot [\; \exp\{+j \cdot \varphi\} - \exp\{-j \cdot \varphi\} \;] \; .$$

Tritt die komplexe Veränderliche "z" als Argument einer Funktion f(z)
auf, so ist diese Funktion in allgemeinen ebenfalls komplex.

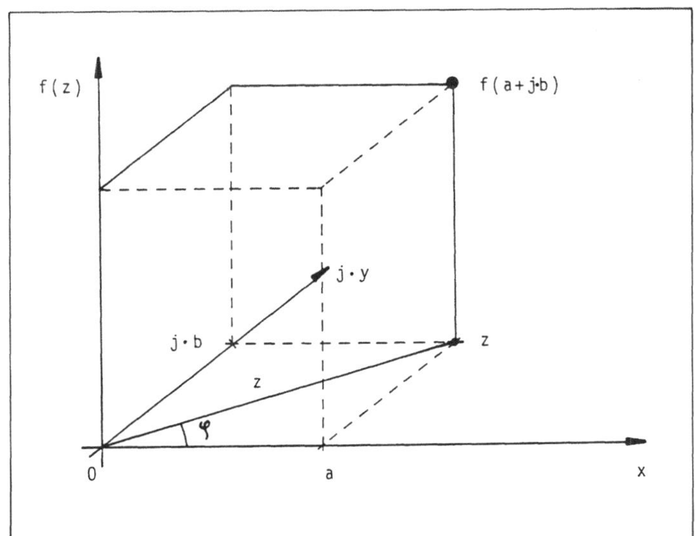

Fig. A.2.1.2   Beispiel einer Zuordnung der komplexen Veränderlichen
                z = x +j·y = a + j·b mittels der Abbildungsvorschrift f(z)

A.2.2 Spezielle Funktionen

Gammafunktion

$$\Gamma(z) = \lim_{n\to\infty} \frac{n! \cdot n^z}{z\cdot(z+1)\cdot(z+2)\cdot \ldots \cdot(z+n)} \qquad \text{für} \quad z \neq (0, -1, -2 \ldots)$$

$$\frac{1}{\Gamma(z)} = z \cdot \exp(\gamma\cdot z) \cdot \prod_{n=1}^{\infty}\left[(1 + z/n)\cdot\exp(-z/n) \right] , \quad |z| < \infty$$

$$\gamma = \lim_{m\to\infty} \left[1 + \frac{1}{2} + \frac{1}{3} + \frac{1}{4} + \ldots + \frac{1}{m} - \ln\{m\} \right]$$

$$\gamma = 0.5772\ 15664\ 90153\ 28606\ 06512 \ldots$$

$$\Gamma(n+1) = 1 \cdot 2 \cdot 3 \cdot \ldots \cdot (n-1) \cdot n = n!$$

Binominal-Koeffizient

$$\binom{z}{w} = \frac{z!}{w! \cdot (z-w)!} = \frac{\Gamma(z+1)}{\Gamma(w+1) \cdot \Gamma(z-w+1)} = (z,w)$$

Psi-Funktion (Digammafunktion)

$$\Psi(z) = d(\ln\{ \Gamma(z) \} / dz) = \frac{\Gamma'(z)}{\Gamma(z)}$$

$$\Psi(1/2) = -\gamma\ 2\cdot\ln\{2\} = -1.9635\ 10026\ 02142\ 3 \ldots$$

$$\Psi(1) = -\gamma$$

$$\Psi(n) = -\gamma + \sum_{k=1}^{n-1} 1/k , \quad n \geq 2$$

Einheitssprungfunktion (nach Heaviside)

$$\sigma(t) \;=\; \begin{cases} 0 & , \quad t < 0 \\ 1 & , \quad t \geqq 0 \end{cases}$$

$$\sigma(t-k) = \begin{cases} 0 & , \quad t < k \\ 1 & , \quad t \geqq k \end{cases}$$

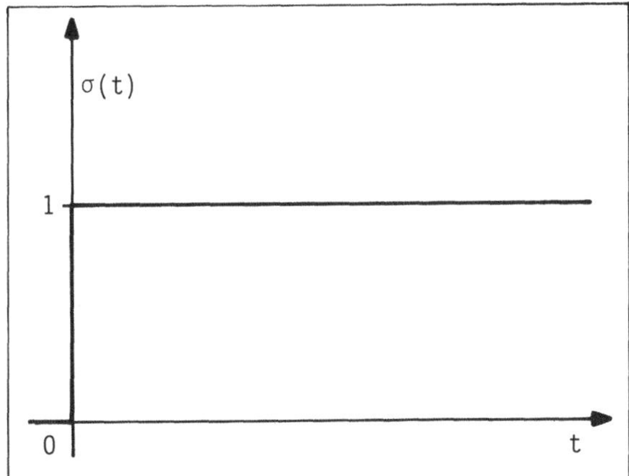

Fig. A.2.2.1   Verlauf der Einheitssprungfunktion

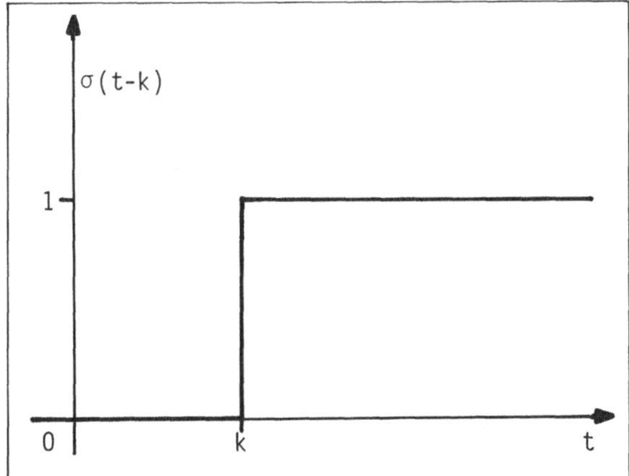

Fig. A.2.2.2   Verlauf der zeitverschobenen Einheitssprungfunktion

A.2.3 Konstanten

γ	0.5772 15664 90153 28606 06512
$\ln(\gamma)$	-0.5495 39312 98164 48223 37662
1°	0.0174 53292 51994 32957 69237 rad
1rad	57.2957 79513 08232 08767 98155 ^{o}
π	3.1415 92653 58979 32384 62643
$1/\pi$	0.3183 09886 18379 06715 37767
$2/\pi$	0.6366 19772 36758 13430 75534
$\sqrt{2/\pi}$	0.7978 84560 80286 53558 79892
$\pi/4$	0.7853 98163 39744 83096 15660
$\pi/2$	1.5707 96326 79489 66192 31322
$3\cdot\pi/4$	2.3561 94490 19234 49288 46980
$\sqrt{1/\pi}$	0.5641 89583 54775 62869 48079
$\sin(8-\pi/4)$	0.8024 65985 77916 84913
$\cos(8-\pi/4)$	0.5966 97864 64128 33884
$\sin(8-3\cdot\pi/4)$	-0.5966 97864 64128 33884
$\cos(8-3\cdot\pi/4)$	0.8024 65985 77916 84913
$\exp(-8)$	0.0003 35462 62790 25118 38821
$\exp(+8)$	2980.9579 87041 72827 47435 92
e	2.7182 81828 45904 52353 6
$1/e$	0.3678 79441 17144 23216 0
$\log_2(e)$	1.4426 95040 88896 34073 6
$\ln(2)$	0.6931 47180 55994 53094 2
$\ln(10)$	2.3025 85092 99404 56840 2
$\log_{10}(e)=1/\ln(10)$	0.4342 94481 90325 18276 5

A.3 Tabellen von Zylinder- und Standardfunktionen

A.3.1 Tabelle der einfachen Besselfunktion Jo(x), $0.0 \leq x \leq 8.0$

X	JO(X)	X	JO(X)
0.00	+1.00000 00000 00000 00000	4.00	-0.39714 98098 63847 37229
0.10	+0.99750 15620 66040 03228	4.10	-0.38866 96798 35853 68303
0.20	+0.99002 49722 39576 39081	4.20	-0.37655 70543 67567 66352
0.30	+0.97762 62465 38296 08757	4.30	-0.36101 11172 36535 11211
0.40	+0.96039 82266 59563 45034	4.40	-0.34225 67900 03885 61444
0.50	+0.93846 98072 40812 90422	4.50	-0.32054 25089 85121 42435
0.60	+0.91200 48634 97210 77595	4.60	-0.29613 78165 74141 14264
0.70	+0.88120 08886 07405 28083	4.70	-0.26933 07894 19752 82639
0.80	+0.84628 73527 50480 26608	4.80	-0.24042 53272 91183 45219
0.90	+0.80752 37981 22544 77729	4.90	-0.20973 83275 85326 31475
1.00	+0.76519 76865 57966 55144	5.00	-0.17759 67713 14338 30434
1.10	+0.71962 20185 27511 01596	5.10	-0.14433 47470 60500 51653
1.20	+0.67113 27442 64362 67346	5.20	-0.11029 04397 90986 53963
1.30	+0.62008 59895 61509 13166	5.30	-0.07580 31115 85584 16007
1.40	+0.56685 51203 74288 72134	5.40	-0.04121 01012 44991 30710
1.50	+0.51182 76717 35918 12873	5.50	-0.00684 38694 17819 19684
1.60	+0.45540 21676 39380 71330	5.60	+0.02697 08846 85114 47633
1.70	+0.39798 48594 46109 49113	5.70	+0.05992 00097 24037 40191
1.80	+0.33998 64110 42558 35009	5.80	+0.09170 25675 74816 18823
1.90	+0.28181 85593 74385 47071	5.90	+0.12203 33545 92822 67347
2.00	+0.22389 07791 41235 66805	6.00	+0.15064 52572 50996 93165
2.10	+0.16660 69803 31990 32660	6.10	+0.17729 14222 42743 51440
2.20	+0.11036 22669 22173 95098	6.20	+0.20174 72229 48904 23901
2.30	+0.05553 97844 45601 96314	6.30	+0.22381 20061 32191 06588
2.40	+0.00250 76832 97243 81301	6.40	+0.24331 06048 23406 54638
2.50	-0.04838 37764 68197 99633	6.50	+0.26009 46055 81606 38140
2.60	-0.09680 49543 97038 24991	6.60	+0.27404 33606 24146 21981
2.70	-0.14244 93700 46011 82183	6.70	+0.28506 47377 10575 95634
2.80	-0.18503 60333 64387 32460	6.80	+0.29309 56031 04272 59778
2.90	-0.22431 15457 91968 11419	6.90	+0.29810 20354 04820 02463
3.00	-0.26005 19549 01933 43762	7.00	+0.30007 92705 19555 59662
3.10	-0.29206 43476 50697 54005	7.10	+0.29905 13805 01550 11370
3.20	-0.32018 81696 57122 90728	7.20	+0.29507 06914 00957 91607
3.30	-0.34429 62603 98884 63738	7.30	+0.28821 69476 35014 38436
3.40	-0.36429 55967 62000 46982	7.40	+0.27859 62326 57477 60481
3.50	-0.38012 77399 87263 37737	7.50	+0.26633 96578 80378 39685
3.60	-0.39176 89837 00797 76851	7.60	+0.25160 18338 49976 30863
3.70	-0.39923 02033 71191 10576	7.70	+0.23455 91395 86464 40638
3.80	-0.40255 64101 78564 16932	7.80	+0.21540 78077 46262 89760
3.90	-0.40182 60148 87639 90503	7.90	+0.19436 18448 41278 31757
4.00	-0.39714 98098 63847 37229	8.00	+0.17165 08071 37553 90610

A.3.2 Tabelle der einfachen Besselfunktion J1(x), $0.0 \leq x \leq 8.0$

X	J1(X)	X	J1(X)
0.00	+0.00000 00000 00000 00000	4.00	-0.06604 33280 23549 13613
0.10	+0.04993 75260 36241 99755	4.10	-0.10327 32577 47338 70178
0.20	+0.09950 08326 39235 99539	4.20	-0.13864 69421 26046 16730
0.30	+0.14831 88162 73104 00774	4.30	-0.17189 65602 21540 47466
0.40	+0.19602 65779 55318 74410	4.40	-0.20277 55219 23086 59468
0.50	+0.24226 84576 74873 88638	4.50	-0.23106 04319 23370 63399
0.60	+0.28670 09880 63915 73974	4.60	-0.25655 28360 97444 56169
0.70	+0.32899 57415 40058 94784	4.70	-0.27908 07358 43335 33012
0.80	+0.36884 20460 94169 99420	4.80	-0.29849 98580 99557 87613
0.90	+0.40594 95460 78805 67460	4.90	-0.31469 46710 15190 60319
1.00	+0.44005 05857 44933 51595	5.00	-0.32757 91375 91465 22202
1.10	+0.47090 23948 66292 93684	5.10	-0.33709 72020 18231 84045
1.20	+0.49828 90575 67215 48021	5.20	-0.34322 30058 71921 90321
1.30	+0.52202 32474 14660 39612	5.30	-0.34596 08338 01186 19954
1.40	+0.54194 77139 30854 53315	5.40	-0.34534 47907 79586 32658
1.50	+0.55793 65079 10099 64199	5.50	-0.34143 82154 29043 35018
1.60	+0.56989 59352 61680 37001	5.60	-0.33433 28362 91007 48321
1.70	+0.57776 52315 29023 21980	5.70	-0.32414 76802 22856 21422
1.80	+0.58151 69517 31165 18347	5.80	-0.31102 77443 03942 41414
1.90	+0.58115 70727 13434 07268	5.90	-0.29514 24447 29016 12384
2.00	+0.57672 48077 56873 38720	6.00	-0.27668 38581 27565 60815
2.10	+0.56829 21357 57038 66854	6.10	-0.25586 47725 58383 03754
2.20	+0.55596 30498 19063 93910	6.20	-0.23291 65670 73222 66397
2.30	+0.53987 25326 04313 66531	6.30	-0.20808 69402 07242 26261
2.40	+0.52018 52681 81931 03396	6.40	-0.18163 75090 24183 34185
2.50	+0.49709 41024 64274 03801	6.50	-0.15384 13014 09971 83708
2.60	+0.47081 82665 17578 66973	6.60	-0.12498 01651 60563 57205
2.70	+0.44160 13791 18253 10642	6.70	-0.09534 21180 41386 40793
2.80	+0.40970 92468 52288 74157	6.80	-0.06521 86634 01685 83025
2.90	+0.37542 74818 13095 89639	6.90	-0.03490 20961 04618 27785
3.00	+0.33905 89585 25936 45892	7.00	-0.00468 28234 82345 83266
3.10	+0.30092 11331 01057 62666	7.10	+0.02515 32742 53910 44500
3.20	+0.26134 32487 80504 83736	7.20	+0.05432 74202 22367 02844
3.30	+0.22066 34529 85241 08270	7.30	+0.08257 04304 93257 88028
3.40	+0.17922 58516 81507 11099	7.40	+0.10962 50948 53990 88876
3.50	+0.13737 75273 62327 18572	7.50	+0.13524 84275 79705 50523
3.60	+0.09546 55471 77876 40385	7.60	+0.15921 37683 96356 76326
3.70	+0.05383 39877 45461 86402	7.70	+0.18131 27153 24587 98287
3.80	+0.01282 10029 26731 62703	7.80	+0.20135 68727 55896 12801
3.90	-0.02724 40396 20779 92624	7.90	+0.21917 93999 21751 14414
4.00	-0.06604 33280 23549 13613	8.00	+0.23463 63468 53914 62446

A.3.3 Tabelle der Neumannfunktion Yo(x), 0.1 ≤ x ≤ 8.0

X	YO(X)		X	YO(X)
0.10	-1.5342 38651 35036 68439 E0		4.10	-0.5609 46266 06344 61860 E-1
0.20	-1.0811 05322 37211 51227 E0		4.20	-0.9375 12013 14434 61377 E-1
0.30	-8.0727 35778 04519 46565 E-1		4.30	-1.2959 59028 90919 82926 E-1
0.40	-6.0602 45684 27009 55515 E-1		4.40	-1.6333 64628 04245 08543 E-1
0.50	-4.4451 87335 06706 55712 E-1		4.50	-1.9470 50086 29504 53317 E-1
0.60	-3.0850 98701 15590 34605 E-1		4.60	-2.2345 99525 53646 97961 E-1
0.70	-1.9066 49293 37395 06741 E-1		4.70	-2.4938 76472 44972 00642 E-1
0.80	-0.8680 22796 56606 76179 E-1		4.80	-2.7230 37944 56648 15517 E-1
0.90	+0.5628 30663 52055 39051 E-2		4.90	-2.9205 45942 44014 16044 E-1
1.00	+0.8825 69642 15676 95798 E-1		5.00	-3.0851 76252 49033 77999 E-1
1.10	+1.6216 32029 26886 73179 E-1		5.10	-3.2160 24491 24859 46225 E-1
1.20	+2.2808 35032 27196 85014 E-1		5.20	-3.3125 09348 19884 39659 E-1
1.30	+2.8653 53571 65570 09338 E-1		5.30	-3.3743 73010 93682 85768 E-1
1.40	+3.3789 51296 79688 12521 E-1		5.40	-3.4016 78782 75881 71003 E-1
1.50	+3.8244 89237 97758 84394 E-1		5.50	-3.3948 05928 81911 03826 E-1
1.60	+4.2042 68964 15748 10185 E-1		5.60	-3.3544 41812 45315 81745 E-1
1.70	+4.5202 70001 81634 62701 E-1		5.70	-3.2815 71407 93656 84112 E-1
1.80	+4.7743 17149 00475 99500 E-1		5.80	-3.1774 64299 63256 18797 E-1
1.90	+4.9681 99712 83820 20589 E-1		5.90	-3.0436 59299 97151 64536 E-1
2.00	+5.1037 56726 49745 11957 E-1		6.00	-2.8819 46839 81579 15416 E-1
2.10	+5.1829 37375 13760 72861 E-1		6.10	-2.6943 49304 31238 38954 E-1
2.20	+5.2078 42853 88022 69042 E-1		6.20	-2.4830 99505 16014 27926 E-1
2.30	+5.1807 53962 07622 09134 E-1		6.30	-2.2506 17496 16763 94449 E-1
2.40	+5.1041 47486 65743 77377 E-1		6.40	-1.9994 85952 91962 26038 E-1
2.50	+4.9807 03596 15231 88784 E-1		6.50	-1.7324 24349 18982 33570 E-1
2.60	+4.8133 05905 86956 33051 E-1		6.60	-1.4522 62172 34059 78111 E-1
2.70	+4.6050 35490 75394 88825 E-1		6.70	-1.1619 11427 26072 07650 E-1
2.80	+4.3591 59856 39656 06940 E-1		6.80	-0.8643 38683 35778 88598 E-1
2.90	+4.0791 17692 36250 04651 E-1		6.90	-0.5625 36921 70889 97874 E-1
3.00	+3.7685 00100 12790 38201 E-1		7.00	-0.2594 97439 67209 26497 E-1
3.10	+3.4310 28893 54498 07445 E-1		7.10	+0.0418 17931 91711 16925 E-1
3.20	+3.0705 32501 32403 08362 E-1		7.20	+0.3385 04048 36168 15541 E-1
3.30	+2.6909 19950 54533 77515 E-1		7.30	+0.6277 38863 74037 64817 E-1
3.40	+2.2961 53372 09631 01862 E-1		7.40	+0.9068 08801 80029 23355 E-1
3.50	+1.8902 19439 20826 50685 E-1		7.50	+1.1731 32861 48208 63073 E-1
3.60	+1.4771 00126 11181 14994 E-1		7.60	+1.4242 85246 60269 24251 E-1
3.70	+1.0607 43153 20354 18435 E-1		7.70	+1.6580 16324 23896 45617 E-1
3.80	+0.6450 32466 54993 25503 E-1		7.80	+1.8722 71733 09624 51585 E-1
3.90	+0.2337 59081 98718 92766 E-1		7.90	+2.0652 09481 44375 70392 E-1
4.00	-0.1694 07393 25064 99179 E-1		8.00	+2.2352 14893 87566 22051 E-1

A.3.4 Tabelle der Neumannfunktion Y1(x), 0.1 ≤ x ≤ 8.0

X	Y1(X)	X	Y1(X)
0.10	-6.4589 51094 70202 69876 E0	4.10	+3.8459 40348 18916 53838 E-1
0.20	-3.3238 24988 11184 71688 E0	4.20	+3.6801 28078 54175 08254 E-1
0.30	-2.2931 05138 38852 90471 E0	4.30	+3.4839 37583 13998 47261 E-1
0.40	-1.7808 72044 27005 14052 E0	4.40	+3.2597 06707 53543 90696 E-1
0.50	-1.4714 72392 67024 30691 E0	4.50	+3.0099 73230 69654 62345 E-1
0.60	-1.2603 91347 17738 75928 E0	4.60	+2.7374 52414 70943 04957 E-1
0.70	-1.1032 49871 90763 33696 E0	4.70	+2.4450 12968 47137 27886 E-1
0.80	-9.7814 41766 83358 91951 E-1	4.80	+2.1356 51672 66170 84531 E-1
0.90	-8.7312 65824 56328 81701 E-1	4.90	+1.8124 66920 45048 67982 E-1
1.00	-7.8121 28213 00288 71654 E-1	5.00	+1.4786 31433 91226 84487 E-1
1.10	-6.9811 95600 67667 03097 E-1	5.10	+1.1373 64419 77499 60833 E-1
1.20	-6.2113 63797 48847 88156 E-1	5.20	+0.7919 03429 82084 36123 E-1
1.30	-5.4851 97299 80776 07524 E-1	5.30	+0.4454 76190 87608 37139 E-1
1.40	-4.7914 69742 32799 99673 E-1	5.40	+0.1012 72666 82499 49940 E-1
1.50	-4.1230 86269 73911 29597 E-1	5.50	-0.2375 82389 56389 61829 E-1
1.60	-3.4757 80082 65132 57569 E-1	5.60	-0.5680 56143 99479 96360 E-1
1.70	-2.8472 62450 64068 37854 E-1	5.70	-0.8872 33405 06598 89231 E-1
1.80	-2.2366 48681 73500 74651 E-1	5.80	-1.1923 41134 56263 62661 E-1
1.90	-1.6440 57723 31595 26264 E-1	5.90	-1.4807 71525 30978 94565 E-1
2.00	-1.0703 24315 40937 54689 E-1	6.00	-1.7501 03443 00398 25057 E-1
2.10	-5.1678 61213 04235 82084 E-2	6.10	-1.9981 22044 89306 20342 E-1
2.20	+0.1487 78928 97632 75837 E-2	6.20	-2.2228 36406 20074 35334 E-1
2.30	+5.2277 31584 42248 09951 E-2	6.30	-2.4224 95004 63346 89233 E-1
2.40	+1.0048 89383 31084 46461 E-1	6.40	-2.5955 98933 98623 47933 E-1
2.50	+1.4591 81379 66785 79886 E-1	6.50	-2.7409 12739 59275 45292 E-1
2.60	+1.8836 35443 50170 55695 E-1	6.60	-2.8574 72790 94485 61598 E-1
2.70	+2.2763 24458 70863 89051 E-1	6.70	-2.9445 93130 02943 91449 E-1
2.80	+2.6354 53936 35109 61767 E-1	6.80	-3.0018 68757 58557 09192 E-1
2.90	+2.9594 00546 07674 75607 E-1	6.90	-3.0291 76343 35241 24542 E-1
3.00	+3.2467 44247 91799 97839 E-1	7.00	-3.0266 72370 24184 87001 E-1
3.10	+3.4962 94822 67696 19450 E-1	7.10	-2.9947 88746 00954 59129 E-1
3.20	+3.7071 13384 41274 69392 E-1	7.20	-2.9342 25939 19871 48523 E-1
3.30	+3.8785 29310 23709 91383 E-1	7.30	-2.8459 43718 68072 09033 E-1
3.40	+4.0101 52921 08473 51227 E-1	7.40	-2.7311 49597 81100 04256 E-1
3.50	+4.1018 84178 87511 88286 E-1	7.50	-2.5912 85104 86116 25174 E-1
3.60	+4.1539 17621 11444 21198 E-1	7.60	-2.4280 10020 79266 18003 E-1
3.70	+4.1667 43726 83807 49444 E-1	7.70	-2.2431 84743 43008 17667 E-1
3.80	+4.1411 46893 07784 08767 E-1	7.80	-2.0388 50953 51262 00411 E-1
3.90	+4.0782 00195 26537 89649 E-1	7.90	-1.8172 10772 80573 20915 E-1
4.00	+3.9792 57105 57100 00527 E-1	8.00	-1.5806 04617 31247 49425 E-1

A.3.5 Tabelle der modifizierten Besselfunktion Io(x), $0.0 \leq x \leq 8.0$

X	IO(X)	X	IO(X)
0.00	1.00000 00000 00000 00000 E0	4.00	1.13019 21952 13633 04963 E1
0.10	1.00250 15629 34095 60139 E0	4.10	1.23235 70116 01957 14369 E1
0.20	1.01002 50277 95145 83526 E0	4.20	1.34424 56163 29764 62003 E1
0.30	1.02262 68793 51596 99111 E0	4.30	1.46679 72991 84556 24650 E1
0.40	1.04040 17822 29341 24101 E0	4.40	1.60104 35524 94699 67235 E1
0.50	1.06348 33707 41323 51925 E0	4.50	1.74811 71855 60927 60431 E1
0.60	1.09204 53643 17339 54183 E0	4.60	1.90926 23479 51945 90022 E1
0.70	1.12630 30183 06809 19804 E0	4.70	2.08584 55526 64446 24007 E1
0.80	1.16651 49228 69802 73142 E0	4.80	2.27936 77993 10579 79601 E1
0.90	1.21298 51657 28684 31772 E0	4.90	2.49147 79075 83775 60607 E1
1.00	1.26606 58777 52008 33560 E0	5.00	2.72398 71823 60444 68945 E1
1.10	1.32616 01837 12652 48559 E0	5.10	2.97888 55440 23884 84991 E1
1.20	1.39372 55841 34064 39559 E0	5.20	3.25835 92710 61369 95323 E1
1.30	1.46927 77979 44250 88867 E0	5.30	3.56481 05168 11310 17631 E1
1.40	1.55339 50997 31216 50999 E0	5.40	3.90087 87785 62583 62428 E1
1.50	1.64672 31897 72890 84488 E0	5.50	4.26946 45151 84778 45592 E1
1.60	1.74998 06397 38909 39091 E0	5.60	4.67375 51292 63728 68566 E1
1.70	1.86396 49620 73839 67119 E0	5.70	5.11725 35515 15999 81281 E1
1.80	1.98955 93566 18050 91434 E0	5.80	5.60380 96892 62286 67508 E1
1.90	2.12774 01940 53887 85688 E0	5.90	6.13765 50271 77125 19083 E1
2.00	2.27958 53023 36067 26742 E0	6.00	6.72344 06976 47797 53261 E1
2.10	2.44628 31294 36182 29126 E0	6.10	7.36627 93701 40864 12358 E1
2.20	2.62914 28635 67314 17272 E0	6.20	8.07179 13442 90118 38443 E1
2.30	2.82960 56006 27585 66589 E0	6.30	8.84615 52703 15184 96790 E1
2.40	3.04925 66579 89413 84419 E0	6.40	9.69616 39632 19358 04424 E1
2.50	3.28983 91440 50123 03570 E0	6.50	1.06292 85824 39955 95381 E2
2.60	3.55326 89042 43671 65993 E0	6.60	1.16537 32436 27229 58123 E2
2.70	3.84165 09765 95934 20298 E0	6.70	1.27785 32952 76403 44800 E2
2.80	4.15729 77035 00820 20232 E0	6.80	1.40136 15971 56895 85126 E2
2.90	4.50274 86613 26274 36632 E0	6.90	1.53698 99643 53271 55636 E2
3.00	4.88079 25858 65024 08562 E0	7.00	1.68593 90851 02896 98857 E2
3.10	5.29449 14896 75606 47332 E0	7.10	1.84952 94371 47411 27897 E2
3.20	5.74720 71871 80549 67702 E0	7.20	2.02921 33034 96543 91586 E2
3.30	6.24263 04651 83028 96378 E0	7.30	2.22658 79987 30119 03001 E2
3.40	6.78481 31604 31586 59626 E0	7.40	2.44341 04282 30777 64896 E2
3.50	7.37820 34322 25479 66033 E0	7.50	2.68161 31151 51893 64884 E2
3.60	8.02768 45470 54009 94592 E0	7.60	2.94332 18435 99032 93620 E2
3.70	8.73861 75241 69395 58496 E0	7.70	3.23087 50815 67694 92405 E2
3.80	9.51688 80260 98957 04739 E0	7.80	3.54684 53637 76694 77267 E2
3.90	1.03689 57916 73294 39857 E1	7.90	3.89406 28328 21578 69160 E2
4.00	1.13019 21952 13633 04963 E1	8.00	4.27564 11572 18047 85177 E2

A.3.6 Tabelle der modifizierten Besselfunktion I1(x), $0.0 \leq x \leq 8.0$

X	I1(X)	X	I1(X)
0.00	0.00000 00000 00000 00000 E0	4.00	0.97594 65153 70444 99094 E1
0.10	0.05006 25260 47092 69211 E0	4.10	1.06877 41836 41776 12314 E1
0.20	0.10050 08340 28125 11576 E0	4.20	1.17056 20143 05161 59779 E1
0.30	0.15169 38400 03592 78032 E0	4.30	1.28218 92795 64857 33018 E1
0.40	0.20402 67557 33570 59628 E0	4.40	1.40462 21337 53310 57345 E1
0.50	0.25789 43053 90896 31636 E0	4.50	1.53892 22753 73592 38926 E1
0.60	0.31370 40256 04922 13096 E0	4.60	1.68625 64761 97665 63918 E1
0.70	0.37187 96777 77008 65474 E0	4.70	1.84790 70647 13310 02452 E1
0.80	0.43286 48026 20639 82116 E0	4.80	2.02528 34600 23855 99894 E1
0.90	0.49712 64481 60964 27667 E0	4.90	2.21993 48620 09249 11903 E1
1.00	0.56515 91039 92485 02720 E0	5.00	2.43356 42142 45052 71991 E1
1.10	0.63748 88764 53881 89257 E0	5.10	2.66804 35679 47711 90891 E1
1.20	0.71467 79415 52643 08623 E0	5.20	2.92543 09881 79834 87603 E1
1.30	0.79732 93149 79268 90296 E0	5.30	3.20798 91578 29702 57532 E1
1.40	0.88609 19814 14327 35358 E0	5.40	3.51820 58506 08358 37863 E1
1.50	0.98166 64285 77907 58565 E0	5.50	3.85881 64616 32739 32559 E1
1.60	1.08481 06351 29879 61722 E0	5.60	4.23282 88032 46684 84201 E1
1.70	1.19634 65656 34482 26843 E0	5.70	4.64355 03947 52135 18648 E1
1.80	1.31716 72303 91898 98758 E0	5.80	5.09461 84978 77480 62738 E1
1.90	1.44824 43730 54888 95388 E0	5.90	5.59003 31753 16007 88718 E1
2.00	1.59063 68546 37329 06338 E0	6.00	6.13419 36777 64023 78613 E1
2.10	1.74549 98088 36106 15913 E0	6.10	6.73193 84958 39237 38526 E1
2.20	1.91409 46505 86386 15928 E0	6.20	7.38858 94473 55974 34433 E1
2.30	2.09780 00275 17421 47684 E0	6.30	8.11000 02079 95055 88474 E1
2.40	2.29812 38125 43222 32457 E0	6.40	8.90260 97347 85657 58706 E1
2.50	2.51671 62452 88698 44152 E0	6.50	9.77350 10774 03151 66515 E1
2.60	2.75538 43405 04706 45657 E0	6.60	1.07304 66122 50951 81024 E2
2.70	3.01610 76931 61405 85598 E0	6.70	1.17820 76871 69383 91758 E2
2.80	3.30105 58226 35087 58193 E0	6.80	1.29377 63914 53036 45381 E2
2.90	3.61260 72124 36907 73670 E0	6.90	1.42079 02825 43452 24832 E2
3.00	3.95337 02174 02609 39648 E0	7.00	1.56039 09286 99554 53462 E2
3.10	4.32620 60273 13598 38715 E0	7.10	1.71383 43823 99517 38860 E2
3.20	4.73425 38947 09620 41998 E0	7.20	1.88250 27122 15353 15363 E2
3.30	5.18095 88553 55928 60529 E0	7.30	2.06791 67004 62255 18327 E2
3.40	5.67010 21926 35219 55979 E0	7.40	2.27174 98248 30768 67604 E2
3.50	6.20583 49222 58365 47362 E0	7.50	2.49584 36542 26881 36102 E2
3.60	6.79271 46013 61299 24240 E0	7.60	2.74222 48022 86526 19031 E2
3.70	7.43574 57965 35335 73051 E0	7.70	3.01312 35966 21761 29971 E2
3.80	8.14042 45789 07955 80610 E0	7.80	3.31099 46379 33811 34155 E2
3.90	8.91278 74513 62725 68934 E0	7.90	3.63853 94408 45082 69761 E2
4.00	9.75946 51537 04449 90947 E0	8.00	3.99873 13678 25600 98219 E2

A.3.7 Tabelle der modifizierten Hankelfunktion Ko(x), 0.1 $\leq$ x $\leq$ 8.0

X	KO(X)	X	KO(X)
0.10	+2.4270 69024 70201 66121	4.10	+0.0099 80007 22784 02420
0.20	+1.7527 03855 52814 59063	4.20	+0.0089 27451 54154 23714
0.30	+1.3724 60060 54429 73765	4.30	+0.0079 87966 03176 45222
0.40	+1.1145 29134 52443 44060	4.40	+0.0071 49110 62330 72535
0.50	+0.9244 19071 22766 58615	4.50	+0.0063 99857 24323 39751
0.60	+0.7775 22091 90472 92892	4.60	+0.0057 30422 91729 28348
0.70	+0.6605 19859 91510 15485	4.70	+0.0051 32123 64845 46142
0.80	+0.5653 47105 26589 56682	4.80	+0.0045 97246 31672 46574
0.90	+0.4867 30308 16290 05214	4.90	+0.0041 18936 23551 58884
1.00	+0.4210 24438 24070 83332	5.00	+0.0036 91098 33404 25942
1.10	+0.3656 02391 54318 58803	5.10	+0.0033 08310 21801 74640
1.20	+0.3185 08220 28659 36148	5.20	+0.0029 65745 60102 95809
1.30	+0.2782 47646 30002 69988	5.30	+0.0026 59106 80338 95570
1.40	+0.2436 55061 18154 18937	5.40	+0.0023 84565 18972 48999
1.50	+0.2138 05562 64752 57364	5.50	+0.0021 38708 56595 02874
1.60	+0.1879 54751 96933 23250	5.60	+0.0019 18494 68435 65768
1.70	+0.1654 96318 05699 65391	5.70	+0.0017 21210 11572 33149
1.80	+0.1459 31400 48982 79810	5.80	+0.0015 44433 84228 11019
1.90	+0.1288 45979 27604 74795	5.90	+0.0013 86005 00730 49473
2.00	+0.1138 93872 74953 34355	6.00	+0.0012 43994 32801 31237
2.10	+0.1007 83740 88996 69455	6.10	+0.0011 16678 73988 07545
2.20	+0.0892 69005 67160 17448	6.20	+0.0010 02518 89380 53958
2.30	+0.0791 39933 00209 36265	6.30	+0.0009 00139 17392 68845
2.40	+0.0702 17341 54341 58953	6.40	+0.0008 08309 94427 58561
2.50	+0.0623 47553 20036 61857	6.50	+0.0007 25931 76762 93354
2.60	+0.0553 98303 28632 19511	6.60	+0.0006 52021 37069 08982
2.70	+0.0492 55400 91581 75920	6.70	+0.0005 85699 15658 77633
2.80	+0.0438 19981 97549 85287	6.80	+0.0005 26178 08920 20735
2.90	+0.0390 06234 56622 34237	6.90	+0.0004 72753 79446 99894
3.00	+0.0347 39504 38627 92477	7.00	+0.0004 24795 74186 92314
3.10	+0.0309 54708 03804 14422	7.10	+0.0003 81739 38520 03793
3.20	+0.0275 94997 67510 06103	7.20	+0.0003 43079 15573 12361
3.30	+0.0246 10632 14583 93141	7.30	+0.0003 08362 21306 09299
3.40	+0.0219 58018 80680 82803	7.40	+0.0002 77182 86988 18379
3.50	+0.0195 98897 17036 84886	7.50	+0.0002 49177 61635 61052
3.60	+0.0174 99641 01814 66029	7.60	+0.0002 24020 67823 80632
3.70	+0.0156 30659 92162 66606	7.70	+0.0002 01420 05030 26944
3.80	+0.0139 65884 53424 56171	7.80	+0.0001 81113 95320 37603
3.90	+0.0124 82322 75724 97749	7.90	+0.0001 62867 66768 76662
4.00	+0.0111 59676 08585 30238	8.00	+0.0001 46470 70522 28154

A.3.8 Tabelle der modifizierten Hankelfunktion K1(x), $0.1 \leqq x \leqq 8.0$

X	K1(X)	X	K1(X)
0.10	+9.8538 44780 87060 61348	4.10	+0.0111 36277 63347 99315
0.20	+4.7759 72543 22047 22487	4.20	+0.0099 38204 73591 70874
0.30	+3.0559 92033 45732 49788	4.30	+0.0088 72207 18859 13976
0.40	+2.1843 54424 73268 73797	4.40	+0.0079 23253 36144 55987
0.50	+1.6564 41120 00330 08937	4.50	+0.0070 78094 90896 80895
0.60	+1.3028 34939 76350 21766	4.60	+0.0063 25043 64426 40149
0.70	+1.0502 83535 31291 79514	4.70	+0.0056 53778 24003 08270
0.80	+0.8.61 78163 44721 80346	4.80	+0.0050 55176 44405 63001
0.90	+0.7.16 53357 87760 19074	4.90	+0.0045 21169 17729 98384
1.00	+0.6.01 90723 01972 34574	5.00	+0.0040 44613 44545 21639
1.10	+0.5.09 76002 71670 27048	5.10	+0.0036 19181 46231 77984
1.20	+0.4.34 59239 10607 15038	5.20	+0.0032 39263 77308 94567
1.30	+0.3725 47495 63196 21661	5.30	+0.0028 99884 49169 06890
1.40	+0.3208 35902 22987 57509	5.40	+0.0025 96627 04017 77976
1.50	+0.2773 87800 45684 38161	5.50	+0.0023 25569 00884 90050
1.60	+0.2406 33911 35761 18551	5.60	+0.0020 83224 95060 97892
1.70	+0.2093 62488 20408 24746	5.70	+0.0018 66496 08831 18311
1.80	+0.1826 23099 80174 69796	5.80	+0.0016 72626 05414 16514
1.90	+0.1596 60153 03266 76104	5.90	+0.0014 99161 89972 24849
2.00	+0.1398 65881 81652 24273	6.00	+0.0013 43919 71773 55083
2.10	+0.1227 46411 53350 79107	6.10	+0.0012 04954 30331 37204
2.20	+0.1078 96810 11908 72751	6.20	+0.0010 80532 35849 42139
2.30	+0.0949 82443 84536 26369	6.30	+0.0009 69108 80753 04485
2.40	+0.0837 24838 75483 21824	6.40	+0.0008 69305 84645 01360
2.50	+0.0738 90816 34774 70638	6.50	+0.0007 79894 39822 38032
2.60	+0.0652 84045 05853 14952	6.60	+0.0006 99777 68639 87109
2.70	+0.0577 38398 95652 59476	6.70	+0.0006 27976 67599 15372
2.80	+0.0511 12685 60727 24390	6.80	+0.0005 63617 16161 41229
2.90	+0.0452 86423 29836 14438	6.90	+0.0005 05918 30990 09533
3.00	+0.0401 56431 12819 41845	7.00	+0.0004 54182 48688 48963
3.10	+0.0356 34054 94961 74938	7.10	+0.0004 07786 22151 37993
3.20	+0.0316 42895 21139 87708	7.20	+0.0003 66172 17442 83584
3.30	+0.0281 16934 27271 66123	7.30	+0.0003 28841 99678 43278
3.40	+0.0249 98984 12318 62727	7.40	+0.0002 95349 97760 23035
3.50	+0.0222 39392 92592 38341	7.50	+0.0002 65297 39012 52977
3.60	+0.0197 94962 01972 06174	7.60	+0.0002 38327 45818 13980
3.70	+0.0176 28035 10222 32674	7.70	+0.0002 14120 87277 78577
3.80	+0.0157 05729 07847 34931	7.80	+0.0001 92391 79725 95316
3.90	+0.0139 99282 08227 48282	7.90	+0.0001 72884 30649 23778
4.00	+0.0124 83498 88726 84316	8.00	+0.0001 55369 21180 50012

A.4   Tschebyscheff-Approximationen von Standardfunktionen

A.4.1 Die Standardfunktion $f(x) = \cos\{x\}$

Funktion: $\cos\{x\}$

Argumentenbereich: $-\pi \leq x \leq +\pi$

Genauigkeit: 20 Stellen

Ansatz: $\cos(x) = 0.5 \cdot a_0 + \sum_{v=1}^{12} a_{2v} \cdot T_{2v}(x/\pi)$

Polynom-Koeffizienten:

$2v$	a_{2v}	$2v$	a_{2v}
0	-0.6084 8435 5288 1877 2840	14	-0.0000 0001 0826 5303 4186
2	-0.9708 6786 5263 0182 1941	16	+0.0000 0000 0113 5109 1779
4	+0.3028 4915 5262 6994 2151	18	-0.0000 0000 0000 9295 2966
6	-0.0290 9193 3965 0111 2115	20	+0.0000 0000 0000 0061 1136
8	+0.0013 9224 3991 1762 3186	22	-0.0000 0000 0000 0000 3298
10	-0.0000 4018 9944 5107 5494	24	+0.0000 0000 0000 0000 0015
12	+0.0000 0077 8276 7011 8153		

Kontrollsumme für
Polynom-Koeffizienten:

$$S = 0.5 \cdot a_0 + \sum_{v=1}^{12} (-1)^v \cdot a_{2v} = 1.0000\ 0000\ 0000\ 0000\ 0000$$

bzw.

$$S = 0.5 \cdot a_0 + \sum_{v=1}^{12} a_{2v} = -1.0000\ 0000\ 0000\ 0000\ 0000$$

Fehler der Approximation:

$$\sum_{v=13}^{\infty} |a_{2v}| = |a_{26}| + |a_{28}| + \ldots\ldots$$

Polynomform:

$$
\begin{aligned}
\cos(x) = &+ 0.0000\ 0000\ 0001\ 2582\ 9120 \cdot y^{24} \\
          &- 0.0000\ 0000\ 0076\ 7138\ 2016 \cdot y^{22} \\
          &+ 0.0000\ 0000\ 3604\ 3331\ 9936 \cdot y^{20} \\
          &- 0.0000\ 0013\ 8789\ 2152\ 7296 \cdot y^{18} \\
          &+ 0.0000\ 0430\ 3069\ 4635\ 1104 \cdot y^{16} \\
          &- 0.0001\ 0463\ 8104\ 9200\ 6400 \cdot y^{14} \\
          &+ 0.0019\ 2957\ 4309\ 4225\ 5104 \cdot y^{12} \\
          &- 0.0258\ 0689\ 1390\ 0224\ 7168 \cdot y^{10} \\
          &+ 0.2353\ 3063\ 0358\ 8947\ 6992 \cdot y^{8} \\
          &- 1.3352\ 6276\ 8854\ 5895\ 9968 \cdot y^{6} \\
          &+ 4.0587\ 1212\ 6416\ 7682\ 1488 \cdot y^{4} \\
          &- 4.9348\ 0220\ 0544\ 6793\ 0896 \cdot y^{2} \\
          &+ 1.0000\ 0000\ 0000\ 0000\ 0000
\end{aligned}
$$

$$\text{mit} \quad y = x\ /\ \pi\ .$$

Horner-Schema:

$$
\begin{aligned}
\cos(x) = \quad &+ 1.0000\ 0000\ 0000\ 0000\ 0000\ + \\
+ z \cdot (&- 4.9348\ 0220\ 0544\ 6793\ 0896\ + \\
+ z \cdot (&+ 4.0587\ 1212\ 6416\ 7682\ 1488\ + \\
+ z \cdot (&- 1.3352\ 6276\ 8854\ 5895\ 9968\ + \\
+ z \cdot (&+ 0.2353\ 3063\ 0358\ 8947\ 6992\ + \\
+ z \cdot (&- 0.0258\ 0689\ 1390\ 0224\ 7168\ + \\
+ z \cdot (&+ 0.0019\ 2957\ 4309\ 4225\ 5104\ + \\
+ z \cdot (&- 0.0001\ 0463\ 8104\ 9200\ 6400\ + \\
+ z \cdot (&+ 0.0000\ 0430\ 3069\ 4635\ 1104\ + \\
+ z \cdot (&- 0.0000\ 0013\ 8789\ 2152\ 7296\ + \\
+ z \cdot (&+ 0.0000\ 0000\ 3604\ 3331\ 9936\ + \\
+ z \cdot (&- 0.0000\ 0000\ 0076\ 7138\ 2016\ + \\
+ z \cdot (&+ 0.0000\ 0000\ 0001\ 2582\ 9120\ )))))))))))
\end{aligned}
$$

$$\text{mit} \quad z = y^2 = (x/\pi)^2\ .$$

A.4.2 Die Standardfunktion $f(x) = \sin\{x\}$

Funktion: $\qquad\qquad \sin\{x\}$

Argumentenbereich: $\qquad -\pi \leqq x \leqq +\pi$

Genauigkeit: $\qquad\qquad$ 20 Stellen

Ansatz: $\qquad\qquad \sin(x) = x/\pi \cdot \{0.5 \cdot a_0 + \sum_{v=1}^{12} a_{2v} \cdot T_{2v}(x/\pi)\}$

Polynom-Koeffizienten:

$2v$	a_{2v}	$2v$	a_{2v}
0	+2.6950 5262 9347 9803 4246	14	-0.0000 0000 2312 5810 5781
2	-1.5565 9125 6628 9693 1308	16	+0.0000 0000 0021 3041 7439
4	+0.2227 5791 1817 0111 7152	18	-0.0000 0000 0000 1556 2915
6	-0.0141 9317 4348 5372 7256	20	+0.0000 0000 0000 0009 2373
8	+0.0005 1190 7274 5541 1454	22	-0.0000 0000 0000 0000 0454
10	-0.0000 1189 3504 6533 4208	24	+0.0000 0000 0000 0000 0002
12	+0.0000 0019 3008 0360 6380		

Kontrollsumme für
Polynom-Koeffizienten:

$$S = 0.5 \cdot a_0 + \sum_{v=1}^{12} (-1)^v \cdot a_{2v} = 3.1415\ 9265\ 3589\ 7932\ 3846$$

bzw.

$$S = 0.5 \cdot a_0 + \sum_{v=1}^{12} a_{2v} = 0.0000\ 0000\ 0000\ 0000\ 0001$$

Fehler der Approximation:

$$\sum_{v=13}^{\infty} |a_{2v}| = |a_{26}| + |a_{28}| + \ldots$$

Polynomform:

$$\sin(x) = [\ + 0.0000\ 0000\ 0000\ 1677\ 7216 \cdot y^{24}$$
$$- 0.0000\ 0000\ 0010\ 5277\ 0304 \cdot y^{22}$$
$$+ 0.0000\ 0000\ 0539\ 3088\ 5120 \cdot y^{20}$$
$$- 0.0000\ 0002\ 2948\ 4802\ 8672 \cdot y^{18}$$
$$+ 0.0000\ 0079\ 5205\ 4140\ 9280 \cdot y^{16}$$
$$- 0.0000\ 2191\ 5353\ 4210\ 8672 \cdot y^{14}$$
$$+ 0.0004\ 6630\ 2805\ 7348\ 3008 \cdot y^{12}$$
$$- 0.0073\ 7043\ 0945\ 6969\ 5232 \cdot y^{10}$$
$$+ 0.0821\ 4588\ 6611\ 1231\ 5648 \cdot y^{8}$$
$$- 0.5992\ 6452\ 9320\ 7912\ 6464 \cdot y^{6}$$
$$+ 2.5501\ 6403\ 9877\ 3453\ 7960 \cdot y^{4}$$
$$- 5.1677\ 1278\ 0049\ 9700\ 2732 \cdot y^{2}$$
$$+ 3.1415\ 9265\ 3589\ 7932\ 3845\ ] \cdot y$$

$$\text{mit}\quad y = x\ /\ \pi\ .$$

Horner-Schema:

$$\sin(x) = y \cdot [\ + 3.1415\ 9265\ 3589\ 7932\ 3845$$
$$+ z \cdot (\ - 5.1677\ 1278\ 0049\ 9700\ 2732$$
$$+ z \cdot (\ + 2.5501\ 6403\ 9877\ 3453\ 7960$$
$$+ z \cdot (\ - 0.5992\ 6452\ 9320\ 7912\ 6464$$
$$+ z \cdot (\ + 0.0821\ 4588\ 6611\ 1231\ 5648$$
$$+ z \cdot (\ - 0.0073\ 7043\ 0945\ 6969\ 5232$$
$$+ z \cdot (\ + 0.0004\ 6630\ 2805\ 7348\ 3008$$
$$+ z \cdot (\ - 0.0000\ 2191\ 5353\ 4210\ 8672$$
$$+ z \cdot (\ + 0.0000\ 0079\ 5205\ 4140\ 9280$$
$$+ z \cdot (\ - 0.0000\ 0002\ 2948\ 4802\ 8672$$
$$+ z \cdot (\ + 0.0000\ 0000\ 0539\ 3088\ 5120$$
$$+ z \cdot (\ - 0.0000\ 0000\ 0010\ 5277\ 0304$$
$$+ z \cdot (\ + 0.0000\ 0000\ 0000\ 1677\ 7216\ )))))))))))) \ ]$$

$$\text{mit}\quad z = y^2 = (x/\pi)^2\ .$$

A.4.3 Die Standardfunktion $f(x) = \ln\{1+x\}$

Funktion: $\ln\{1+x\}$

Argumentenbereich: $0 \leq x \leq 1$

Genauigkeit: 20 Stellen

Ansatz: $\ln(1+x) = 0.5 \cdot a_0 + \displaystyle\sum_{v=1}^{25} a_{2v} \cdot T_{2v}(\sqrt{x})$

Polynom-Koeffizienten:

$2v$	a_{2v}	$2v$	a_{2v}
0	+0.7529 0562 5838 3908 6326	13	+0.0000 0000 0017 1758 7317
1	+0.3431 4575 0507 6198 0479	14	-0.0000 0000 0002 7364 2009
2	-0.0294 3725 1522 8594 1438	15	+0.0000 0000 0000 4381 9577
3	+0.0033 6708 9255 5643 8925	16	-0.0000 0000 0000 0704 8360
4	-0.0004 3327 5888 6100 4446	17	+0.0000 0000 0000 0113 8172
5	+0.0000 5947 0711 9895 7983	18	-0.0000 0000 0000 0018 4431
6	-0.0000 0850 2967 5412 0286	19	+0.0000 0000 0000 0002 9978
7	+0.0000 0125 0467 3622 0057	20	-0.0000 0000 0000 0000 4886
8	-0.0000 0018 7727 9956 5082	21	+0.0000 0000 0000 0000 0798
9	+0.0000 0002 8630 2506 4840	22	-0.0000 0000 0000 0000 0131
10	-0.0000 0000 4420 9569 8068	23	+0.0000 0000 0000 0000 0021
11	+0.0000 0000 0689 5602 7323	24	-0.0000 0000 0000 0000 0004
12	-0.0000 0000 0108 4506 8551	25	+0.0000 0000 0000 0000 0001

Kontrollsumme für
Polynom-Koeffizienten:

$$S = 0.5 \cdot a_0 + \sum_{v=1}^{25} (-1)^v \cdot a_{2v} = 0.0000\ 0000\ 0000\ 0000\ 0000$$

bzw.

$$S = 0.5 \cdot a_0 + \sum_{v=1}^{25} a_{2v} = \ln(2) = 0.6931\ 4718\ 0559\ 9453\ 0942$$

Fehler der Approximation:

$$\sum_{\nu=26}^{\infty} |a_{2\nu}| = |a_{26}| + |a_{27}| + \ldots\ldots$$

Polynomform:

$$
\begin{aligned}
\ln(1+x) = \; & + 0.0000\ 0562\ 9499\ 5342\ 1312 \cdot y^{25} \\
& - 0.0000\ 7599\ 8243\ 7118\ 7712 \cdot y^{24} \\
& + 0.0004\ 8835\ 9084\ 5929\ 8816 \cdot y^{23} \\
& - 0.0019\ 9381\ 0405\ 3438\ 8736 \cdot y^{22} \\
& + 0.0058\ 3290\ 9185\ 3516\ 8000 \cdot y^{21} \\
& - 0.0131\ 0444\ 1374\ 7180\ 3392 \cdot y^{20} \\
& + 0.0237\ 3814\ 2682\ 8699\ 2384 \cdot y^{19} \\
& - 0.0361\ 0165\ 1346\ 6151\ 7312 \cdot y^{18} \\
& + 0.0478\ 8411\ 8108\ 5001\ 3184 \cdot y^{17} \\
& - 0.0575\ 3278\ 3871\ 4986\ 4960 \cdot y^{16} \\
& + 0.0649\ 4405\ 1087\ 7473\ 1776 \cdot y^{15} \\
& - 0.0710\ 3393\ 2643\ 9220\ 8384 \cdot y^{14} \\
& + 0.0769\ 0444\ 1727\ 2086\ 5280 \cdot y^{13} \\
& - 0.0833\ 6415\ 1095\ 7639\ 2704 \cdot y^{12} \\
& + 0.0909\ 2543\ 8608\ 8987\ 8528 \cdot y^{11} \\
& - 0.1000\ 0497\ 2985\ 8174\ 9760 \cdot y^{10} \\
& + 0.1111\ 1217\ 0709\ 7102\ 7456 \cdot y^{9} \\
& - 0.1250\ 0016\ 5084\ 0469\ 5040 \cdot y^{8} \\
& + 0.1428\ 5716\ 1719\ 4599\ 2192 \cdot y^{7} \\
& - 0.1666\ 6666\ 8222\ 3458\ 0992 \cdot y^{6} \\
& + 0.2000\ 0000\ 0089\ 9289\ 6512 \cdot y^{5} \\
& - 0.2500\ 0000\ 0003\ 4914\ 9568 \cdot y^{4} \\
& + 0.3333\ 3333\ 3333\ 4190\ 3296 \cdot y^{3} \\
& - 0.5000\ 0000\ 0000\ 0011\ 9960 \cdot y^{2} \\
& + 1.0000\ 0000\ 0000\ 0000\ 0726 \cdot y \\
& + 0.0000\ 0000\ 0000\ 0000\ 0000
\end{aligned}
$$

$$\text{mit}\quad y = x\ .$$

<u>Horner-Schema:</u>

```
ln(1+x) =        + 0.0000 0000 0000 0000 0000 +
           + y · ( + 1.0000 0000 0000 0000 0726 +
           + y · ( - 0.5000 0000 0000 0011 9960 +
           + y · ( + 0.3333 3333 3333 4190 3296 +
           + y · ( - 0.2500 0000 0003 4914 9568 +
           + y · ( + 0.2000 0000 0089 9289 6512 +
           + y · ( - 0.1666 6666 8222 3458 0992 +
           + y · ( + 0.1428 5716 1719 4599 2192 +
           + y · ( - 0.1250 0016 5084 0469 5040 +
           + y · ( + 0.1111 1217 0709 7102 7456 +
           + y · ( - 0.1000 0497 2985 8174 9760 +
           + y · ( + 0.0909 2543 8608 8987 8528 +
           + y · ( - 0.0833 6415 1095 7639 2704 +
           + y · ( + 0.0769 0444 1727 2086 5280 +
           + y · ( - 0.0710 3393 2643 9220 8384 +
           + y · ( + 0.0649 4405 1087 7473 1776 +
           + y · ( - 0.0575 3278 3871 4986 4960 +
           + y · ( + 0.0478 8411 8108 5001 3184 +
           + y · ( - 0.0361 0165 1346 6151 7312 +
           + y · ( + 0.0237 3814 2682 8699 2384 +
           + y · ( - 0.0131 0444 1374 7180 3392 +
           + y · ( + 0.0058 3290 9185 3516 8000 +
           + y · ( - 0.0019 9381 0405 3438 8736 +
           + y · ( + 0.0004 8835 9084 5929 8816 +
           + y · ( - 0.0000 7599 8243 7118 7712 +
           + y · ( + 0.0000 0562 9499 5342 1312 )))))))))))))))))))))))))
```

mit   y = x .

A.4.4 Die Standardfunktion $f(x) = \exp\{x\}$

Funktion: $\exp\{x\}$

Argumentenbereich: $-1 \leq x \leq +1$

Genauigkeit: 20 Stellen

Ansatz: $\exp(x) = 0.5 \cdot a_0 + \sum_{v=1}^{17} a_v \cdot T_v(x)$

Polynom-Koeffizienten:

2v	a_v	2v	a_v
0	2.5321 3175 5504 0166 7120	9	0.0000 0001 1036 7717 2552
1	1.1303 1820 7984 9700 5442	10	0.0000 0000 0550 5896 0797
2	0.2714 9533 9534 0765 6237	11	0.0000 0000 0024 9795 6617
3	0.0443 3684 9848 6638 0495	12	0.0000 0000 0001 0391 5223
4	0.0054 7424 0442 0937 3265	13	0.0000 0000 0000 0399 1263
5	0.0005 4292 6311 9139 4375	14	0.0000 0000 0000 0014 2376
6	0.0000 4497 7322 9542 9515	15	0.0000 0000 0000 0000 4741
7	0.0000 0319 8436 4624 0199	16	0.0000 0000 0000 0000 0148
8	0.0000 0019 9212 4806 6728	17	0.0000 0000 0000 0000 0004

Kontrollsumme für
Polynom-Koeffizienten:

$$S = 0.5 \cdot a_0 + \sum_{v=1}^{17} (-1)^v \cdot a_v = 1/e = 0.3678\ 7944\ 1171\ 4423\ 2160$$

bzw.

$$S = 0.5 \cdot a_0 + \sum_{v=1}^{17} a_v = e \qquad = 2.7182\ 8182\ 8459\ 0452\ 3536$$

Fehler der Approximation:

$$\sum_{v=18}^{\infty} |a_v| = |a_{18}| + |a_{19}| + \ldots$$

Polynomform:

$$
\begin{aligned}
\exp(x) = &+ 0.0000\ 0000\ 0000\ 0026\ 2144 \cdot x^{17} \\
&+ 0.0000\ 0000\ 0000\ 0484\ 9664 \cdot x^{16} \\
&+ 0.0000\ 0000\ 0000\ 7656\ 2432 \cdot x^{15} \\
&+ 0.0000\ 0000\ 0011\ 4694\ 5536 \cdot x^{14} \\
&+ 0.0000\ 0000\ 0160\ 5887\ 5904 \cdot x^{13} \\
&+ 0.0000\ 0000\ 2087\ 6769\ 4848 \cdot x^{12} \\
&+ 0.0000\ 0002\ 5052\ 1100\ 2880 \cdot x^{11} \\
&+ 0.0000\ 0027\ 5573\ 1915\ 6224 \cdot x^{10} \\
&+ 0.0000\ 0275\ 5731\ 9214\ 7200 \cdot x^{9} \\
&+ 0.0000\ 2480\ 1587\ 3017\ 8560 \cdot x^{8} \\
&+ 0.0001\ 9841\ 2698\ 4130\ 0032 \cdot x^{7} \\
&+ 0.0013\ 8888\ 8888\ 8888\ 6336 \cdot x^{6} \\
&+ 0.0083\ 3333\ 3333\ 3332\ 8016 \cdot x^{5} \\
&+ 0.0416\ 6666\ 6666\ 6666\ 6656 \cdot x^{4} \\
&+ 0.1666\ 6666\ 6666\ 6666\ 7088 \cdot x^{3} \\
&+ 0.5000\ 0000\ 0000\ 0000\ 0026 \cdot x^{2} \\
&+ 1.0000\ 0000\ 0000\ 0000\ 0000 \cdot x \\
&+ 1.0000\ 0000\ 0000\ 0000\ 0000
\end{aligned}
$$

$$\text{mit} \quad -1 \leqq x \leqq +1 \ .$$

Horner-Schema:

```
exp(x) =          + 1.0000 0000 0000 0000 0000 +
           + x · ( + 1.0000 0000 0000 0000 0000 +
           + x · ( + 0.5000 0000 0000 0000 0026 +
           + x · ( + 0.1666 6666 6666 6666 7088 +
           + x · ( + 0.0416 6666 6666 6666 6656 +
           + x · ( + 0.0083 3333 3333 3332 8016 +
           + x · ( + 0.0013 8888 8888 8888 6336 +
           + x · ( + 0.0001 9841 2698 4130 0032 +
           + x · ( + 0.0000 2480 1587 3017 8560 +
           + x · ( + 0.0000 0275 5731 9214 7200 +
           + x · ( + 0.0000 0027 5573 1915 6224 +
           + x · ( + 0.0000 0002 5052 1100 2880 +
           + x · ( + 0.0000 0000 2087 6769 4848 +
           + x · ( + 0.0000 0000 0160 5887 5904 +
           + x · ( + 0.0000 0000 0011 4694 5536 +
           + x · ( + 0.0000 0000 0000 7656 2432 +
           + x · ( + 0.0000 0000 0000 0484 9664 +
           + x · ( + 0.0000 0000 0000 0026 2144 )))))))))))))))))
```

$$\text{mit} \quad -1 \leqq x \leqq +1 \ .$$

A.4.5 Anwendungshinweise

Die Funktionen $f(x) = \sin(x)$ und $f(x) = \cos(x)$

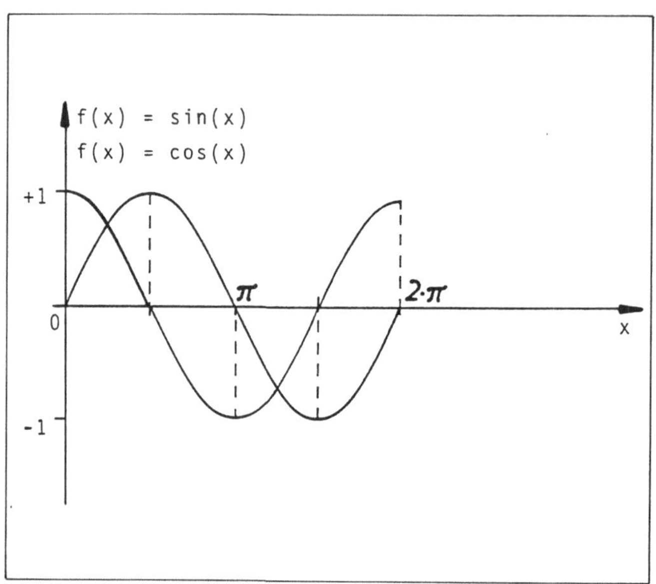

Fig. A.4.5.1 Verlauf der Sinus- und Cosinusfunktion

Darstellungen:

$$f(x) = \cos(x) = 0.5 \cdot a_0 + \sum a_{2v} \cdot T_{2v}(x/\pi) \ , \quad -\pi \leqq x \leqq +\pi$$

bzw.

$$f(x) = \cos(\pi \cdot x) = 0.5 \cdot a_0 + \sum a_{2v} \cdot T_{2v}(x) \ , \quad -1 \leqq x \leqq +1 \ .$$

(Die Koeffizienten hierzu können A.4.1 entnommen werden.)

$$f(x) = \sin(x) = (x/\pi) \cdot \left[0.5 \cdot a_0 + \sum a_{2v} \cdot T_{2v}(x/\pi) \right] \ , \quad -\pi \leqq x \leqq +\pi$$

bzw.

$$f(x) = \sin(\pi \cdot x) = x \cdot \left[0.5 \cdot a_0 + \sum a_{2v} \cdot T_{2v}(x) \right] \quad , \quad -1 \leqq x \leqq +1 \ .$$

(Die Koeffizienten hierzu können A.4.2 entnommen werden.)

Allgemein gilt:

   a) $x = 2 \cdot N + t$ mit   N: natürliche Zahl
                            und   t: $-1 \leqq t \leqq +1$.

        $f(x) = \cos(\pi \cdot x) = \cos(\pi \cdot t)$
        $f(x) = \sin(\pi \cdot x) = \sin(\pi \cdot t)$.

   b) $x = 2 \cdot N + t$ mit   N: natürliche Zahl
                            und   T: $-1 \leqq t \leqq +1$.

        $f(x) = \cos(\pi \cdot x) = \cos(\pi \cdot t)$
        $f(x) = \sin(\pi \cdot x) = \sin(\pi \cdot t)$.

Konstanten

   $1/\pi$ = 0.31830 98861 83790 67154
   π = 3.14159 26535 89793 23846

Für die Darstellung der Sinus- und Cosinusfunktion braucht nur eine der
beiden Tschebyscheff-Approximationen implementiert zu werden (Phasenbeziehung).
Hierbei führen die Berechnungen über das Polynom der Cosinusfunktion
schneller zum Ergebnis, da gegenüber dem Polynom für die Sinusfunktion
Operationen eingespart werden.

Die Funktion f(x) = ln(1+x)

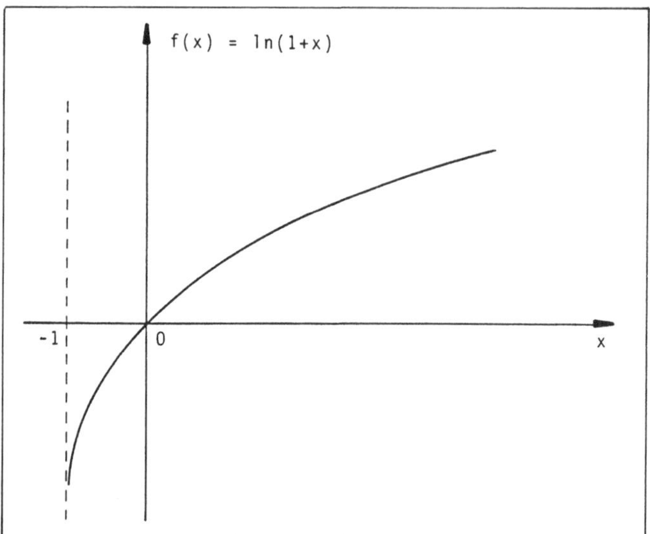

Fig. A.4.5.2 Verlauf der Funktion f(x) = ln(1+x)

Darstellung:

$$f(x) = \ln(1+x) = 0.5 \cdot a_0 + \sum a_{2v} \cdot T_{2v}(\sqrt{x}) \ , \quad 0 \le x \le 1 \ .$$

(Die Koeffizienten hierzu können A.4.3 entnommen werden.)

Allgemein gilt:

$$1 + x = a \cdot 2^b \ , \quad \text{mit} \quad b: \ \text{natürliche Zahl}$$
$$\text{und} \quad a: \ 1 \le a \le 2 \ .$$

$$\ln(1+x) = \ln(a \cdot 2^b) = \ln(a) + \ln(2^b)$$
$$= \ln(a) + b \cdot \ln(2) \ .$$

Konstanten

$$\ln(2) \quad = 0.69314 \ 71805 \ 59945 \ 30942$$
$$e \quad\quad = 2.71828 \ 18284 \ 59045 \ 23536$$
$$\log_{10}(e) = 0.43429 \ 44819 \ 03251 \ 82765 = M$$
$$\ln(10) \quad = 2.30258 \ 50929 \ 94045 \ 68402 = 1/M$$

Die Funktion $f(x) = \exp(x)$

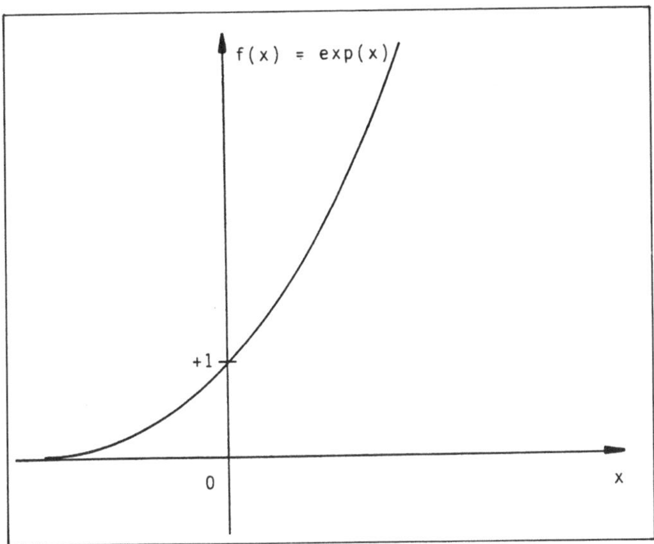

<u>Fig. A.4.5.3</u> Verlauf der Funktion $f(x) = \exp(x)$

<u>Darstellung:</u>

$$f(x) = \exp(x) = 0.5 \cdot a_0 + \sum a_v \cdot T_v(x) \ , \quad -1 \leqq x \leqq +1 \ .$$

(Die Koeffizienten hierzu können A.4.4 entnommen werden.)

Allgemein gilt:

$$x \cdot \log_2(e) = N - t \qquad \text{mit} \quad N: \ \text{natürliche Zahl}$$
$$\text{und} \quad t: \ 0 \leqq t \leqq 1 \ .$$

$$\exp(x) = 2^N \cdot 2^{-t} \ .$$

Für die Funktion $f(x) = 2^{-x}$ kann die folgende Entwicklung angewandt werden:

$$f(x) = 2^{-x} = 0.5 \cdot a_0 + \sum_{v=0}^{v=13} a_{2v} \cdot T_{2v}(\sqrt{x}) \ , \quad 0 \leqq x \leqq 1 \ .$$

Polynom-Koeffizienten für die Funktion $f(x) = 2^{-x}$

v	a_v	v	a_v
0	+1.4569 9987 5012 9629 5924	7	-0.0000 0000 1321 5163 8145
1	-0.2487 6243 3905 2209 4259	8	+0.0000 0000 0028 6132 3785
2	+0.0214 4655 5994 8398 1983	9	-0.0000 0000 0000 5507 3811
3	-0.0012 3571 4081 9979 2534	10	+0.0000 0000 0000 0095 4096
4	+0.0000 5345 3058 1790 4256	11	-0.0000 0000 0000 0001 5027
5	-0.0000 0185 0690 7138 6222	12	+0.0000 0000 0000 0000 0217
6	+0.0000 0005 3411 8768 7701	13	-0.0000 0000 0000 0000 0003

<u>Kontrollsumme für Polynom-Koeffizienten:</u>

$$S = 0.5 \cdot a_0 + \sum_{v=1}^{13} (-1)^v \cdot a_v = 1.0000\ 0000\ 0000\ 0000\ 0000$$

$$S = 0.5 \cdot a_0 + \sum_{v=1}^{13} a_v = 0.4999\ 9999\ 9999\ 9999\ 9999$$

<u>Polynomform:</u>

$$
\begin{aligned}
2^{-x} = &- 0.0000\ 0000\ 0001\ 0066\ 3296 \cdot y^{13} \\
&+ 0.0000\ 0000\ 0024\ 7463\ 9360 \cdot y^{12} \\
&- 0.0000\ 0000\ 0443\ 1701\ 6064 \cdot y^{11} \\
&+ 0.0000\ 0000\ 7053\ 6658\ 9440 \cdot y^{10} \\
&- 0.0000\ 0010\ 1780\ 2247\ 3728 \cdot y^{9} \\
&+ 0.0000\ 0132\ 1548\ 5843\ 8656 \cdot y^{8} \\
&- 0.0000\ 1525\ 2733\ 9053\ 0560 \cdot y^{7} \\
&+ 0.0001\ 5403\ 5304\ 0144\ 9984 \cdot y^{6} \\
&- 0.0013\ 3335\ 5814\ 6720\ 1024 \cdot y^{5} \\
&+ 0.0096\ 1812\ 9107\ 6345\ 2544 \cdot y^{4} \\
&- 0.0555\ 0410\ 8664\ 8223\ 0016 \cdot y^{3} \\
&+ 0.2402\ 2650\ 6959\ 1007\ 5776 \cdot y^{2} \\
&- 0.6931\ 4718\ 0559\ 9453\ 1074 \cdot y \\
&+ 1.0000\ 0000\ 0000\ 0000\ 0001 \qquad \text{mit } y = x \ .
\end{aligned}
$$

Horner-Schema:

$$
\begin{aligned}
2^{-x} =\quad & + 1.0000\ 0000\ 0000\ 0000\ 0001\ + \\
+ x \cdot (\ & - 0.6931\ 4718\ 0559\ 9453\ 1074\ + \\
+ x \cdot (\ & + 0.2402\ 2650\ 6959\ 1007\ 5776\ + \\
+ x \cdot (\ & - 0.0555\ 0410\ 8664\ 8223\ 0016\ + \\
+ x \cdot (\ & + 0.0096\ 1812\ 9107\ 6345\ 2544\ + \\
+ x \cdot (\ & - 0.0013\ 3335\ 5814\ 6720\ 1024\ + \\
+ x \cdot (\ & + 0.0001\ 5403\ 5304\ 0144\ 9984\ + \\
+ x \cdot (\ & - 0.0000\ 1525\ 2733\ 9053\ 0560\ + \\
+ x \cdot (\ & + 0.0000\ 0132\ 1548\ 5843\ 8656\ + \\
+ x \cdot (\ & - 0.0000\ 0010\ 1780\ 2247\ 3728\ + \\
+ x \cdot (\ & + 0.0000\ 0000\ 7053\ 6658\ 9440\ + \\
+ x \cdot (\ & - 0.0000\ 0000\ 0443\ 1701\ 6064\ + \\
+ x \cdot (\ & + 0.0000\ 0000\ 0024\ 7463\ 9360\ + \\
+ x \cdot (\ & - 0.0000\ 0000\ 0001\ 0066\ 3296\ )))))))))))))
\end{aligned}
$$

$$\text{mit}\quad 0 \leqq x \leqq 1\ .$$

Konstanten

$$
\begin{aligned}
\log_2(e) &= 1.44269\ 50408\ 88963\ 40736 \\
e &= 2.71828\ 18284\ 59045\ 23536 \\
1/e &= 0.36787\ 94411\ 71442\ 32160
\end{aligned}
$$

A.5 Weitere Berechnungsmethoden unter Verwendung der Polynom-Koeffizienten nach Tschebyscheff

A.5.1 Iterative Berechnung

In Kapitel 3 sind die einzelnen Zylinderfunktionen jeweils in der Polynomform und im Horner-Schema angegeben. Die Koeffizienten dieser Polynome
wurden hierbei durch entsprechende Wichtung der Polynom-Koeffizienten a_v mit
den jeweiligen Koeffizienten der Tschebyscheff-Polynome berechnet.
Diese Berechnungen sind relativ aufwendig.
Es soll daher an dieser Stelle ein weiteres Berechnungsverfahren für die
Errechnung von Zylinderfunktionswerten vorgestellt werden, welches direkt
auf die Polynom-Koeffizienten a_v ohne sonstige Berechnungen angewendet
werden kann.

Verfahren:
Sind für eine bestimmte Funktion $f(x)$ die Polynom-Koeffizienten a_v mit
$v = 0 \,..\, n$ bekannt, so kann $f(x)$ mit Hilfe der folgenden Berechnungsvor-
schrift sukzessive direkt aus den gegebenen Koeffizienten a_v berechnet
werden zu

$$
\begin{array}{l}
b_v = 2 \cdot x \cdot b_{v+1} - b_{v+2} + a_v \\[2mm]
b_{n+2} = b_{n+1} = 0 \\[4mm]
\hline \\
f(x) = \dfrac{1}{2} \cdot \left[\, b_0 - b_2 \,\right] .
\end{array}
$$

Für Polynome der Form $\sum a_{2v} \cdot T_{2v}(\sqrt{x})$ müssen in den o.a. Gleichungen

$$
x \;\to\; 2 \cdot x - 1
$$

gesetzt werden.

Die Vor- und Nachteile dieser Berechnungsmethode gegenüber der Polynom-
darstellung unter Verwendung des Horner-Schemas sollen anhand der
nachfolgenden Übersicht und den anschließenden Ausführungen dargelegt
werden.

Vorteile	Nachteile
.) sehr geringer Entwicklungs- aufwand	.) schlechtere Konvergenz
	.) wesentlich langsamere Berechnung

Betrachtet man ein Polynom n-ter Ordnung ((n+1) Koeffizienten a_v, $0 \leq v \leq n$)
gemäß Gleichung (3.3) bzw.(3.14), so müssen für die Errechnung eines Funktionswertes unter Verwendung des Horner-Schemas n Multiplikationen und
n Additionen abgearbeitet werden.

Bei Verwendung der iterativen Methode hingegen müssen jeweils $[2 \cdot (n+1)+1]$
Additionen und ebenso viele Multiplikationen abgearbeitet werden. Hierbei
wurde die durchschnittliche Zeitdauer für eine Subtraktion mit der einer
Addition gleichgesetzt.

Sind T_{ADD} bzw. T_{MULT} die durchschnittlichen Rechenzeiten für eine Addition
bzw. Multiplikation , so läßt sich ein Faktor k > 1 mit

$$k = T_{MULT} / T_{ADD}$$

einführen.

Damit beläuft sich die Rechenzeit für die Abarbeitung des Horner-Schemas
für (n+1) Koeffizienten zu

$$T_{HORN} = n \cdot T_{MULT} + n \cdot T_{ADD} = n \cdot (T_{MULT} + T_{ADD}) = n \cdot (k+1) \cdot T_{ADD} \; .$$

Eine analoge Rechnung für die Berechnungszeitdauer der iterativen Methode
liefert

$$T_{ITER} = [2 \cdot (n+1)+1] \cdot T_{MULT} + [2 \cdot (n+1)+1] \cdot T_{ADD} =$$

$$= [2 \cdot (n+1)+1] \cdot (T_{MULT} + T_{ADD}) =$$

$$= [2 \cdot (n+1)+1] \cdot (k+1) \cdot T_{ADD} \; .$$

Somit beläuft sich die Rechenzeit für die Errechnung eines Funktionswertes
mittels der iterativen Methode gegenüber der des Horner-Schemas etwa auf das
Zweifache.

A.5.2 Verkürzter Ansatz

Gemäß Gleichung (3.14) in Kapitel 3 können die Polynome für die Approxi-
mation einer bestimmten Funktion auch mit einer geringeren Anzahl von
Polynom-Koeffizienten (nach Tschebyscheff) berechnet werden.
Für diesen Fall ergibt sich

$$f(x) = \sum_{v=0}^{m} c'_v \cdot x^v \qquad \text{mit} \quad m < n \, .$$

Der maximale Fehler dieser Approximation kann dann mittels Gleichung (3.16)
zu

$$\sum_{v=m+1}^{\infty} |a_v|$$

angegeben werden.

Für den Fall, daß Funktionen nach der Approximationsmethode nach
Tschebyscheff mit einer Koeffizientenanzahl $(m+1) < (n+1)$ entwickelt und implementiert werden sollen, seien die nachfolgend aufgeführten Tabellen angegeben, welche unter Außerachtlassung eines Rest-
fehlers von $\varepsilon \leq 10^{-20}$ die zu erwartende Genauigkeit S_v der Implementierung wiedergeben.
Man beachte, daß Rundungs- und Abschneidefehler hierbei nicht berücksich-
tigt sind, d.h. für eine praktische Berechnung noch mit einbezogen werden
müssen.
Ab einer bestimmten minimalen Anzahl von Koeffizienten ist dieses Verfahren bzgl. des Herleitungsaufwandes und der damit zu erreichenden Genauigkeit uneffektiv.

Die angegebenen Tabellen beziehen sich grundsätzlich auf die Polynom-
Koeffizienten, welche innerhalb der entsprechenden Abschnitte des dritten
Kapitels angegeben wurden, d.h entweder auf eine direkt implementierbare
Zylinderfunktion oder eine für die Berechnung einer Zylinderfunktion be-
nötigte Hilfsfunktion.
Aus Gründen der Vollständigkeit sind diese Tabellen ebenfalls für die an-
sonsten beschriebenen Standardfunktionen aufgeführt.

Koeffizientensummen für die Funktion $f(x) = J_0(x)$ (Abschnitt 3.2.1)

v	a_{2v}	S_v
17	-0.00000 00000 00000 00017	+1.70000 00000 00000 00000 E-19
16	+0.00000 00000 00000 01222	+1.23900 00000 00000 00000 E-17
15	-0.00000 00000 00000 75885	+7.71240 00000 00000 00000 E-16
14	+0.00000 00000 00041 25321	+4.20244 50000 00000 00000 E-14
13	-0.00000 00000 01943 83469	+1.98585 91400 00000 00000 E-12
12	+0.00000 00000 78486 96314	+8.04728 22280 00000 00000 E-11
11	-0.00000 00026 79253 53056	+2.75972 63528 40000 00000 E-9
10	+0.00000 00760 81635 92419	+7.88413 62277 03000 00000 E-8
9	-0.00000 17619 46907 76215	+1.84078 82700 39180 00000 E-6
8	+0.00003 24603 28821 00508	+3.43011 17091 04426 00000 E-5
7	-0.00046 06261 66206 27505	+4.94927 28329 73193 10000 E-4
6	+0.00481 91800 69467 60450	+5.31410 73527 64923 81000 E-3
5	-0.03489 37694 11408 88516	+4.02078 76764 17380 89700 E-2
4	+0.15806 71023 32097 26128	+1.98274 97909 62710 70250 E-1
3	-0.37009 49938 72649 77903	+5.68369 97296 89208 49280 E-1
2	+0.26517 86132 03336 80987	+8.33548 58617 22576 59150 E-1
1	-0.00872 34423 52852 22129	+8.42272 02852 51098 80440 E-1
0	+0.31545 59429 49780 23913	+1.15772 79714 74890 11957 E0

Koeffizientensummen für die 1. Hilfsfunktion von $f(x) = J_0(x)$

v	a_{2v}	S_v
17	-0.00000 00000 00000 00001	+1.00000 00000 00000 00000E-20
16	+0.00000 00000 00000 00002	+3.00000 00000 00000 00000E-20
15	-0.00000 00000 00000 00011	+1.40000 00000 00000 00000E-19
14	+0.00000 00000 00000 00055	+6.90000 00000 00000 00000E-19
13	-0.00000 00000 00000 00288	+3.57000 00000 00000 00000E-18
12	+0.00000 00000 00000 01631	+1.98800 00000 00000 00000E-17
11	-0.00000 00000 00000 10012	+1.20000 00000 00000 00000E-16
10	+0.00000 00000 00000 67481	+7.94810 00000 00000 00000E-16
9	-0.00000 00000 00005 06903	+5.86384 00000 00000 00000E-15
8	+0.00000 00000 00043 26596	+4.91298 00000 00000 00000E-14
7	-0.00000 00000 00430 45789	+4.79587 69000 00000 00000E-13
6	+0.00000 00000 05168 26239	+5.64785 00800 00000 00000E-12
5	-0.00000 00000 78640 91377	+8.42887 63850 00000 00000E-11
4	+0.00000 00016 30646 46352	+1.71493 52273 70000 00000E-9

v	a_{2v}	S_v
3	-0.00000 00517 05945 37606	+5.34208 80603 43000 00000E-8
2	+0.00000 30751 84787 51947	+3.12860 56681 22900 00000E-6
1	-0.00053 65220 46813 21174	+5.39650 65248 13346 40000E-4
0	+1.99892 06986 95037 33074	+1.99946 03493 47518 66538E0

Koeffizientensummen für die 2. Hilfsfunktion von $f(x) = J_0(x)$

v	a_{2v}	S_v
17	+0.00000 00000 00000 00001	+1.00000 00000 00000 00000E-20
16	-0.00000 00000 00000 00003	+4.00000 00000 00000 00000E-20
15	+0.00000 00000 00000 00013	+1.70000 00000 00000 00000E-19
14	-0.00000 00000 00000 00062	+7.90000 00000 00000 00000E-19
13	+0.00000 00000 00000 00311	+3.90000 00000 00000 00000E-18
12	-0.00000 00000 00000 01669	+2.05900 00000 00000 00000E-17
11	+0.00000 00000 00000 09662	+1.17210 00000 00000 00000E-16
10	-0.00000 00000 00000 60999	+7.27200 00000 00000 00000E-16
9	+0.00000 00000 00004 25523	+4.98243 00000 00000 00000E-15
8	-0.00000 00000 00033 36328	+3.83457 10000 00000 00000E-14
7	+0.00000 00000 00300 61451	+3.38960 22000 00000 00000E-13
6	-0.00000 00000 03206 74742	+3.54570 76400 00000 00000E-12
5	+0.00000 00000 42201 21905	+4.57469 26690 00000 00000E-11
4	-0.00000 00007 27191 59369	+7.72938 52038 00000 00000E-10
3	+0.00000 00179 72457 24797	+1.87453 95768 35000 00000E-8
2	-0.00000 07414 49841 10606	+7.60195 23687 44100 00000E-7
1	+0.00006 83851 99426 11650	+6.91453 94662 99091 00000E-5
0	-0.03111 17092 10674 01820	+3.11808 54605 33700 91100E-2

Koeffizientensummen für die Funktion $f(x) = J1(x)$ (Abschnitt 3.2.2)

v	a_{2v}	S_v
17	-0.00000 00000 00000 00004	+4.00000 00000 00000 00000E-20
16	+0.00000 00000 00000 00295	+2.99000 00000 00000 00000E-18
15	-0.00000 00000 00000 19554	+1.98530 00000 00000 00000E-16
14	+0.00000 00000 00011 38572	+1.15842 50000 00000 00000E-14
13	-0.00000 00000 00577 74042	+5.89324 67000 00000 00000E-13
12	+0.00000 00000 25281 23664	+2.58705 61310 00000 00000E-11
11	-0.00000 00009 42421 29816	+9.68291 85947 00000 00000E-10
10	+0.00000 00294 97070 07278	+3.04653 61932 25000 00000E-8
9	-0.00000 07617 58780 54003	+7.92224 14247 22800 00000E-7
8	+0.00001 58870 19239 93213	+1.66792 43382 40441 00000E-5
7	-0.00026 04443 89348 58068	+2.77123 63273 09850 90000E-4
6	+0.00324 02701 82683 85747	+3.51739 38154 14842 56000E-3
5	-0.02917 55248 06154 20766	+3.26929 18621 56905 02200E-2
4	+0.17770 91172 39728 28328	+2.10402 03586 12973 33500E-1
3	-0.66144 39341 34543 25277	+8.71845 96999 58405 86270E-1
2	+1.28799 40988 57677 62038	+2.15984 00688 53518 20665E0
1	-1.19180 11605 41216 87251	+3.35164 12293 94735 07916E0
0	+1.29671 75412 10529 84167	+4.64835 87706 05264 92083E0

Koeffizientensummen für die 1. Hilfsfunktion von $f(x) = J1(x)$

v	a_{2v}	S_v
17	+0.00000 00000 00000 00001	+1.00000 00000 00000 00000E-20
16	-0.00000 00000 00000 00002	+3.00000 00000 00000 00000E-20
15	+0.00000 00000 00000 00012	+1.50000 00000 00000 00000E-19
14	-0.00000 00000 00000 00058	+7.30000 00000 00000 00000E-19
13	+0.00000 00000 00000 00305	+3.78000 00000 00000 00000E-18
12	-0.00000 00000 00000 01731	+2.10900 00000 00000 00000E-17
11	+0.00000 00000 00000 10668	+1.27770 00000 00000 00000E-16
10	-0.00000 00000 00000 72212	+8.49890 00000 00000 00000E-16
9	+0.00000 00000 00005 45267	+6.30256 00000 00000 00000E-15
8	-0.00000 00000 00046 84224	+5.31448 00000 00000 00000E-14
7	+0.00000 00000 00469 91955	+5.23064 35000 00000 00000E-13
6	-0.00000 00000 05704 86364	+6.22792 79900 00000 00000E-12
5	+0.00000 00000 88168 98660	+9.43969 14590 00000 00000E-11
4	-0.00000 00018 71890 74911	+1.96628 76637 00000 00000E-9

v	a_{2v}	S_v
3	+0.00000 00617 76339 60644	+6.37426 27270 14000 00000E-8
2	-0.00000 39872 84300 48891	+4.05102 69277 59050 00000E-6
1	+0.00089 89898 33085 94085	+9.03040 86001 36999 00000E-4
0	+2.00180 60817 20027 39979	+2.00270 91225 80041 09969E0

Koeffizientensummen der 2. Hilfsfunktion von $f(x) = J1(x)$

v	a_{2v}	S_v
17	-0.00000 00000 00000 00001	+1.00000 00000 00000 00000E-20
16	+0.00000 00000 00000 00003	+4.00000 00000 00000 00000E-20
15	-0.00000 00000 00000 00014	+1.80000 00000 00000 00000E-19
14	+0.00000 00000 00000 00065	+8.30000 00000 00000 00000E-19
13	-0.00000 00000 00000 00328	+4.11000 00000 00000 00000E-18
12	+0.00000 00000 00000 01768	+2.17900 00000 00000 00000E-17
11	-0.00000 00000 00000 10269	+1.24480 00000 00000 00000E-16
10	+0.00000 00000 00000 65083	+7.75310 00000 00000 00000E-16
9	-0.00000 00000 00004 56125	+5.33656 00000 00000 00000E-15
8	+0.00000 00000 00035 96777	+4.13043 30000 00000 00000E-14
7	-0.00000 00000 00326 43157	+3.67735 90000 00000 00000E-13
6	+0.00000 00000 03515 21879	+3.88295 46900 00000 00000E-12
5	-0.00000 00000 46863 63688	+5.07465 91570 00000 00000E-11
4	+0.00000 00008 22919 33277	+8.73665 92434 00000 00000E-10
3	-0.00000 00209 59781 38408	+2.18334 47308 42000 00000E-8
2	+0.00000 09138 61525 79555	+9.35694 97310 39700 00000E-7
1	-0.00009 62772 35491 57079	+9.72129 30464 67476 00000E-5
0	+0.09355 55741 39070 65048	+9.36527 87069 53532 52400E-2

Koeffizientensummen der Funktion   f(x) = Yo(x)   (Abschnitt 3.2.3)

v	a_{2v}	S_v
18	-0.00000 00000 00000 00001	+1.00000 00000 00000 00000E-20
17	+0.00000 00000 00000 00039	+4.00000 00000 00000 00000E-19
16	-0.00000 00000 00000 02698	+2.73800 00000 00000 00000E-17
15	+0.00000 00000 00001 64349	+1.67087 00000 00000 00000E-15
14	-0.00000 00000 00087 47341	+8.91442 80000 00000 00000E-14
13	+0.00000 00000 04026 33082	+4.11547 51000 00000 00000E-12
12	-0.00000 00001 58375 52542	+1.62491 00052 00000 00000E-10
11	+0.00000 00052 48794 78733	+5.41128 57878 50000 00000E-9
10	-0.00000 01440 72332 74019	+1.49483 61852 80400 00000E-7
9	+0.00000 32065 32537 65480	+3.35601 61561 82840 00000E-6
8	-0.00005 63207 91410 56987	+5.96768 07566 75271 00000E-5
7	+0.00075 31135 93257 77423	+8.12790 40082 45269 40000E-4
6	-0.00728 79624 79552 07918	+8.10075 28803 76606 12000E-3
5	+0.04719 66895 95763 38687	+5.52974 42476 13999 29900E-2
4	-0.17730 20127 81143 58212	+2.32599 45525 72835 75110E-1
3	+0.26156 73462 55046 63680	+4.94166 80151 23302 11910E-1
2	+0.17903 43140 77182 66299	+6.73201 11558 95128 74900E-1
1	-0.27447 43055 29745 26529	+9.47675 42111 92581 40190E-1
0	-0.06629 22264 06569 88331	+1.01396 76475 25828 02350E0

Die Koeffizientensummen der 1. und 2. Hilfsfunktion der Neumannfunktion
nullter Ordnung entsprechen denen der einfachen Besselfunktion nullter
Ordnung.

Koeffizientensummen der Funktion $f(x) = Y1(x)$ (Abschnitt 3.2.4)

v	a_{2v}	S_v
17	+0.00000 00000 00000 00009	+9.00000 00000 00000 00000E-20
16	-0.00000 00000 00000 00658	+6.67000 00000 00000 00000E-18
15	+0.00000 00000 00000 42773	+4.34400 00000 00000 00000E-16
14	-0.00000 00000 00024 40949	+2.48438 90000 00000 00000E-14
13	+0.00000 00000 01211 43321	+1.23627 71000 00000 00000E-12
12	-0.00000 00000 51721 21473	+5.29574 91830 00000 00000E-11
11	+0.00000 00018 75470 32473	+1.92842 78165 60000 00000E-9
10	-0.00000 00568 84400 39919	+5.88128 28215 75000 00000E-8
9	+0.00000 14166 24364 49235	+1.47543 71927 08100 00000E-6
8	-0.00002 83046 40149 51480	+2.97800 77342 22290 00000E-5
7	+0.00044 04786 29867 09951	+4.70258 70720 93224 10000E-4
6	-0.00513 16411 61061 08479	+5.60189 98682 70407 20000E-3
5	+0.04231 91803 53336 90411	+4.79210 80221 60731 13100E-2
4	-0.22662 49915 56754 92443	+2.74546 07177 83622 35740E-1
3	+0.67561 57807 72187 66694	+9.50161 85255 05499 02680E-1
2	-0.76729 63628 86645 93978	+1.71745 82154 37195 84246E0
1	-0.12869 73843 81350 00138	+1.84615 55998 18545 84384E0
0	+0.04060 82117 71868 50768	+1.88676 38115 90414 35152E0

Die Koeffizientensummen der 1. und 2. Hilfsfunktion der Neumannfunktion
erster Ordnung entsprechen denen der einfachen Besselfunktion erster
Ordnung.

Koeffizientensummen der Funktion $f(x) = I_0(x)$ (Abschnitt 3.2.7)

v	a_{2v}	S_v
18	+0.00000 00000 00000 00001	+1.00000 00000 00000 00000E-20
17	+0.00000 00000 00000 00042	+4.30000 00000 00000 00000E-19
16	+0.00000 00000 00000 03132	+3.17500 00000 00000 00000E-17
15	+0.00000 00000 00002 06305	+2.09480 00000 00000 00000E-15
14	+0.00000 00000 00119 89083	+1.21985 63000 00000 00000E-13
13	+0.00000 00000 06096 89280	+6.21887 84300 00000 00000E-12
12	+0.00000 00002 68828 12895	+2.75047 00738 00000 00000E-10
11	+0.00000 00101 69726 72769	+1.04447 73735 07000 00000E-8
10	+0.00000 03260 91050 57896	+3.36535 82431 40300 00000E-7
9	+0.00000 87383 15496 62236	+9.07485 13209 36390 00000E-6
8	+0.00019 24693 59688 11366	+2.01544 21100 90500 50000E-4
7	+0.00341 63317 66012 34095	+3.61787 59770 21391 00000E-3
6	+0.04771 87487 98174 13524	+5.13366 24775 19552 62400E-2
5	+0.50949 33654 39982 87079	+5.60829 99021 51783 97030E-1
4	+4.01167 37601 79348 53351	+4.57250 37503 94526 93054E0
3	+22.27481 92424 62230 87742	+2.68473 22992 85675 78079E1
2	+82.48903 27440 24099 61321	+1.09336 35573 68808 57421E2
1	+190.49432 01727 42844 19322	+2.99830 67590 96237 01614E2
0	+255.46687 96243 62167 12602	+5.55297 55553 39858 68740E2

Koeffizientensummen der Hilfsfunktion von $f(x) = I_0(x)$

v	a_v	S_v
25	+0.00000 00000 0001	+1.00000 00000 0000E-14
24	+0.00000 00000 0002	+3.00000 00000 0000E-14
23	+0.00000 00000 0000	+3.00000 00000 0000E-14
22	-0.00000 00000 0004	+7.00000 00000 0000E-14
21	-0.00000 00000 0011	+1.80000 00000 0000E-13
20	-0.00000 00000 0011	+2.90000 00000 0000E-13
19	+0.00000 00000 0012	+4.10000 00000 0000E-13
18	+0.00000 00000 0070	+1.11000 00000 0000E-12
17	+0.00000 00000 0140	+2.51000 00000 0000E-12
16	+0.00000 00000 0111	+3.62000 00000 0000E-12
15	-0.00000 00000 0245	+6.07000 00000 0000E-12

v	a_v	S_v
14	-0.00000 00000 1223	+1.83000 00000 0000E-11
13	-0.00000 00000 2896	+4.72600 00000 0000E-11
12	-0.00000 00000 4361	+9.08700 00000 0000E-11
11	-0.00000 00000 1954	+1.10410 00000 0000E-10
10	+0.00000 00001 5142	+2.61830 00000 0000E-10
9	+0.00000 00007 8081	+1.04264 00000 0000E-9
8	+0.00000 00028 7935	+3.92199 00000 0000E-9
7	+0.00000 00104 5317	+1.43751 60000 0000E-8
6	+0.00000 00434 2656	+5.78017 20000 0000E-8
5	+0.00000 02270 8300	+2.84884 72000 0000E-7
4	+0.00000 15781 7791	+1.86306 26300 0000E-6
3	+0.00001 52787 7872	+1.71418 41350 0000E-5
2	+0.00022 51087 3571	+2.42250 57706 0000E-4
1	+0.00627 82403 0274	+6.52049 08798 0000E-3
0	+0.79833 17033 7777	+8.04852 19425 7570E-1

Koeffizientensummen der Funktion $f(x) = I1(x)$ (Abschnitt 3.2.8)

v	a_{2v}	S_v
17	+0.00000 00000 00000 00009	+9.00000 00000 00000 00000E-20
16	+0.00000 00000 00000 00718	+7.27000 00000 00000 00000E-18
15	+0.00000 00000 00000 50120	+5.08470 00000 00000 00000E-16
14	+0.00000 00000 00030 95296	+3.14614 30000 00000 00000E-14
13	+0.00000 00000 01678 97282	+1.71043 42500 00000 00000E-12
12	+0.00000 00000 79290 55929	+8.10009 93540 00000 00000E-11
11	+0.00000 00032 27616 52023	+3.30861 75137 70000 00000E-9
10	+0.00000 01119 46284 56389	+1.15254 90207 76600 00000E-7
9	+0.00000 32641 38122 30986	+3.37939 30243 87520 00000E-6
8	+0.00007 87567 85754 16515	+8.21361 78778 55267 00000E-5
7	+0.00154 30190 15627 21914	+1.62515 51944 05771 81000E-3
6	+0.02399 30791 47840 55176	+2.56182 34342 24632 35700E-2
5	+0.28785 55118 04672 03057	+3.13473 74614 69183 54140E-1
4	+2.57145 99063 47754 90572	+2.88493 36524 94673 25986E0
3	+16.33455 05525 22066 16461	+1.92194 84205 01673 94244E1
2	+69.39591 76337 34447 53798	+8.86154 01838 75118 69624E1
1	+181.31261 60405 70265 39103	+2.69928 01787 93214 52353E2
0	+259.89023 78064 77291 73120	+5.29818 25568 57987 44084E2

Koeffizientensummen der Hilfsfunktion von $f(x) = I1(x)$

v	a_v	S_v
25	-0.00000 00000 0001	+1.00000 00000 0000E-14
24	-0.00000 00000 0002	+3.00000 00000 0000E-14
23	-0.00000 00000 0000	+3.00000 00000 0000E-14
22	+0.00000 00000 0004	+7.00000 00000 0000E-14
21	+0.00000 00000 0011	+1.80000 00000 0000E-13
20	+0.00000 00000 0011	+2.90000 00000 0000E-13
19	-0.00000 00000 0014	+4.30000 00000 0000E-13
18	-0.00000 00000 0075	+1.18000 00000 0000E-12
17	-0.00000 00000 0145	+2.63000 00000 0000E-12
16	-0.00000 00000 0108	+3.71000 00000 0000E-12
15	+0.00000 00000 0279	+6.50000 00000 0000E-12

v	a_v	s_v
14	+0.00000 00000 1318	+1.96800 00000 0000E-11
13	+0.00000 00000 3067	+5.03500 00000 0000E-11
12	+0.00000 00000 4513	+9.54800 00000 0000E-11
11	+0.00000 00000 1645	+1.11930 00000 0000E-10
10	-0.00000 00001 7396	+2.85890 00000 0000E-10
9	-0.00000 00008 7079	+1.15668 00000 0000E-9
8	-0.00000 00032 1153	+4.36821 00000 0000E-9
7	-0.00000 00118 0972	+1.61779 30000 0000E-8
6	-0.00000 00502 8543	+6.64633 60000 0000E-8
5	-0.00000 02729 6205	+3.39425 41000 0000E-7
4	-0.00000 20039 4040	+2.34336 58100 0000E-6
3	-0.00002 11985 2312	+2.35418 88930 0000E-5
2	-0.00037 28518 2010	+3.96393 70903 0000E-4
1	-0.01876 27251 4000	+1.91591 18849 0300E-2
0	+0.79714 27704 8440	+8.16301 88933 3430E-1

Koeffizientensummen der Funktion $f(x) = K_0(x)$ (Abschnitt 3.2.9)

v	a_{2v}	S_v
18	+0.00000 00000 00000 00001	+1.00000 00000 00000 00000E-20
17	+0.00000 00000 00000 00063	+6.40000 00000 00000 00000E-19
16	+0.00000 00000 00000 04523	+4.58700 00000 00000 00000E-17
15	+0.00000 00000 00002 85752	+2.90339 00000 00000 00000E-15
14	+0.00000 00000 00158 55413	+1.61457 52000 00000 00000E-13
13	+0.00000 00000 07657 57438	+7.81903 19000 00000 00000E-12
12	+0.00000 00003 18587 97963	+3.26407 01153 00000 00000E-10
11	+0.00000 00112 81211 38760	+1.16076 18399 13000 00000E-8
10	+0.00000 03351 95255 63133	+3.46802 87403 04600 00000E-7
9	+0.00000 82160 25939 93066	+8.56282 88139 61120 00000E-6
8	+0.00016 27083 79043 02330	+1.71271 20785 69844 20000E-4
7	+0.00253 63081 88086 19901	+2.70757 93959 43183 43000E-3
6	+0.03008 07224 20511 87452	+3.27883 01816 45505 79500E-2
5	+0.25908 44324 34900 19747	+2.91872 73425 13552 55420E-1
4	+1.51153 56760 29227 91353	+1.80340 84102 80583 16895E0
3	+5.28363 28668 73920 00748	+7.08704 12771 54503 17643E0
2	+8.00536 88687 00334 77053	+1.50924 10145 85483 79469E1
1	-4.56343 35864 48395 00735	+1.96558 43732 30323 29543E1
0	-21.05766 01774 02440 24847	+4.07135 03909 70567 32027E1

Die Koeffizientensummen der Hilfsfunktion der modifizierten Hankelfunktion nullter Ordnung entsprechen denen der modifizierten Besselfunktion nullter Ordnung.

Koeffizientensummen der Funktion $f(x) = K1(x)$ (Abschnitt 3.2.10)

v	a_{2v}	S_v
17	+0.00000 00000 00000 00014	+1.40000 00000 00000 00000E-19
16	+0.00000 00000 00000 01057	+1.07100 00000 00000 00000E-17
15	+0.00000 00000 00000 70860	+7.19310 00000 00000 00000E-16
14	+0.00000 00000 00041 87279	+4.25921 00000 00000 00000E-14
13	+0.00000 00000 02162 55319	+2.20514 52900 00000 00000E-12
12	+0.00000 00000 96659 75200	+9.88648 97290 00000 00000E-11
11	+0.00000 00036 96783 27836	+3.79564 81756 50000 00000E-9
10	+0.00000 01193 67970 74664	+1.23163 61892 22900 00000E-7
9	+0.00000 32025 10691 93505	+3.32567 43108 57340 00000E-6
8	+0.00007 00106 27854 75753	+7.33363 02165 61487 00000E-5
7	+0.00121 70569 94515 74089	+1.29039 32966 81355 76000E-3
6	+0.01630 00492 89816 41757	+1.75904 42586 49777 33300E-2
5	+0.16107 43016 56147 82390	+1.78664 74424 26455 97230E-1
4	+1.10146 19930 04852 20124	+1.28012 67372 47497 79847E0
3	+4.66638 70268 62841 85037	+5.94651 37641 10339 64884E0
2	+9.36161 78313 95388 67938	+1.53081 31595 50572 83282E1
1	-1.83923 92242 86199 43219	+1.71473 70819 79192 77604E1
0	-26.68809 54808 62667 79437	+4.38354 66300 65459 55547E1

Die Koeffizientensummen der Hilfsfunktion der modifizierten Hankelfunktion erster Ordnung entsprechen denen der modifizierten Besselfunktion erster Ordnung.

Koeffizientensummen der Funktion $f(x) = \cos(x)$ (Anhang A.4.1)

ν	$a_{2\nu}$	S_ν
12	+0.00000 00000 00000 00015	+1.50000 00000 00000 00000E-19
11	-0.00000 00000 00000 03298	+3.31300 00000 00000 00000E-17
10	+0.00000 00000 00006 11136	+6.14449 00000 00000 00000E-15
9	-0.00000 00000 00929 52966	+9.35674 15000 00000 00000E-13
8	+0.00000 00001 13510 91779	+1.14446 59194 00000 00000E-10
7	-0.00000 00108 26530 34186	+1.09409 76933 80000 00000E-8
6	+0.00000 07782 76701 18153	+7.89217 67811 53300 00000E-7
5	-0.00004 01899 44510 75494	+4.09791 62188 87027 00000E-5
4	+0.00139 22439 91176 23186	+1.43322 31533 65102 13000E-3
3	-0.02909 19339 65011 12115	+3.05251 57118 37622 32800E-2
2	+0.30284 91552 62699 42151	+3.33374 31238 10756 44790E-1
1	-0.97086 78652 63018 21941	+1.30424 21776 44093 86420E0
0	-0.60848 43552 88187 72840	+1.91272 65329 32281 59260E0

Koeffizientensummen der Funktion $f(x) = \sin(x)$ (Anhang A.4.2)

ν	$a_{2\nu}$	S_ν
12	+0.00000 00000 00000 00002	+2.00000 00000 00000 00000E-20
11	-0.00000 00000 00000 00454	+4.56000 00000 00000 00000E-18
10	+0.00000 00000 00000 92373	+9.28290 00000 00000 00000E-16
9	-0.00000 00000 00155 62915	+1.56557 44000 00000 00000E-13
8	+0.00000 00000 21304 17439	+2.14607 31830 00000 00000E-11
7	-0.00000 00023 12581 05781	+2.33404 17896 40000 00000E-9
6	+0.00000 01930 08036 06380	+1.95342 07785 34400 00000E-7
5	-0.00001 18935 04653 34208	+1.20888 46731 19552 00000E-5
4	+0.00051 19072 74554 11454	+5.23996 12128 53100 60000E-4
3	-0.01419 31743 48537 27256	+1.47171 70469 82258 26200E-2
2	+0.22275 79118 17011 17152	+2.37475 08228 68337 54140E-1
1	-1.55659 12566 28969 31308	+1.79406 63389 15803 06722E0
0	+2.69505 26293 47980 34246	+4.48911 89682 63783 40968E0

Koeffizientensummen der Funktion $f(x) = \ln(1+x)$ (Anhang A.4.3)

ν	$a_{2\nu}$	S_ν
25	+0.00000 00000 00000 00001	+1.00000 00000 00000 00000E-20
24	-0.00000 00000 00000 00004	+5.00000 00000 00000 00000E-20
23	+0.00000 00000 00000 00021	+2.60000 00000 00000 00000E-19
22	-0.00000 00000 00000 00131	+1.57000 00000 00000 00000E-18
21	+0.00000 00000 00000 00798	+9.55000 00000 00000 00000E-18
20	-0.00000 00000 00000 04886	+5.84100 00000 00000 00000E-17
19	+0.00000 00000 00000 29978	+3.58190 00000 00000 00000E-16
18	-0.00000 00000 00001 84431	+2.20250 00000 00000 00000E-15
17	+0.00000 00000 00011 38172	+1.35842 20000 00000 00000E-14
16	-0.00000 00000 00070 48360	+8.40678 20000 00000 00000E-14
15	+0.00000 00000 00438 19577	+5.22263 59000 00000 00000E-13
14	-0.00000 00000 02736 42009	+3.25868 36800 00000 00000E-12
13	+0.00000 00000 17175 87317	+2.04345 56850 00000 00000E-11
12	-0.00000 00001 08450 68551	+1.28885 24236 00000 00000E-10
11	+0.00000 00006 89560 27323	+8.18445 51559 00000 00000E-10
10	-0.00000 00044 20956 98068	+5.23940 24962 70000 00000E-9
9	+0.00000 00286 30250 64840	+3.38696 53144 67000 00000E-8
8	-0.00000 01877 27995 65082	+2.21597 64879 54900 00000E-7
7	+0.00000 12504 67362 20057	+1.47206 50109 96060 00000E-6
6	-0.00000 85029 67541 20286	+9.97503 25521 98920 00000E-6
5	+0.00005 94707 11989 57983	+6.94457 44541 77875 00000E-5
4	-0.00043 32758 88610 04446	+5.02721 63315 18232 10000E-4
3	+0.00336 70892 55564 38925	+3.86981 08887 16212 46000E-3
2	-0.02943 72515 22859 41438	+3.33070 62411 57562 68400E-2
1	+0.34314 57505 07619 80479	+3.76452 81291 91954 31630E-1
0	+0.75290 56258 38390 86326	+1.12935 84387 57586 29489E0

Koeffizientensummen der Funktion $f(x) = \exp(x)$ (Anhang A.4.4)

v	a_v	S_v
17	0.00000 00000 00000 00004	+4.00000 00000 00000 00000E-20
16	0.00000 00000 00000 00148	+1.52000 00000 00000 00000E-18
15	0.00000 00000 00000 04741	+4.89300 00000 00000 00000E-17
14	0.00000 00000 00001 42376	+1.47269 00000 00000 00000E-15
13	0.00000 00000 00039 91263	+4.13853 20000 00000 00000E-14
12	0.00000 00000 01039 15223	+1.08053 75500 00000 00000E-12
11	0.00000 00000 24979 56617	+2.60601 03720 00000 00000E-11
10	0.00000 00005 50589 60797	+5.76649 71169 00000 00000E-10
9	0.00000 00110 36771 72552	+1.16134 21437 21000 00000E-8
8	0.00000 01992 12480 66728	+2.10825 90210 44900 00000E-7
7	0.00000 31984 36462 40199	+3.40926 23645 06480 00000E-6
6	0.00004 49773 22954 29515	+4.83865 85318 80163 00000E-5
5	0.00054 29263 11913 94375	+5.91312 89723 27453 80000E-4
4	0.00547 42404 42093 73265	+6.06555 33393 26478 03000E-3
3	0.04433 68498 48663 80495	+5.04024 03187 99028 29800E-2
2	0.27149 53395 34076 56237	+3.21897 74272 20668 45350E-1
1	1.13031 82079 84970 05442	+4.52215 95070 70368 99770E-1
0	2.53213 17555 04016 67120	+9.84347 70621 10535 70970E-1

Koeffizientensummen der Funktion $f(x) = 2^{-x}$ (Anhang A.4.5)

v	a_{2v}	S_v
13	-0.00000 00000 00000 00003	+3.00000 00000 00000 00000E-20
12	+0.00000 00000 00000 00217	+2.20000 00000 00000 00000E-18
11	-0.00000 00000 00000 15027	+1.52470 00000 00000 00000E-16
10	+0.00000 00000 00009 54096	+9.69343 00000 00000 00000E-15
9	-0.00000 00000 00550 73811	+5.60431 54000 00000 00000E-13
8	+0.00000 00000 28613 23785	+2.91736 69390 00000 00000E-11
7	-0.00000 00013 21516 38145	+1.35069 00508 40000 00000E-9
6	+0.00000 00534 11876 87701	+5.47625 66927 85000 00000E-8
5	-0.00000 18506 90713 86222	+1.90545 32807 90070 00000E-6
4	+0.00005 34530 58179 04256	+5.53585 11459 83263 00000E-5
3	-0.00123 57140 81997 92534	+1.29107 25934 57757 97000E-3
2	+0.02144 65559 94839 81983	+2.27376 28588 29757 78000E-2
1	-0.24876 24339 05220 94259	+2.71500 06249 35185 20390E-1
0	+1.45699 98750 12962 95924	+1.72849 99375 06481 47963E0

Verzeichnis der verwendeten Formelzeichen und Abkürzungen

a	Linke Grenze eines abgeschlossenen Intervalls $[..,..]$
a_k	Koeffizient eines kubischen Polynoms (Spline-Interpolation)
arccos	Arcusfunktion, inverse Funktion zu $\cos(x)$
a_ν	Reeller Polynom-Koeffizient
b	Rechte Grenze eines abgeschlossenen Intervalls $[..,..]$
b_k	Koeffizient eines kubischen Polynoms (Spline-Interpolation)
b_ν	Reeller Koeffizient eines Tschebyscheff-Polynoms $T_\nu(x)$
c_k	Koeffizient eines kubischen Polynoms (Spline-Interpolation)
$\cos(x)$	Trigonometrische Funktion
$\cosh(x)$	Hyperbelfunktion
$\csc(x)$	$\csc(x) = 1 / \sin(x)$
c_ν	Reeller Polynom-Koeffizient einer approximierten Funktion $f(x)$
$C_\nu(z)$	Hilfsfunktion (Platzhalter für die einfachen Zylinderfkt.)
d_k	Koeffizient eines kubischen Polynoms (Spline-Interpolation)
$\exp(x)$	Exponentialfunktion, inverse Funktion zu $\ln(x)$
$f(x)$	Approximierende zur Funktion $g(x)$
$f_n(z)$	Hilfsfunktion (Platzhalter für die sphärischen Zylinderfkt.)
$F_0(x)$	Hilfspolynom für die Approximation der Funktionen $I_0(x)$ u. $K_0(x)$
$F_1(x)$	Hilfspolynom für die Approximation der Funktionen $I_1(x)$ u. $K_1(x)$
$g(x)$	Reellwertige Funktion in x
h_k	Hilfskoeffizient für kubische Polynome (Spline-Interpolation)
$h_\nu^{[1]}(z)$	Erste sphärische Hankelfunktion der Ordnung ν
$h_\nu^{[2]}(z)$	Zweite sphärische Hankelfunktion der Ordnung ν
$H_\nu^{[1]}(z)$	Erste Hankelfunktion der Ordnung ν
$H_\nu^{[2]}(z)$	Zweite Hankelfunktion der Ordnung ν
$i_\nu(z)$	Modifizierte sphärische Besselfunktion der Ordnung ν
$I_\nu(z)$	Modifizierte Besselfunktion der Ordnung ν
j	Imaginäre Einheit $\sqrt{-1}$ der Menge der komplexen Zahlen
$j_\nu(z)$	Einfache sphärische Besselfunktion der Ordnung ν
$J_\nu(z)$	Einfache Besselfunktion der Ordnung ν

k	Natürliche Zahl
	Laufindex
$k_\nu(z)$	Modifizierte sphärische Hankelfunktion der Ordnung ν
$K_\nu(z)$	Modifizierte Hankelfunktion der Ordnung ν
$\ln(x)$	Logarithmusfunktion, inverse Funktion zu $\exp(x)$
$L_\nu(z)$	Hilfsfunktion (Platzhalter für die modifizierten Zylinderfkt.)
n	Natürliche Zahl
	Index für Zylinderfunktionen ganzzahliger Ordnung
$P_0(x)$	Hilfspolynom für die Approximation der Funktionen $J_0(x)$ u. $Y_0(x)$
$P_1(x)$	Hilfspolynom für die Approximation der Funktionen $J_1(x)$ u. $Y_1(x)$
$P_k(x)$	Kubisches Polynom (Spline-Interpolation)
	Diskreter Knoten eines Graphen
$Q_0(x)$	Hilfspolynom für die Approximation der Funktionen $J_0(x)$ u. $Y_0(x)$
$Q_1(x)$	Hilfspolynom für die Approximation der Funktionen $J_1(x)$ u. $Y_1(x)$
$\sin(x)$	Trigonometrische Funktion
$\sinh(x)$	Hyperbelfunktion
$S(x)$	Splinefunktion
t	Integrationsvariable
$T_v(x)$	Tschebyscheff-Polynom der Ordnung v
v	Natürliche Zahl
	Laufindex für Tschebyscheff-Polynome und Approximationen
W	Lösungsfunktion der Besselschen Differentialgleichung
x	Reelle Variable
	Realteil der komplexen Veränderlichen z, $x = \mathrm{Re}\{z\}$
x_k	Abszisse einer Stützstelle (x_k, y_k)
y	Imaginärteil der komplexen Veränderlichen z, $y = \mathrm{Im}\{z\}$
y_k	Ordinate einer Stützstelle (x_k, y_k)
$y_\nu(z)$	Sphärische Neumannfunktion der Ordnung ν
$Y_\nu(z)$	Neumannfunktion der Ordnung ν
z	Komplexe Veränderliche, $z = x + j \cdot y$
α	Parameter der hypergeometrischen Funktion
	Krümmung der Spline-Funktion $S(x)$, linke Intervallgrenze
β	Parameter der hypergeometrischen Funktion
	Krümmung der Spline-Funktion $S(x)$, rechte Intervallgrenze

γ	Parameter der hypergeometrischen Funktion Mathematische Konstante
ε	Fehlerschranke der Approximation durch Tschebyscheff-Polynome
ϑ_0	Argument, Hilfsgröße für die Approximation von $J_0(x)$ u. $Y_0(x)$
ϑ_1	Argument, Hilfsgröße für die Approximation von $J_1(x)$ u. $Y_1(x)$
λ	Hilfsgröße, Teilargument von Zylinderfunktionen
ν	Komplexe Veränderliche, $\nu = \sigma + j\cdot\omega$ Komplexe (allgemeine) Ordnung einer Zylinderfunktion
π	Mathematische Konstante, Kreiszahl Pi
σ	Realteil der komplexen Ordnung ν, $\sigma = \mathrm{Re}\{\nu\}$
τ	Integrationsvariable (Laplace-Transformation)
φ	Argument einer komplexen Veränderlichen z, $\varphi = \arg\{z\}$
Ψ	Psi-Funktion (Digammafunktion)
ω	Imaginärteil der komplexen Ordnung ν, $\omega = \mathrm{Im}\{\nu\}$
Γ	Gammafunktion
Θ	Integrationsvariable
$\sum$	Summenzeichen
$\|\ \|$	Betragsbildung
$[a,b]$	Intervall von a nach b, a und b eingeschlossen
(x_0,y_0)	Stützstelle in der x-y-Ebene Knoten eines Graphen
$\arg\{z\}$	Argument einer komplexen Veränderlichen z, $\arg\{z\}=\arctan\{y/x\}$
$\partial f(z)/\partial z$	Einfache Ableitung der Funktion f(z) nach der Veränderlichen z
$\partial^2 f(z)/\partial z^2$	Zweite Ableitung der Funktion f(z) nach der Veränderlichen z
$f(x)\|_{x=x_0}$	Wert der Funktion f(x) an der Stelle $x=x_0$
$k!$	Fakultät, $k! = 1\cdot2\cdot3\cdot\ldots\cdot(k-1)\cdot k$, $0! = 1$

Quellennachweis und Literaturverzeichnis

<u>Texte</u>

[1] M. Abramowitz and I. Stegun, Handbook of mathematical functions,
     Dover Publications, Inc., New York, 1970

[2] E. E. Allen, Analytical approximations, Math. Tables Aids Comp. 8,
     1954, 240-241

[3] E. E. Allen, Polynomial approximations to some modified Bessel
     functions, Math. Tables Aids Comp. 10, 1956, 162-164

[4] H. Bateman and R. C. Archibald, A guide to tables of Bessel functions,
     Math. Tables Aids Comp. 1, 1944, 205-308

[5] W. G. Bickley, Bessel functions and formulae, Cambridge Univ. Press,
     England, 1953

[6] H. S. Carslaw and J. C. Jaeger, Conduction of heat in solids,
     Oxford Univ. Press, London, England, 1947

[7] E. T. Copson, An introduction to the theory of functions of a
     complex variable, Oxford Univ. Press, London, England, 1935

[8] G. Doetsch, Anleitung zum praktischen Gebrauch der Laplace-Trans-
     formation und der Z-Transformation, Oldenbourg Verlag,
     München, Wien, 1967

[9] A. Erdelyi et al., Higher transcendental functions, vol 2, ch. 7,
     McGraw-Hill Book, Co., Inc., New York, N.Y., 1953

[10] E. T. Goodwin, Recurrence relations for cross-products of Bessel
      functions, Quart. J. Mech. Appl. Math. 2, 1949, 72-74

[11] A. Gray, G. B. Mathews and T. M. MacRobert, A treatise on the
      theory of Bessel functions, 2d ed., Macmillan and Co., Ltd.,
      London, England, 1931

[12] J. G. Holbrook, Laplace-Transformation, Friedr. Vieweg + Sohn,
      Braunschweig, 1973

[13] G. Jordan-Engeln und F. Reutter, Formelsammlung zur Numerischen
      Mathematik mit Standard-FORTRAN-Programmen, Bibliographisches
      Institut AG, Band 106, Mannheim, 1981

[14]   W. Magnus und F. Oberhettinger, Formeln und Sätze für die speziellen
       Funktionen der mathematischen Physik, 2. Auflage, Springer
       Verlag, Berlin, 1948

[15]   McCalla, Introduction to numerical methods and Fortran programming,
       John Wiley & Sons, Inc., New York, 1967

[16]   N. W. MacLachlan, Bessel functions for engineers, 2d ed.,
       Clarendon Press, Oxford, England, 1955

[17]   F. W. J. Olver, Some new asymptotic expansions for Bessel functions
       of large orders, Proc. Cambridge Philos. Soc. 48, 1952, 414-427

[18]   F. W. J. Olver, The asymptotic expansion of Bessel functions of
       large order, Philos. Trans. Roy. Soc. London A247, 1954, 328-368

[19]   G. Petiau, La theorie des fonctions de Bessel, Centre National de
       la Recherche Scientifique, Paris, France, 1955

[20]   G. N. Watson, A treatise on the theory of Bessel functions,
       2d ed., Cambridge Univ. Press, Cambridge, England, 1958

[21]   R. Weyrich, Die Zylinderfunktionen und ihre Anwendungen,
       B. G. Teubner Verlag, Leipzig, 1937

[22]   C. S. Whitehead, On a generalization of the functions ber x, bei x,
       ker x, kei x. Quart. J. Pure Appl. Math. 42, 1911, 316-342

[23]   E. T. Whittaker and G. N. Watson, A course of modern analysis,
       4th ed., Cambridge Univ. Press, Cambridge, England, 1952

Tabellen und Tafeln

[24]   J. F. Bridge and S. W. Angrist, An extended table of roots of
       $J'_n(x) \cdot Y'_n(\beta \cdot x) - J'_n(\beta \cdot x) \cdot Y'_n(x) = 0$, Math. Comp. 16, 1962, 198-204

[25]   British Association for the Advancement of Science, Bessel functions,
       Part I. Functions of orders zero and unity, Mathematical Tables,
       vol. VI, Cambridge Univ. Press, Cambridge, England, 1950

[26]   British Association for the Advancement of Science, Bessel functions,
       Part II. Functions of positive integer order, Mathematical Tables,
       vol. X, Cambridge Univ. Press, Cambridge, England, 1952

[27]   British Association for the Advancement of Science,
        Annual Report, J. R. Airey, 254, 1927

[28]   E. Cambi, Eleven- and fifteen-place tables of Bessel functions
        of the first kind, to all significant orders, Dover Publications,
        Inc., New York, N.Y., 1948

[29]   E. A. Chistova, Tablitsy funktsii Besselya ot deistvitel´nogo
        argumenta i integralov ot nikh, Izdat. Akad. Nauk SSSR, Moscow,
        U.S.S.R., 1958

[30]   H. B. Dwight, Tables of integrals and other mathematical data,
        The Macmillan Co., New York, N.Y., 1957

[31]   H. B. Dwight, Table of roots for natural frequencies in coaxial
        type cavities, J. Math. Phys. 27, 1948, 84-89

[32]   V. N. Faddeeva and M. K. Gavurin, Tablitsy funktsii Besselya $J_n(x)$
        tselykh nomerov ot 0 do 120, Izdat. Akad. Nauk SSSR, Moscow,
        U.S.S.R., 1950

[33]   L. Fox, A short table of Bessel functions of integer orders and
        large arguments, Royal Society Shorter Mathematical Tables No. 3,
        Cambridge Univ. Press, Cambridge, England, 1954

[34]   E. T. Goodwin and J. Staton, Table of $J_0(j_{0,n}\nu)$, Quart. J. Mech.
        Appl. Math. 1, 1948, 220-224

[35]   Harvard Computation Laboratory, Tables of the Bessel functions
        of the first kind of the orders 0 through 135, vols. 3-14,
        Harvard Univ. Press, Cambridge, Mass., 1947-1951

[36]   K. Hayashi, Tafeln der Besselschen, Theta-, Kugel- und anderer
        Funktionen, Springer Verlag, Berlin, 1930

[37]   E. Jahnke, F. Emde und F. Lösch, Tables of higher functions,
        ch. IX, 6th ed., McGraw-Hill Book Co., Inc., New York,
        N.Y., 1960

[38]   L. N. Karmazina and E. A. Chistova, Tablitsy funktsii Besselya
        ot mnimogo argumenta i integralov ot nikh, Izdat. Akad. Nauk
        SSSR, Moscow, U.S.S.R., 1958

[39]   Mathematical Tables Project, Table of $fn(x)=n! \cdot (x/2)^{-n} \cdot J_n(x)$.
        J. Math. Phys. 23, 1944, 45-60

[40]   National Bureau of Standards, Tables of the Bessel functions $J_0(z)$ and $J_1(z)$ for complex arguments, 2d ed., Columbia Univ. Press, New York, N.Y., 1947

[41]   National Bureau of Standards, Tables of the Bessel functions $Y_0(z)$ and $Y_1(z)$ for complex arguments, Columbia Univ. Press, New York, N.Y., 1950

[42]   National Physical Laboratory Mathematical Tables, vol. 5, Chebyshev series for mathematical functions, by C. W. Clenshaw, Her Majesty´s Stationery Office, London, England, 1962

[43]   National Physical Laboratory Mathematical Tables, vol. 6, Tables for Bessel functions of moderate or large orders, by F. W. J. Olver, Her Majesty´s Stationery Office, London, England, 1962

[44]   L. N. Nosova, Tables of Thomson (Kelvin) functions and their first derivatives, translated from the Russian by P. Basu, Pergamon Press, New York, N.Y., 1961

[45]   Royal Society Mathematical Tables, vol. 7, Bessel functions, Part III., Zeros and associated values, edited by F. W. J. Olver, Cambridge Univ. Press, Cambridge, England, 1960

[46]   Royal Society Mathematical Tables, vol. 10, Bessel functions, Part IV., Kelvin functions by A. Young and A. Kirk, Cambridge Univ. Press, Cambridge, England, 1963

[47]   W. Sibagaki, 0.01% tables of modified Bessel functions, with the account of the methods used in the calculation, Baifukan, Tokyo, Japan, 1955

Sachwortregister